谨以此书献给雅克拉凝析气田高效开发的辛勤工作者

石兴春，1958年生，1982年7月参加工作，中国人民大学硕士，中国石油大学博士，教授级高级经济师。长期从事油气田开发和企业经营管理工作。在吐哈油田参与组织了鄯善、温米、丘陵等三大油田产能建设和玉门老油田的开发管理工作；在中国石化负责天然气开发工作，先后组织了普光高含硫气田、大牛地致密气田、雅克拉凝析气田、松南火山岩气田和元坝超深气田的产能建设和开发管理工作。率先提出了"今天的投资就是明天的成本""承认历史，着眼未来，新老资产分开考核，着重评价经营管理者当期经营成果"的经营理念；在气田开发上提出了"搞好试采，搞准产能产量，优化方案部署""多打高产井，少打低产井，避免无效井""酸性气田地面工程湿气集输、简化流程，确保安全"和"气田开发稳气控水"的工作思路，组织实施了相关领域的技术攻关，形成了特殊类型气田高效开发技术，实现了气田高效开发，促进了中国石化天然气的大发展。对发展更加注重质量和效益、转换发展方式进行了有益的探索。

胡文革，1966年生，1988年7月参加工作，中国石油大学博士，教授级高级工程师，享受政府特殊津贴人员。长期从事油气田开发和企业经营管理工作，主持并参加了多项国家和省部级科研生产项目，获省部级奖9项。现为中国石化西北油田分公司副总经理。针对雅克拉、大涝坝超深层边水凝析气田的开发，提出了"四个均衡"开发对策，主导攻关

了雾状反凝析控制技术和均衡水侵控制技术，完善了针对特殊气田资料录取新标准，取得气田连续十年高速高效开发的成效；在塔河碳酸盐岩缝洞型油藏开发实践中，组织完善了储量识别与井位部署技术，创新了多项缝洞单元开发技术，填补了多项碳酸盐岩缝洞型油藏开发技术空白，形成了塔河油田特有的高效开发技术。

特殊类型气田高效开发丛书②

雅克拉凝析气田
高效开发技术与实践

石兴春　胡文革　编著

中国石化出版社

内容提要

　　雅克拉凝析气田是中国石化最大的整装凝析气田，本书作者亲历了雅克拉凝析气田高效开发的过程，系统总结了中低凝析油含量的凝析气田衰竭式高效开发技术成果和开发经验，包括："均衡采气"开发理念，水平井衰竭式开发技术，雾状反凝析控制技术，均衡水侵控制技术，动态监测技术，高压集输处理技术，CO_2腐蚀防治技术，以及信息化安全控制技术等，通过这些技术的创新与实践，保证了雅克拉凝析气田安全、高效开发，取得了很好的开发效果和效益。

　　本书可作为高等院校相关专业教学参考书，也可供从事凝析气田开发工作的科研、生产、管理人员阅读参考。

图书在版编目（CIP）数据

雅克拉凝析气田高效开发技术与实践 / 石兴春, 胡文革编著.
—北京：中国石化出版社, 2017.7
ISBN 978-7-5114-4561-2

Ⅰ.①雅… Ⅱ.①石… ②胡… Ⅲ.①凝析气田—气田开发—研究—新疆
Ⅳ.①TE372
中国版本图书馆CIP数据核字（2017）第163626号

中国石化出版社出版发行
地址：北京市朝阳区吉市口路9号
邮编：100020　电话：（010）59964500
发行部电话：（010）59964526
http://www.sinopec-press.com
E-mail:press@sinopec.com
北京柏力行彩印有限公司印刷
全国各地新华书店经销
*
787×1092毫米　16开本　15.75印张　280千字
2017年7月第1版　2017年7月第1次印刷
定价：102.00元

序

    沙参2井勘探的重大突破，雅克拉凝析气田的发现，开创了塔里木盆地油气勘探开发的新纪元。雅克拉凝析气田的高效开发，为凝析气藏开发技术的进步作出了贡献，促进了我国能源战略的转移，加快了新疆民族地区经济发展。

    面对超深层、中含凝析油、低地露压差、边水凝析气田开发的难题，西北石油人秉承"敢为人先，创新不止"的精神，不断探索，持续攻关，提出了衰竭式开发凝析气藏的"均衡采气"开发理念，创新了雾状反凝析控制技术和均衡水侵控制技术，率先实施了水平井开发超深凝析气田的技术，引进集成了高压集输处理技术，探索推广了信息化技术在气田开发管理上的应用。通过滚动勘探开发，发挥了已有装置的投资效益，降低了开发建设投资，提高了油气采收率和资源利用效益；实现了雅克拉凝析气田科学、高效开发，已累产天然气$100 \times 10^8 m^3$以上，累产原油$230 \times 10^4 t$以上，油气当量达$1000 \times 10^4 t$以上，实现利润200多亿元，连续12年保持稳产。为中国石化天然气大发展作出了贡献。

    《雅克拉凝析气田高效开发技术与实践》是雅克拉凝析气田广大开发工作者多年工作实践的丰硕成果和集体智慧的结晶，在此表示衷心祝贺！该书的出版为广大气田开发工作者提供了一本极具价值的参考书，对凝析气田开发理论和配套技术的提高将起到积极的推动作用。

焦方正

前　言

天然气作为一种清洁能源，越来越受到人们的重视，近十几年来，天然气工业得到了迅速发展。2015年世界天然气产量$3.67 \times 10^{12} m^3$，中国天然气产量$1318.00 \times 10^8 m^3$，居世界第6位。据不完全统计，目前全世界常规天然气储量$187.3 \times 10^{12} m^3$，其中凝析气田的储量约$72.5 \times 10^{12} m^3$，占39%。

凝析气田由于具有反凝析特征，在如何提高凝析油的采收率，提高资源利用，降低开发投资，提高气田开发效果和效益方面，相对常规气田开发具有更大的难度和挑战。如果开发方式选择不当，开发技术政策不适应气田实际，生产参数确定不尽合理，将会显著降低油气采收率和开发效果，增加开发投资，降低气田开发经济效益。

雅克拉白垩系凝析气田发现于1989年，是中国石化最大的整装凝析气田，具有以下6个特点：①储量规模大，是中国石化第一、全国第六的凝析气田，探明含气面积$38.6 km^2$，天然气储量$245.63 \times 10^8 m^3$，凝析油储量$442.00 \times 10^4 t$。②断背斜构造凝析气藏，构造简单，砂体分布稳定，储渗条件好。③凝析油含量中等、反凝析液量低、最大反凝析液量对应压力低。④CO_2腐蚀问题严重，CO_2含量2.17%~2.92%，平均含量2.33%，CO_2分压1.19~1.6MPa。⑤超深、超高压、高温，气藏埋深5300m，地层压力58.72MPa，井口压力35MPa左右，地层温度134℃。⑥地露压差小（6.36MPa），气柱高度大（75m），有利于边底水能量的利用。

中国石化没有此类气田的开发经验，如何安全、经济、高效地开发好雅克拉凝析气田，是摆在中国石化西北油田分公司面前的首要问题。主要面临五大挑战：①开发方式选择的挑战。如何解决高效开发与反凝析之间的矛盾，关系到采收率和投资效益问题。②井型井网选择的挑战。如何选择适合的井型井网，不但关系到边水凝析气藏水体能量的利用与控制，还影响气藏反凝析控制和开发的最终效益。③井控、集输安全问题的挑战。一是CO_2腐蚀问题，普通材质管柱一般2~3年就出现腐蚀穿孔，CO_2腐蚀对开发成本和安全高效开发是一个极大的挑战；二是高温高压井控安全问题，井口压力高达35MPa，从地下→井口→集输安全风险很高，高温高压是气藏开发的双刃剑，如何既利用好高温高压，又实现安全高效开发是一个新的挑战。④实现从以勘探业务为主向开发管理转型的挑战。雅克拉凝析气田开发时期，正好是西北油田分公司从勘探业务向开发业务的转型期，如何开发管理好这样的凝析气田面临着挑战。⑤提高天然气利用的挑战。在20世纪90年代，西北地区由于经济欠发达，天然气管网和市场极不完善，如何避免出现"重油轻水不要气"的现象，既要提高原油产量，提高凝析油采收率，又要利用好宝贵的天然气资源，避免天然气放空面临严峻挑战。

针对雅克拉凝析气田开发面临的问题，中国石化及西北油田分公司一方面精心组织调研新疆牙哈、柯克亚，大港板桥、前苏联卡拉达格、阿尔及利亚哈西鲁迈尔与俄罗斯乌连戈伊等国内外凝析气藏的开发经验教训；另一方面加强试气试采，掌握试采井产量、含水、相态、流体等变化规律，为科学制定开发技术政策提供可靠的依据；同时，联合国内外相关研究单位进行联合攻关和方案设计，反复论证，形成了雅克拉凝析气藏高效开发思路及对策：

（1）坚持油气并举，气田开发、地面管网、市场销售相结合，充分利用好宝贵的油气资源，整体配套开发，提高开发效益。

（2）综合考虑技术与经济两种关键因素，充分利用气藏凝析油含量中等、反凝析液量低的特点，在充分研究论证的基础上，优选衰竭式开发方式，减少循环注气增压的投资，提高开发效益。

（3）以"高部水平井+边部直井"的组合井网提高衰竭式开发效果，通过高部位水平井保证产量，降低生产压差，最大限度防止和治理反凝析；通过边部直井控制产量，促使边水均匀推进，利用好边水能量。

（4）加强凝析气田开发技术、CO_2腐蚀、井控和集输技术攻关，为气田安全、高效开发提供保障。

按照上述思路，经过优化方案论证，形成了雅克拉凝析气田最终开发方案：动用天然气储量$245 \times 10^8 m^3$，凝析油$442 \times 10^4 t$，部署开发井8口（其中4口水平井，4口直井），利用老井2口，设计产能$8.6 \times 10^8 m^3/a$，日产气$260 \times 10^4 m^3$，采速3.48%，稳产10年，稳产期末，累计产气$99.6 \times 10^8 m^3$，累计产油$137 \times 10^4 t$，天然气采出程度40.95%，凝析油采出程度29.57%。

在雅克拉凝析气田开发建设和管理过程中，西北石油人秉承"敢为人先，创新不止"的精神，不断探索，持续攻关，加强试气试采，加快产能建设，精细开发管理，经过十几年的辛勤工作，实现了雅克拉凝析气田科学、高效开发，取得了丰硕的开发成果：目前，已累产天然气$100 \times 10^8 m^3$以上，累产原油$230 \times 10^4 t$以上，油气当量达$1000 \times 10^4 t$以上，连续12年保持稳产，天然气采出程度37.2%，凝析油采出程度44.1%，开发效果十分显著，达到了国内凝析油气田的领先水平，走出了凝析气田衰竭式高效开发之路。

（1）提出了衰竭式开发凝析气藏的"均衡采气"开发理念，通过差异化配产，保持合理压差，实现凝析气在平面、剖面、时间三个维度上以合理速度均衡产出，形成均衡压降、均衡水侵，有效控制反凝析，提高了油气采收率。

（2）形成了雅克拉凝析气田高效开发的7项配套技术。创新了雾状反凝析控制技术和均衡水侵控制技术，减少了反凝析对气田开发的不利影响，合理利用了边底水天然能量，提高了开发效果；率先实施了水平井开发超深凝析气田的技术，既保持高速开发，又尽可能降低生产压差，为减少反凝析提供了技术保障；引进集成了高压集输处理技术，为实现地面集输一级布站、简化站外管理、利用地层能量创造了条件；完善了凝析气藏动态监测技术，为实现"均衡采气"控制反凝析和均衡水侵提供了可靠的支撑；形成了完井管柱、井口装置和地面集输系统的 CO_2 腐蚀防治配套技术，保障了气田安全生产；探索推广了信息化技术在气田开发管理上的应用，实现了生产现场可视化、采集控制自动化、动态分析及时化、调整指挥精准化，提高了工作效率，减少了现场工作人员和工作强度，提高了装置的可靠性。

本书通过总结雅克拉凝析气田开发过程，试图将其成功经验和存在的问题一同展示出来，提供给相关技术及管理人员一个开发案例，为推动我国凝析气田高效开发提供一些借鉴。参加本书编写的人员主要为参加该气田组织、研究及生产者。石兴春、胡文革提出了本书的主体构架和思路；前言由石兴春、李宗宇执笔；第一章由石兴春、张明利、李宗宇执笔；第二章由李宗宇、梁静献、张艾、徐士胜、王利刚、陈彪执笔；第三章由胡文革、李宗宇、何云峰、袁锦亮等执笔；第四章由李宗宇、袁锦亮、吕晶、吴俊、张云等执笔；第五章由胡文革、姚田万、任宏、张浩等执笔；第六章由文军红、羊东明、付秀勇、罗辉等执笔；第七章由文军红、刘新平、代维等执笔；第八章由石兴春、胡文革、张明利、李宗宇执笔。本书由石兴春、胡文革、李宗宇、张明利统稿，中国石化出版社组织专家进行了审稿。

雅克拉凝析气田高效开发的成功，是各级领导、管理人员、广大气田开发工作者辛勤工作、不断开拓创新取得的成果。在本书编写过程中，他们提供了大量一手资料和经验，中国石化、中国石油大学(北京)的专家给予了无私的帮助和精心指导，在此表示衷心感谢。由于凝析气田开发技术的复杂性及作者水平有限，书中难免存在不足之处，敬请批评指正。

目 录

雅克拉凝析气田高效开发技术与实践

雅克拉凝析气田高效开发技术与实践

第一章 雅克拉气田发现及开发对策探索

发现于1989年的雅克拉凝析气田,是中国石化规模最大的凝析气田,也是西北油田分公司投入开发的第一个凝析气田,具有高温高压、中孔中渗、凝析油含量中等、CO_2强腐蚀的气藏特征。采用何种方式开发,如何解决好凝析气田开发中的反凝析、水侵难题,如何解决好CO_2腐蚀带来的安全生产问题,是高效开发面临的重大挑战。西北石油人以"敢为人先,创新不止"的精神,长期坚持"以销定产,油气并举"的思路,通过试气试采评价,逐渐探明了气田的地质储量,厘定了制约高效开发的主要因素;通过开展国内外调研,明确了雅克拉凝析气田开发的思路及对策,建立了凝析气田开发技术系列,探索出了一条高效开发之路,为实现气田的高效开发奠定了基础。

第一节 雅克拉凝析气田的发现

塔里木盆地面积为$56 \times 10^4 km^2$,发育巨厚的古生界、中生界和新生界沉积地层,油气的生、储条件良好,是中国最大的含油气盆地之一。

早在1935~1942年,前苏联地质学家U.R布里耶夫、中国地质学家谢家荣、黄汲清、杨钟健、周家俊等就在塔里木盆地进行了石油地质调查。1957~1958年,原地质部航测大队904队完成盆地1:1000000航空磁测。1969年,按原地质部部长李四光的指示,原地质部石油地质综合大队到塔里木进行石油地质综合研究和油气远景评价工作。

1980年,经批准,原地矿部西北石油地质局在油气成藏条件较好的塔北沙雅隆起开展油气资源普查工作,部署了区域地球物理勘探,发现了一批局部构造和地震异常体。其中,TB-80-302线在雅克拉重力高范围内前中生界顶面(T_5^0)发现背斜显示,有严重"超调"现象。随后部署了数字地震,用10条测线落实构造,应用变速成图方法编制了雅克拉构造图,并提交了建议井位。1983年4月11日,正式部署"沙参2井"(SC2、设计井深5800m),目的是查明二维地震中的"超调"亮点显示,以及构造和含油气性。该井于1983年8月23日开钻,1984年9月22日凌晨钻至奥陶系(T_5^0反射面,井深5391.18m)时发生强烈井喷,日产原油约1000m^3,天然气约$200 \times 10^4 m^3$。首次在塔里木盆地奥陶系发现高产油气流,拉开了盆地寻找下古生界海相油气的序幕,开创了塔里木盆地油气勘探开发新纪元。

沙参2井勘探取得重大突破后,西北石油地质局提出了"扩大雅克拉,东西展开，向沙雅隆起整体推进"的工作思路。自1985年开始，依据二维地震资料在轮台断裂上开展油气普查和评价工作，首先甩开部署S3、S4井，未获油气突破。之后将范围收缩到雅克拉构造，在沙参2井的西南、西北、东北分别部署S5、S6、S7井，基本落实雅克拉古生界构造格局和含油气性。其中，S5井在1989年6月测试白垩系卡普沙良群第一段(即亚格列木组，T_3^4反射面)获高产工业油气流，日产凝析油105.6m³，日产天然气$50.1 \times 10^4 m^3$，从而发现了雅克拉白垩系凝析气田（图1-1）。

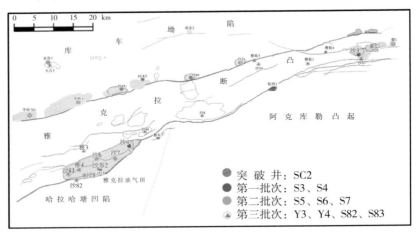

图1-1 塔里木盆地北部主要凝析气藏分布图

气田发现后，西北石油地质局成立试采队，对雅克拉气田SC2、S5、S7、S15等井进行测试试采。通过试采，积累了较全面的资料，对油气地质条件及油气成藏特征进行了分析研究。于1992年10月，国家储委审查通过了《新疆塔里木盆地雅克拉凝析气田白垩系凝析气藏储量报告》，探明含气面积28km²，天然气地质储量$196.22 \times 10^8 m^3$，凝析油地质储量$353.2 \times 10^4 t$。同时，认为西北部构造较缓、井控程度低，有增加储量可能性；气水外边界和内边界有待进一步打井确定，也可能增加储量。总体认为储量落实可靠，可进行方案设计和产能建设（图1-2）。

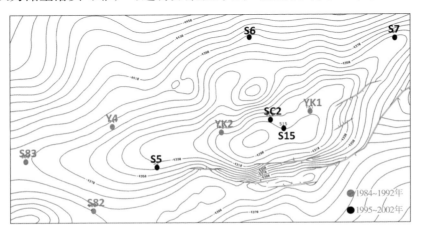

图1-2 雅克拉白垩系试气试采井位部署图

1995~2002年，在三维地震资料的基础上，针对白垩系气藏开展精细评价，分别部署Y3、Y4、S82、S83、YK1、YK2井，基本落实西部构造形态和气水界面，同时认为东部微幅构造无油气，验证了新三维成果的可靠性。通过完钻资料研究，对全面地质资料，如储层展布、沉积相等均取得相对准确的认识，同时利用振幅提取、反演等地震解释技术，由预测储层到预测油气，基本查清了雅克拉气田储层分布和含油气情况。

2002年2月25日，国家储委审查通过了《新疆雅克拉凝析气田雅4井区新增天然气探明储量报告》，探明含气面积10.6km²，天然气地质储量49.35×10⁸m³，凝析油地质储量88.8×10⁴t。至此，整个气田合计探明含气面积38.6km²，天然气245.57×10⁸m³，凝析油442.00×10⁴t（表1-1）。总体认为储量参数取值合理，构造和气水界面落实，储量可靠程度高，储量落实可作为开发储量。

表1-1 雅克拉白垩系凝析气藏储量参数表

油气田	面积/km²	探明地质储量		可采储量		采收率	
		凝析油/10⁴t	天然气/10⁸m³	凝析油/10⁴t	天然气/10⁸m³	凝析油/%	天然气/%
雅克拉	38.6	442	245.57	183.43	147.38	41.5	60

第二节　气田基本概况

雅克拉凝析气田白垩系凝析气藏，埋深（5200~5400 m），圈闭面积65km²，含油气面积38.6km²，气藏分上、下两套气层，属背斜构造孔隙型砂岩层状边水不具油环的凝析气藏。

一、气藏构造特征

气藏属于断背斜构造，呈东窄西宽长条形展布，上、下气层顶面构造形态相似（图1-3、图1-4），发育继承性好，背斜走向与断裂基本平行。背斜构造东西长约22km，南北最宽处约5km，最高点埋深-4290m，圈闭面积65km²，闭合高度120m，上气层气柱高度90m，下气层气柱高度75m。

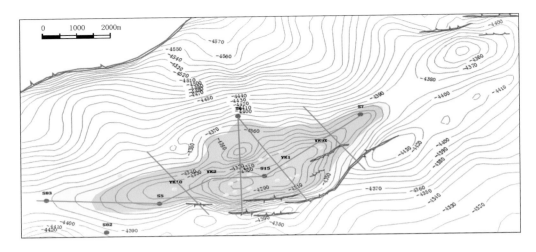

图1-3 雅克拉白垩系亚格列木组上气层顶面构造图

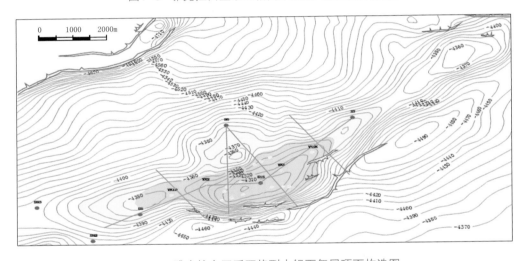

图1-4 雅克拉白垩系亚格列木组下气层顶面构造图

断层主要发育在构造东南翼，为继承性断层，断层基本上是北东向或北东东向，断层的走向与对应的构造轴线平行或成一定微小角度。

二、含油气层系

钻井揭示地层层序自上而下发育有第四系，上第三系库车组、康村组、吉迪克组，下第三系苏维依组、库姆格列木群，白垩系下统巴什基奇克组、巴西盖组、舒善河组、亚格列木组，侏罗系下统，三叠系上统，石炭系下统，泥盆系上统，奥陶系下统，寒武系及震旦系（表1-2）。白垩系亚格列木组上、下气层为主要的含油气层，其次为侏罗系、三叠系及古生界奥陶系、寒武系及震旦系。

表1-2　雅克拉凝析气藏地层及岩性简表

系	统	群	组	代号	波组	视厚度/m	岩性简述
第四系				Q		26.3~105	土黄色表土层，灰黄色细砂岩，夹土黄粉砂质黏土层
上第三系	上新统		库车组	N2k	T10-	2698~3001	黄棕、浅黄色泥岩、粉砂质泥岩、膏泥岩与浅灰、棕灰色泥质粉砂岩、粉砂岩、细砂岩、膏质粉砂岩不等厚互层
	中新统		康村组	N1k		669~931.5	黄棕、棕褐色泥岩、粉砂质泥岩与黄灰、灰色泥质粉砂岩、灰质粉砂岩。细砂岩互层
			吉迪克组	N1j	T20-T21	523~726	上部为褐棕、蓝灰色泥岩与浅棕、浅灰色粉砂岩、细砂岩呈略等厚-不等厚互层。下部浅棕、褐棕色泥岩。浅棕、棕色膏质泥岩、含膏泥岩夹砂粉岩。与下伏地层呈整合接触
下第三系	渐新统		苏维依组	E3s	T22-	20~42	上段为红棕色泥岩、含膏泥岩，石膏质泥岩夹棕色细砂岩。下段为苏维依底砂岩段，为棕灰、浅红棕色细砂岩夹灰白色砂质砾岩。与下伏地层呈平行不整合接触
	古-始新统	库姆格列木群		E1-2km		107~159	棕红色细砂岩、粉砂岩、粗砂岩，局部夹棕褐色泥岩薄层。上部为棕褐色泥岩与棕色细-中砂岩不等厚互层，下部以棕褐色细-中砂岩为主。与下伏地层呈平行不整合接触
白垩系	下统	卡普沙良群	巴什基奇克组	K1bs	T30-	422~504	红棕色细粒长石岩屑砂岩、岩屑长石砂岩、长石石英砂岩、中粒长石岩屑砂岩、岩屑长石砂岩与棕褐色泥岩略等厚-不等厚互层
			巴西盖组	K1b	T32-	34~102	棕灰色、绿灰色细粒长石岩屑砂岩、岩屑长石砂岩与棕红色泥岩呈略等厚-等厚互层
			舒善河组	K1s		285~360.5	绿灰、棕褐、褐色泥岩夹绿灰色、灰色、浅灰色细粒长石岩屑砂岩、岩屑长石砂岩、粉砂岩
			亚格列木组	上气层	T34-	15.5~41	灰白、绿灰色细粒砂岩，浅灰色砂质砾岩沉积为主
				隔层		1.5~6	绿灰、棕红色泥岩夹浅绿灰、灰白色细砂岩、粉砂岩
				下气层	T35-	17~46	灰白、浅绿灰色细砂岩、浅灰色砂质砾岩夹棕红色泥岩。与下伏地层呈平行不整合接触
侏罗系	下统			J	T40-	13~74.5	棕褐色泥岩与灰白色细粒岩屑石英砂岩、中粒岩屑石英砂岩不等厚互层，夹薄层煤。与下伏地层呈平行不整合接触
三叠系	上统		哈拉哈塘组	T3h	T46-	10~50	灰色菱铁矿化泥岩、灰色、灰白色复成分细粒岩、砂砾岩夹灰色泥岩。底部为灰色细粒岩。与下伏地层呈角度不整合接触
石炭系	下统			C1	T50-	0~111	上部浅灰色细砂岩、黄灰色含粉砂质白云岩、微晶砂屑灰岩不等厚互层。中、下部浅灰、灰白色砾岩、含砾细砂岩
泥盆系	上统		东河塘组	D3d	T57-	0~206.5	灰白色细粒石英砂岩夹褐色泥岩
奥陶系	下统	上丘里塔格群		O1p		0~>305.5	浅黄灰色细-中晶白云岩。含灰质细晶白云岩、硅化细晶白云岩
寒武系	上统	下丘里塔格群		€3p	T60-	>103	黄灰色粉晶白云岩
震旦系	上统		奇格布拉克组	Z2q	T80-T90-		浅灰色微晶白云岩

白垩系亚格列木组地层厚约50m，据其岩性组合由上往下可分为三段：一、三段为砂岩（上砂体、下砂体），二段为泥岩（隔层）。上砂体（即上气层）厚度约20m，岩性以长石岩屑细砂岩为主，分选较好，孔隙式胶结，胶结物以钙质、泥质为主，自然电位曲线为箱状高幅负偏，顶、底为低幅负偏；下砂体（即下气层）厚度约24m，岩性以砾质粗粒长石砂岩、细粒岩屑长石砂岩、砂砾岩、细砂岩为主，自然电位曲线多以箱形、钟形为主，局部呈钟形-平直曲线组合。二段泥岩段隔层厚2.5～6m，平均厚度3.1m，岩性为绿灰、棕红色泥岩夹浅绿灰、灰白色粉砂岩泥岩，在全区具有良好的连续性和封闭性。

三、沉积相特征

白垩系亚格列木组沉积环境总体属于辫状扇三角洲沉积体系。其物源主要来自沙3井以东的剥蚀区。主体沉积物以辫状河纵坝及水下辫状平原的分流河道砂为主。平面上两类砂体连片叠置，纵向上具有多期叠置、交替频繁的特点。

从研究的沉积相特征结果看，相比下气层，上气层砂体沉积较稳定，夹层较少，非均质性较弱。上气层主要发育水下辫状平原亚相和前缘亚相，发育水下分流河道和分流间湾、决口扇和天然堤四种微相，下气层主要发育辫状河冲积平原亚相，发育河道砂坝和河漫微相（图1-5、图1-6）。

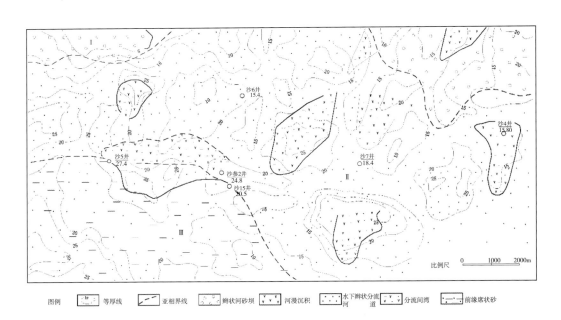

图1-5 雅克拉上气层沉积微相平面图

Ⅰ-辫状河冲积平原亚相；Ⅱ-水下辫状分流河道亚相；Ⅲ-前缘（席状砂）亚相

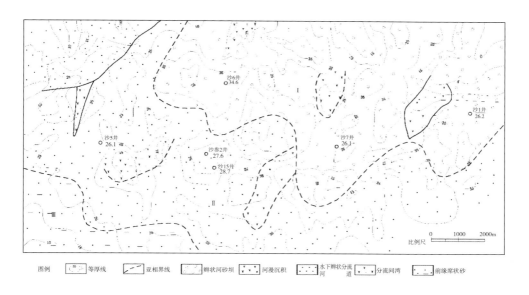

图例 [等厚线图示] 等厚线　[亚相界线图示] 亚相界线　[辫状河砂坝图示] 辫状河砂坝　[河漫沉积图示] 河漫沉积　[水下辫状分流河道图示] 水下辫状分流河道　[分流间湾图示] 分流间湾　[前缘席状砂图示] 前缘席状砂

图1-6　雅克拉下气层沉积微相平面图

Ⅰ-辫状河冲积平原亚相；Ⅱ-水下辫状分流河道亚相；Ⅲ-前缘（席状砂）亚相

四、储层特征

白垩系亚格列木组储层孔隙类型主要为粒间孔，其次为粒内溶孔、晶间孔、石英加大后残余粒间孔，另有少量微裂缝和压溶缝。孔隙式胶结，胶结物以高岭石为主。

上气层岩性主要为长石岩屑细砂岩，孔隙度主要集中在11.5%～15.5%，平均13.44%，渗透率主要集中在（10～70）×10^{-3}μm^2，平均35.8×10^{-3}μm^2，孔喉半径分布在7Φ～14Φ，主峰区不明显，平均值11.1Φ，排驱压力中值为0.3MPa，中值压力分布较宽，均值为1.3MPa，为中低孔中渗大孔喉储层。下气层岩性主要为砾质粗粒长石砂岩、细粒岩屑长石砂岩、砂砾岩、细砂岩，孔隙度主要集中在10.5%～14.5%，平均13.0%，渗透率主要集中在（8～70）×10^{-3}μm^2，平均25.0×10^{-3}μm^2，孔喉半径分布在7Φ～13Φ，主峰区在9Φ～12Φ，平均值10.6Φ，排驱压力中值为0.16MPa，中值压力均值为1.2MPa，为中低孔中渗大孔喉储层。对凝析气藏而言，储层的孔隙度、渗透率、孔喉半径较好，有利于油气产出。

储层内部渗透率纵向差异较明显，且纵向非均质性略强于平面非均质性（表1-3），但气层总体上具有较好的连通性，气层的非均质性程度对气藏开发影响较小。

表1-3　雅克拉白垩系凝析气藏上、下气层非均质数据表

层位	变异系数	突进系数	渗透率极差	评价结果
亚格列木组	1.54	8.44	2665.36	强
上气层	0.87	4.69	1147.92	强
下气层1	0.72	3.20	476.33	中等偏强
下气层2	0.67	2.86	399.35	中等

储层具有弱速敏、中等水敏、中等酸敏、弱-中等盐敏特征（表1-4），气藏见水后储层易反转亲水，气井见水后利于地层水产出而不利于油气流动。

表1-4 雅克拉白垩系凝析气藏上、下气层岩样敏感性实验

层位	速敏/%	水敏/%	酸敏/%	盐敏/%
上气层	8.04	0.517~0.562	0.362~0.529	0.26
下气层	9.28			

五、流体及相态特征

气藏原始地层压力58.72MPa，压力系数1.10，上、下气层同属于一个压力系统，属正常压力系统。

（一）气油比中等，变化较小

生产气油比在4800～5000m^3/m^3，上、下气层、井间差异较小，试采过程中气油比无明显变化。

（二）原油轻组分含量高，典型凝析油特征

原油均为淡黄-浅茶色、透明液体，原油平均密度0.795 g/cm^3，具有"四低"（密度、黏度、凝固点和初馏点低）、"四少"（含盐量、含硫量、含蜡量及沥青质含量少）的典型凝析油特点，层间、井间有一定差异且试采过程中基本无变化。

（三）地露压差小，最大反凝析液量低

凝析油含量为189.7～234.5g/m^3，最大反凝析液量为4.10%～7.08%，地露压差1.72～2.44MPa，最大反凝析液量压力为15～22MPa。当废弃压力取7.0MPa时，定容衰竭开采的凝析油采出程度为38%～50%，天然气的最终采出程度可达到80%以上。受重力分异影响，下气层的凝析油含量和露点压力略高于上气层。总体来说，雅克拉气藏具有中低凝析油含量、最大反凝析液量低、定容衰竭开采采收率高的特点。

（四）天然气中CO_2含量较高

天然气中甲烷含量在81.47%～90.35%，干燥系数[$C_1/（C_2+C_3）$]一般大于10，重烃含量（C_2以上烃类含量）小于12%，CO_2含量较高，一般为1.56%～2.68%，平均为2.07%，不含或只含极微量H_2S。上、下气层天然气成分相似，均具有凝析气藏天然气的特点（表1-5、图1-7、图1-8）。

表1-5　雅克拉部分单井地层流体分析数据表

井号	气层	地层压力/MPa	地层温度/℃	露点压力/MPa	地露压差/MPa	体积系数/(m³/m³)	偏差系数/f	凝析油含量/(g/m³)	地面凝析油密度/(g/cm³)	最大反凝析液量/%	备注
YK1	上下合采	56.46	133.7	54.02	2.44	0.00313	1.256	227.9	0.7860	5.66	可靠
YK5H	上气层	55.69	130.1	53.66	2.03	0.00316	1.320	189.7	0.7973	3.49	可靠
YK2	下气层	56.48	134.7	54.76	1.72	0.00339	1.357	234.5	0.7895	7.08	可靠

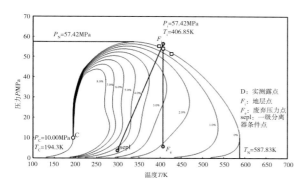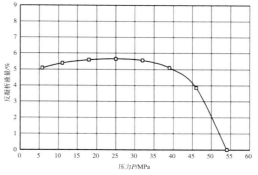

图1-7　YK1井气层流体相态图及衰竭期间反凝析液量与压力关系曲线

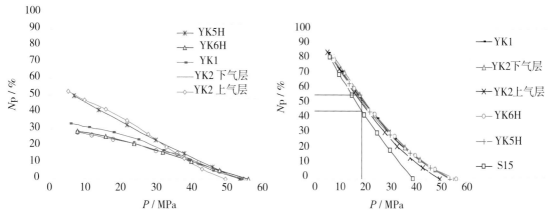

图1-8　雅克拉地层凝析气采出程度（左）和地面凝析油采出程度（右）

（五）气藏亲水特征明显，水侵后渗流阻力大增

气水两相渗流饱和度区平均为42.33%，等渗点对应的含气饱和度S_{wd}大于15.23%~23.17%，束缚气饱和度下水相相对渗透率仅为0.707~0.8298，残余水饱和度下气相相对渗透率为0.1915~0.4179。这是由于该气藏具有亲水气藏特征，气井水侵后会对气体渗流产生很强的渗流阻力。

六、气藏类型

气藏为断背斜构造砂岩凝析气藏，上、下两套气层均为边水，泥岩隔层厚度

2.5~6m，上、下气层厚度分别为25m、22m，气柱高度达75~90m，统一气水界面海拔−4380m，水体倍数5~8倍，后来证实为20倍以上（下气层）；上、下气层原始地层压力分别为58.85MPa（5378.0m）、58.34MPa（5378.0m），地层压力系数1.10，地层温度分别为131℃、134.9℃，属正常压力、温度系统（表1–6）。

表1–6　雅克拉白垩系亚格列木组气藏基础数据表

含气面积/ km²	天然气地质储量/10⁸m³	储层岩性	气层深度/ m	有效厚度 / m	孔隙度/ %	原始地层压力/ MPa	原始地层压力系数	地温梯度/ (℃/100m)
38.6	245.57	砂岩	5250	13.62	13.1	58.72	1.11	2.49

气藏综合评价为具边水、弱弹性水驱，背斜层状、低孔中渗、常温常压、中等凝析油含量不带油环的凝析气藏（图1–9）。

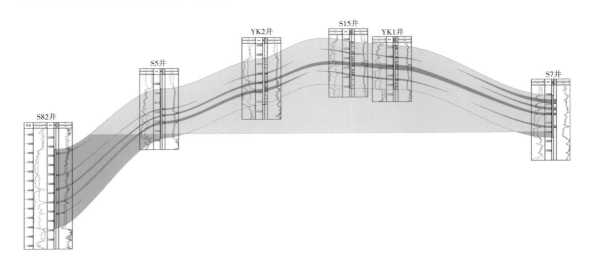

图1–9　雅克拉白垩系凝析气藏剖面图

第三节　试采特征及认识

雅克拉气田发现后，长期坚持"以销定产"的开发思路，根据下游天然气市场需求进行开发，杜绝了天然气的放空，实现了油气并举的局面。同时，在气田发现之初的试气试采中，积极探索凝析气藏各项资料的规范录取，取全取准相关资料，全面总结凝析气井产能、气油比、含水、压力等生产特征，基本搞清了气藏构造、储层展布、储量规模、相态特征、产能变化规律，也暴露了井控、腐蚀、集输处理方面存在的问题，为开发方式论证、井网井距、布井方式和完井工艺选择奠定了基础。

一、试气试采简况

1984年，在沙参2井获得油气突破之后，先后部署的S4、S5、S6、S7、S15等探井，基本控制了整个气藏。其中，自1989年S5井白垩系试油获得突破后，便开展了试气试采工作。1991年5月，S15井开始投入试采，先后有S15、S7、YK1、YK2共4口井试采过。截至2003年2月，仍在试采的井有YK1和YK2井。全气藏累计生产天然气$11.94 \times 10^8 \text{m}^3$，累计生产凝析油$35.43 \times 10^4 \text{m}^3$，累计产水$1.06 \times 10^4 \text{m}^3$，天然气采出程度4.81%（图1-10）。

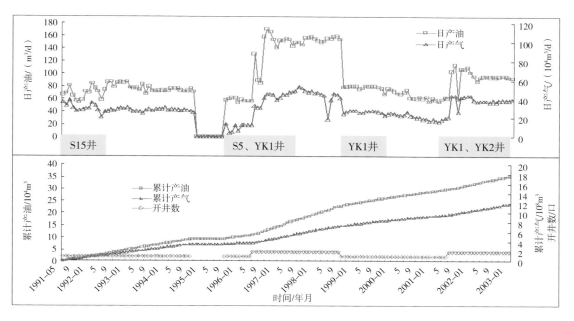

图1-10　雅克拉凝析气田试采曲线

在试气试采过程中，按照不同阶段的任务、目的和解决的问题，将试采历程划分为四个阶段（图1-11），即发现突破阶段（1989~1991年）、落实储量阶段（1992~1994年）、产能评价阶段（1995~2000年）和滚动扩边阶段（2001~2004年）。

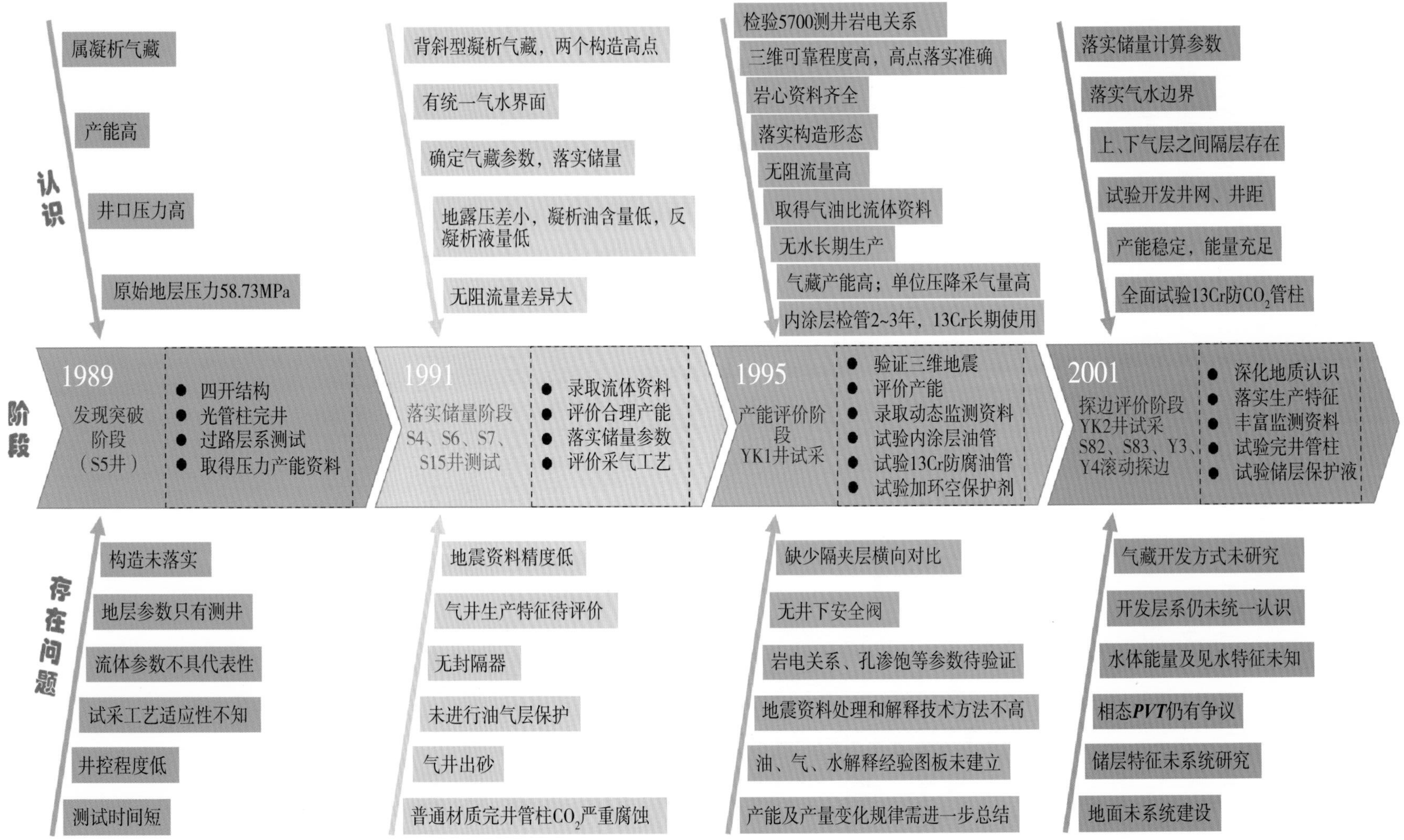

雅克拉凝析气田高效开发技术与实践

认识

1989
- 属凝析气藏
- 产能高
- 井口压力高
- 原始地层压力58.73MPa

1991
- 背斜型凝析气藏，两个构造高点
- 有统一气水界面
- 确定气藏参数，落实储量
- 地层压差小，凝析油含量低，凝析液量低
- 无阻流量差异大

1995
- 检验5700测井岩电关系
- 三维可靠程度高，高点落实准确
- 岩心资料齐全
- 落实构造形态
- 无阻流量高
- 取得气藏比流体资料
- 无水长期生产
- 气藏产能高；单位压降采气量高；内涂层油管2~3年，13Cr长期使用

2001
- 落实储量计算参数
- 落实气水边界
- 上、下气层之间隔层存在
- 试验开发井网，井距
- 产能稳定，能量充足
- 全面试验13Cr防CO₂管柱

阶段

1989 发现突破阶段（S5井）
- 四开结构
- 光管柱完井
- 过路层系测试
- 取得压力及产能资料

1991 落实储量阶段 S4、S6、S7、S15井测试
- 录取流体资料
- 评价合理产能
- 落实储量参数
- 评价采气工艺

1995 产能评价阶段 YK1井试采
- 验证三维地震
- 评价产能
- 录取动态监测资料
- 试验内涂层油管
- 试验13Cr防腐油管
- 试验加环空保护剂

2001 探边评价阶段 YK2井试采 S82、S83、Y3、Y4滚动探边
- 深化地质认识
- 落实生产特征
- 丰富监测资料
- 试验完井管柱
- 试验储层保护液

存在问题

1989
- 构造未落实
- 地层参数只有测井
- 流体参数不具代表性
- 试采工艺适应性不知
- 井控程度低
- 测试时间短

1991
- 地震资料精度低
- 气井生产特征待评价
- 无封隔器
- 未进行油气层保护
- 气井出砂
- 普通材质完井管柱CO₂严重腐蚀

1995
- 缺少隔夹层横向对比
- 无井下安全阀
- 岩电关系，孔渗饱等参数待验证
- 地震资料处理和解释技术方法不高
- 油、气、水解释经验图板未建立
- 产能及产量变化规律需进一步总结

2001
- 气藏开发方式未研究
- 开发层系仍未统一认识
- 水体能量及见水特征未知
- 相态PVT仍有争议
- 储层特征未系统研究
- 地面未系统建设

图1-11 雅克拉凝析气田试采阶段框架图

（一）发现阶段（1989～1991年）

1989年部署的沙5井（S5），目的是向西探查前中生界含油气储层展布情况，同时兼顾对具有油气显示的过路层试油。在测试白垩系卡普沙良群第一段(即亚格列木组，T_3^4反射面)时获高产工业气流，从而发现了雅克拉白垩系凝析气田。

当时，S5井采用四开井身结构，光管柱完井，DST测试工艺，试获日产凝析油105.6m³，日产天然气50.1×10^4m³，取得了原始地层压力、产能资料，初步定为常压高产凝析气藏。但没有取得白垩系储层岩心等基础地质资料，地层参数通过测井资料进行评价，由于井控程度低，以至于构造、储量不落实，完井管柱、地面设施不满足生产条件而未投产。

（二）落实储量阶段（1992～1994年）

为查明白垩系构造及储量规模，于1992年8月率先在雅克拉地区部署了第一块三维地震（模拟信号），并在雅克拉构造高部位部署了一口评价井（S15），目的是取全取准白垩系油气层厚度、孔隙度、渗透率、含油饱和度等储量计算参数，为了解油气藏类型，评价油气田规模、产能及经济价值积累资料。同时，复查S7、S4等老井的录井和测井资料，基本上确定了构造特征、储层展布特征、初步落实了储量。

1991年5月后，S15、S7等井陆续投入试采，落实了白垩系气藏存在东、西两个构造高点、有统一气水界面、反凝析不严重、气井表现为高产稳产；录取了储层、含油饱和度、气水界面等储量计算参数，于1992年10月向国家储委提交了探明储量报告。同时，发现气井生产压差大，表皮系数高达20.3～46.7，存在钻井污染，导致试油不完善，取到的原始压力、压力系数、地层温度等参数相矛盾；完井管柱不完善，采用P110×EUE光油管柱完井到普通材质油管+封隔器完井，均发生油套管腐蚀穿孔、腐蚀破裂，甚至发生井喷着火事故。

（三）产能评价阶段（1995～2000年）

针对储量落实阶段发现的问题，同时为验证三维地震技术可信度，落实构造高点，长期评价气藏产能，试验三开简化井身结构和完井管柱，掌握CO_2腐蚀规律，于1995年部署YK1开发准备井。在试采中重视资料录取，PVT取样2次，地层静压57.26MPa，露点压力54.4MPa，凝析油含量188g/m³，最大反凝析液量6.49%，为中等凝析油含量凝析气藏。静压测试4次，流压测试55次。地层压力基本不降，井底流压保持在55.3MPa，油气产量长期稳定，表明地层压力充足。

该阶段在白垩系目的层段全井段取心，获得储层孔渗饱等参数；丰富了气藏评价资料，获得了产量、压力、气油比、含水等第一手资料，基本准确评价了上、下气层产能和无阻流量；试验了13Cr×FOX套管+13Cr×FOX封隔器+13Cr×FOX油管+13Cr×FOX井下安全阀+FF级采气树、环空加注缓蚀剂的防CO_2腐蚀完井工艺，检管周期2~3年。同时，由于井控程度仍然较低，缺少隔夹层横向对比；三维地震处理、解释的精度和方法有待进一步摸索完善；油、气、水解释经验图版未建立；产能评价方法及中后期产量变化规律需进一步总结；由于无井下安全阀，仍然存在井控风险，完井管柱需进一步优化。

（四）探边评价阶段（2001~2004年）

2001年11月，雅克拉地区重新采集了314km²的三维地震，再次编制了白垩系上、下气藏顶面构造图（图1-12），构造形态与前期解释差别不大，但两个构造高点间存在明显鞍部，断层解释更加精细。为深化地质认识，进一步落实储量计算参数，试验新的不锈钢套管+封隔器+13Cr油管防腐管柱，为整体开发雅克拉白垩系凝析气藏作准备，先后部署了YK2、S82、S83、Y3、Y4等井。

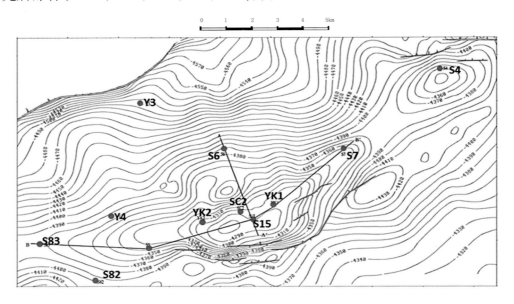

图1-12　2001年储量报告中雅克拉白垩系顶面构造图

该阶段采用新三维地质解释成果进一步落实构造形态、构造高点；通过滚动扩边落实了气水界面，于2002年国家储委审查通过了《新疆雅克拉凝析气田雅4井区新增天然气探明储量报告》；验证了上、下气层之间隔层普遍存在，为开发方案设计两套开发层系奠定了基础；试采情况进一步表明生产井产能稳定、能量充足；全面试验13Cr×FOX套管+13Cr×FOX封隔器+13Cr×FOX油管+13Cr×FOX井下安全阀+FF级采气树、环空加注缓蚀剂的防CO_2腐蚀完井管柱方案，首次使用KQS70／78-65不锈钢采油树，为气井的长期安全高效生产奠定了基础。同时，由于未对凝析气藏的开发方式进行系统研究，未统一认识；储层特征未系统研究，开发层系仍未统一认识；试采期间生产井均未见水，水体能量及见水特征未知；早期由于计量不准等原因，导致相态PVT仍有争议。

二、试气试采主要认识

雅克拉凝析气藏的试气试采过程，是气田从发现到落实储量的勘探过程，是从开发评价认识到完成气藏开发准备的过程。每个阶段各有其特征，通过这一个过程，使我们对开发高压凝析气藏从知之甚少到逐渐掌握，为论证如何实现安全高效开发提供了依据。归纳起来，主要有以下成果和认识：

（1）探明了储量，夯实了气藏开发的物质基础。

从S5井的发现，到S4、S6、S7、S15井的勘探，再到Y4井的扩边，通过完钻资料研究，基本上搞清了雅克拉气田构造形态、储层分布及含油气情况。通过试气试采，基本搞清了油气水分布和储量参数。分别于1992年和2002年两次提交了探明储量，探明凝析油储量$442 \times 10^4 t$，可采储量$183 \times 10^4 t$，采收率41.5%，天然气储量$246 \times 10^8 m^3$，可采储量$147 \times 10^8 m^3$，采收率60%。为开发方案的编制夯实了物质基础。

（2）搞清了气藏类型和气藏特征，完成了开发方案前期准备工作。

气藏认识由粗到细，逐渐明朗，确定为断背斜构造边水凝析气藏。气柱高度达75~90m，上、下气层厚度分别为25m、22m，气水界面统一为海拔-4380m。总体上，该气藏为构造简单、砂体分布较稳定、内部夹层较少、孔渗性较好（中孔中渗大孔喉）、层内层间非均质性不严重的大中型凝析气藏。

气藏属于凝析油含量低、反凝析液量低、最大反凝析液量压力低、地露压差小、反凝析不太严重的凝析气藏。气油比在4800~5100m³/m³，产出原油具有"四低"（密度、黏度、凝固点和初馏点低）、"四少"（含盐量、含硫量、含蜡量及沥青质含量少）的典型凝析油特点。

（3）基本摸清气藏特征及相态变化规律，为开发方式的选择提供了依据。

1991~2004年14年间，4口井对上、下气层、高部位和东部边部进行了不同产能、不同工作制度的压力变化规律摸索。总体来说，产量、压力稳定，气油比稳定，地层压降小，气藏有长期稳产的基础。具体表现为：①气藏能量充足，单井产能高、产量基本无递减、生产气油比稳定。②试采期间基本无反凝析和见水迹象，特别是井喷3~4个月情况下和长期试采情况下喷势无减弱现象，也无见水迹象。这两点表现为我们在开发方案设计时选择衰竭式开发方式增强了信心。也推翻了初期水体不活跃的认识，提出如何利用和控制水体能量是实现雅克拉凝析气藏高效开发的关键这个核心问题。

（4）初步建立气田合理产能确定方法，为气藏工程方案编制奠定了基础。

常用气井合理产能确定方法主要有一点法、系统试井法、米采气指数法、米无阻流量法和类比法（表1-7）。这5种计算气井合理产能的方法具有各自的优缺点及适应性，需根据气藏特点选取合适的评价方法。

表1-7 常见气藏合理产能确定方法一览表

方法	产能方程	关键因素	优点	缺点	适应条件	备注
一点法	$q_{AOF} = \dfrac{q_g}{\left[\left(P_e^2 - P_{wf}^2\right)/P_e^2\right]^{0.5698711}}$ $q_{AOF} = \dfrac{q_g}{1.0434\left[\left(P_e^2 - P_{wf}^2\right)/P_e^2\right]^{0.6594}}$ $q_{AOF} = \dfrac{6q_g}{\sqrt{1 + 48\left(P_e^2 - P_{wf}^2\right)/P_e^2} - 1}$	流压	所需资料少、简单	未考虑地层因素、水体能量、开发阶段	均质储层、孔渗好、污染小、同一开发阶段	
系统试井法	二项式：$P_e^2 - P_{wf}^2 = Aq_g + Bq_g^2$ 指数式：$q_g = C\left(P_e^2 - P_{wf}^2\right)^n$	流压达到稳定	较准确	测试时间长	孔渗好、污染小	
米采气指数法	-	气层厚度、孔渗性、完善程度	资料丰富	资料精度要求高	开发中后期、渗流条件稳定	
米无阻流量法	-	储层条件、储层打开程度	直接借鉴相似井资料	无法避免储层差异导致的偏差	储层条件相似、开发阶段相同	
类比法	-	气藏类型	直接借鉴应用	精度有限	气藏类型相似、开发阶段相同	

　　雅克拉凝析气藏试采特征表现为，储层为中孔中渗，物性好，为近均质储层；早期污染大，但是开发后期污染小，凝析油含量中等，不易发生反凝析；水体能量充足（表1-8）。根据此特点，对不同方法的适应性进行评价（表1-9）。

表1-8 雅克拉凝析气藏主要特征表

地质特征	储层特征	污染情况	相态	能量	备注
中孔中渗	高部厚近均质，边部薄	早期污染大，开发后污染小	凝析油含量中等，不易反凝析	早期较充足，后期评价充足	

表1-9 雅克拉凝析气藏合理产能确定方法适应性分析表

方法	适应原因	不适应原因	适应阶段	井型、构造位置	备注
一点法	中孔中渗、近均质	储层污染、水体能量影响	储层无污染、气井未见水	-	
系统试井法	中孔中渗	测试时间长	任何阶段	-	

方法	适应原因	不适应原因	适应阶段	井型、构造位置	备注
米采气指数法	资料丰富	资料精度要求高	渗流条件稳定	直井	
米无阻流量法	储层近均质	无法避免储层差异导致的偏差	任何阶段	井型相同、构造位置相近	需在同一开发阶段进行比较
类比法	直接借鉴相似气藏	精度有限	任何阶段	井型相同、构造位置相近	

利用以上5种计算方法分别对资料较齐全的YK1、YK2井进行合理产能计算（表1-10）。与系统试井计算结果相比，米无阻流量法、类比法结果较准确，一点法、米采气指数法结果偏差较大。经反复研究比较，考虑到结果准确性及计算方法的便捷性，最终确定米无阻流量法和类比法平均值作为合理产能。

表1-10 利用5种不同方法计算合理产能对比表

井号	层位	合理产能/（$10^4 m^3/d$）				
		一点法	系统试井法	米无阻流量法	米采气指数法	类比法
YK1	上下	28.6	–	25.3	34.2	16.5
	上	–	–	9.2	6	12
	下	37.7	16.9	17.9	24.2	15.5
YK2	上下	25.8	–	26.4	35.64	16.8
	上	13.3	9.5	10.5	6.81	12.6
	下	25.5	18.8	17	23.02	15.2

（5）搞清了钻井污染是影响产能的主要因素，为钻井方案优化提供了依据。

由于前期钻井多为探井或评价井，钻井时目的层不十分明确，加之对井筒中天然气单相或多相流动特性和储层物性尚未获得深入研究和认识，因此钻井过程中的储层保护不够，试井表皮系数普遍为14~20，生产压差为5~15MPa，储层近井地带被严重污染。

从S15井的表皮系数分解可知(表1-11)，钻井表皮系数污染最为严重，占总表皮系数的77.65%；其次是打开程度表皮系数，占总表皮系数的13.7%，以上两方面是提高产能的主要研究对象。凝析油表皮系数由于凝析油含量不高，因而影响不大，仅占总污染表皮系数的3.03%，但随着地层压力的下降会越来越严重。

表1-11 雅克拉S15井表皮系数分解表

井号	总污染表皮系数（S_t）	打开程度表皮系数（S_1）	射孔密度表皮系数（S_2）	钻井表皮系数（S_3）	凝析油表皮系数（S_4）	湍流表皮系数（S_5）
S15	46.7	6.40	2.56	36.26	1.42	0.07
占总表皮系数百分数/%		13.70	5.48	77.65	3.03	0.14

1998年后，一开使用普通聚合物钻井液，二开使用聚磺钻井液，三开使用聚磺屏蔽钻井液，目的层泥浆密度由1.5~1.7kg/L下降到1.25~1.32kg/L，使用屏蔽暂堵技术以大幅降低泥浆密度，极大地提高了气层保护水平，保证了井眼稳定性，也有利于提高固井质量和后期的采气工艺技术使用。2000年，对钻井液的性能进行了调整，在对地层压力剖面进一步认识的基础上，对部分井段使用的钻井液密度和黏度进行了调整，使钻井液的性能和地层更加匹配。YK2井表皮系数在10以下，钻井污染问题基本解决，开发方案和开发管理主要依据YK1、YK2井产能及试采特征确定。

（6）认识了CO_2高分压腐蚀和地层出砂的危害，并探索了防治对策。

早期试采时，未考虑到气藏CO_2高分压问题，采用了普通材质的油套管和低级别采气井口完井，出现了严重CO_2腐蚀，加之地层出砂，发生了S15井井喷着火等恶性事故。普通材质油管使用寿命仅2~3年，试采期间一般2~3年有检管需要，完井工艺缺陷已成为影响气井正常生产的关键因素之一。针对此问题，边研究、边引进、边实验，1995~1999年，鉴于S15井普通材质光管柱完井发生井喷事故的教训，开始在YK1井应用封隔器+普通P110×EUE油管+EE级采油树完井；1999年，鉴于普通材质油管频繁腐蚀穿孔和EE级采油树腐蚀严重问题，在YK1井试验HS封隔器+13CrP110×TM油管+FF级采气树完井，效果良好，生产5年未发生明显腐蚀；2002~2005年，通过项目研究和YK1井、YK2井全面应用，进一步优化完井工艺，最终形成了气层附近13Cr×FOX套管+13Cr×FOX封隔器+13Cr×FOX油管+13Cr×FOX井下安全阀+FF级采气树、环空加注缓蚀剂的防CO_2腐蚀完井管柱方案，以及直井套管射孔、水平井高级防砂筛管+管外封隔器的防砂完井方案。

（7）超深、高压、高温及高含CO_2腐蚀，致使钻完井成本高，开发建设投资增加。

雅克拉凝析气田特殊的地质条件，造成钻井周期长、钻井开次设计和固井要求高。上覆部分地层疏松、稳定性差，在钻进过程中井壁易坍塌，发生阻卡、缩径等事故；气藏的高温高压特性对钻井液、固井水泥浆的抗高温性能、防气窜性能、完井工具的选择及井控装置的配置均要求较高；气层活跃，尾管固井质量难以保证；套管腐蚀问题较为严重，严重影响井的寿命和正常生产。完井方式的选择需满足气藏类型、安全生产、修井作业、动态监测等多方面的要求；在采气工艺方面，由于地层压力高（高于50MPa），又有较高的CO_2含量等，导致钻采难度、安全风险和投资费用增加，需要进一步研究解决。在多年试采和地质研究的基础上，不断总结经验，突破了多项钻完井工艺技术瓶颈。创新性地设计了阶梯水平井、尾管旋转固井技术，优选不锈钢套管，为气藏的顺利钻进和开发奠定了基础。

第四节　开发面临的挑战

凝析气田开发后，既要千方百计提高油气采收率，发挥资源的最大效益，又要注重优化开发的资金投入，提高气藏开发的投资效益。在凝析气藏开发过程中，要实现油气双丰收往往非常困难，需要在开发方式、开发井网、开发技术政策等方面慎重比选、反复论证，对于深层高温高压凝析气藏还需要配套安全经济的工艺技术措施。与其他凝析气藏相比，如何更加安全、经济、高效地开发雅克拉凝析气田主要面临着五大挑战。

（一）开发方式选择的挑战

国内外，凝析气藏开发方式主要有衰竭式开发和注气保压开发两种。衰竭式开发投资少、运行成本低、工艺技术简单，但部分反凝析油将滞留地层中无法采出，最严重情况是形成局部油封气与水封气叠加，造成采收率损失50%~70%；注气保压投入大、工艺技术复杂、管理难度大，开发经济效益受到一定影响，但对于反凝析、抑制水侵等方面作用明显，油气采收率均较高。雅克拉凝析气田凝析油含量中等，地露压差小，出现最大反凝析压力低，在循环注气开发和衰竭式开发上有着不同的意见。

（二）开发井网井型选择的挑战

与常规气藏相比，凝析油气体系渗流复杂，且在开采过程中伴随复杂的相态变化，除存在反凝析现象外，带边水的凝析气藏还需考虑水侵的影响。因此，常规气藏的井型井网不完全适用于凝析气藏的开发，为合理利用好水体能量，控制水侵、防止反凝析发生，需要选择合适的井网井型。不同井网井型的选择，还会带来投资的变化，也影响着项目的最终收益。

（三）保证井控、集输安全的挑战

CO_2腐蚀严重，导致普通材质管柱2~3年腐蚀穿孔，引发井控安全事故，如S7、SC2、S15等井。同时，CO_2对地面集输设备、处理装置都有较大的影响。CO_2腐蚀对开发成本和安全高效开发造成了极大的挑战。井口压力高达35MPa，井底温度130℃以上，受当时工艺技术影响，高温高压高流速气体增加了井控安全管理难度。

（四）同步组建开发队伍构建开发管理体系的挑战

雅克拉凝析气藏是西北油田分公司投入开发的第一个整装大型凝析气藏，当时，西北油田分公司缺乏油气田开发管理、操作人员，更缺乏开发管理凝析气田的技术和经验。如何开发管理好这样的凝析气田面临着人员、技术和管理的挑战。

（五）原油天然气利用的挑战

在20世纪90年代，由于新疆南疆经济欠发达，天然气管网和市场极不完善，石油生产普遍存在"重油轻水不要气"的现象，大量天然气只能放空烧掉。雅克拉凝析气田地处新疆维吾尔自治区阿克苏地区库车县东约50km处，工业发展比较落后，不具有消化天然气及辅产品的能力。凝析气田开发，既有油又有气，如果只产油，放空气，投资少，建产快，短期效益高，但宝贵的天然气资源得不到利用；如果油气同采，配套建设工作量大，投资大，建产慢，见效慢，长远看利国利民利企。如何拓展天然气的用户市场面临严峻挑战。

第五节　挑战问题的探索

根据雅克拉凝析气田特点和面临挑战，广泛调研、类比国内外类似气田的地质特征、流体特征、能量特征，分析总结类似气田开发方式选择、开发中暴露的问题及其应对开发技术的成功经验和失败教训。在油气并举、社会效益、经济效益最大化的总原则下，针对制约气藏开发的五大挑战问题进行联合攻关，研究和引进先进实用的开发技术和政策，解决雅克拉凝析气田开发的核心问题。

一、国内凝析气藏开发案例调研

（一）东海平湖凝析气田

东海平湖凝析气田为断块底水气藏和岩性边水气藏，共有气藏17个（P1~P17）。平湖组埋深在2800m以下，各井砂岩厚度在110~300m。储层孔隙度12%~25%，渗透率（10~200）×$10^{-3}\mu m^2$，非均质性较强。凝析油含量平均为169 g/cm^3，原始地层压力29.4~36.9 MPa，露点压力21.8~35.7 MPa，地层压力在露点压力附近。压力为15~22MPa时，地层中反凝析液量达到最大值4.1%~7.08%。此气藏为中低孔、中渗、低地露压差、中等凝析油含量、最大反凝析液量低的砂岩凝析气藏。

1999年3月投入开发，采气速度在4.3%~5.5%，最高日产气能力达到170×10^4m^3，截至2006年年底，累计产气38.87×10^8m^3，累计产油56.16×10^4m^3，采出程度分别为33.54%和22.7%。

1.开发技术政策

开发方式：衰竭式开发。根据平湖气田凝析油含量中等、最大反凝析液量小于5%、地露压差小的特点，选择衰竭式开采。

开发井网：主要沿构造长轴轴线布井，井距1000m左右。

开发层系：分两套层系开发，少井高产，层内层间接替、平面层系开发互补实现接替稳产。

采气速度：方案认为水体能力较弱，气藏和单井配产可适当提高，采气速度4.3%~5.5%。设计7口开发井(定向井)，日产气能力120×10^4m^3，稳产15年，生产期21年，累计采出天然气75.33×10^8m^3，采出程度65%，累计采出凝析油132.2×10^4m^3，采出程度53.4%。

2.气藏开发特点

（1）稳产年限缩短。方案认为水体能力较弱，设计采气速度过高，开发初期平均日产气水平140×10^4m^3，平均日产油水平200m³，实际边水具有一定能量，生产中气井出水甚至快速水淹，稳产年限不足6年。

（2）气油比上升过快，反凝析比较严重。1999~2005年6年间，气油比由4172m³/m³缓慢上升到6437m³/m³，之后气油比快速上升，至2006年达到10495m³/m³，期末油气采出程度相差9%（气29%、油20%），即有9%的反凝析油滞留在地层中，远高于方案预期。

（3）整体开发效果低于预期，实际稳产期远低于方案设计的15年；方案设计初期低含水生产，实际无水期3年，2002年见水后含水呈现不断上升的趋势，2006年年底综合含水28.9%，高于方案设计的11.56%，进入开发中期，动态预测该凝析气藏的寿命为12年，比方案设计的21年减少了9年。

3.经验与认识

（1）地质认识出现偏差。初期对边水、小层分布、各小层孔渗性、非均质性的认识不准确，造成过早见水、层间动用不均、反凝析不均等问题，严重制约开发效果和后期开发调整。

（2）反凝析认识和控制不足。气藏凝析油含量不高、最大反凝析液量低，但地露压差小、单井高强度开采会使井周很容易反凝析，埋藏浅导致地层压力很容易降为最大反凝析液量压力，层间差异大很容易导致高渗层严重反凝析和低渗层弱反凝析，这三大致命问题导致东海平湖凝析气藏反凝析较严重。

（3）水体认识和控水措施不到位。对边水能量研究认识不足，采气速度高，高渗层和低渗层采气强度、水侵速度的差异大，导致气井过早产水和井筒过早积液，同时对未见水低渗层形成水锁。

4.启示

（1）低凝析油含量气田的反凝析问题不可小视，解决不好将严重影响开发效果。东海平湖凝析气藏与雅克拉凝析气藏相比，除了埋藏较浅、地层压力较低外，其他特征与雅克拉凝析气藏类似。凝析油含量低、最大反凝析液量低、最大反凝析液量对应的压力低于原始地层压力较多，因此对于雅克拉凝析气藏，可以借鉴东海平湖凝析气藏采用衰竭式开发。

（2）在采用衰竭式开发的同时，应认清水体能量，利用和控制好水的突进，否则会导致气井过早暴性水淹、稳产期缩短、油气采收率低和开发效果差。

（二）新疆牙哈凝析气田

牙哈凝析气田与雅克拉凝析气田相邻，分属于轮台断裂和亚南断裂带。层系上，雅克拉为白垩系，牙哈为第三系。牙哈气田为中孔、中高渗、高含凝析油特征，储量规模较大，探明天然气地质储量 $376.45 \times 10^8 m^3$，凝析油储量 $2975.6 \times 10^4 t$。储层岩性以中-粉砂质细砂岩为主，第三系吉迪克组上砂体储层平均孔隙度为17%，渗透率为 $45.7 \times 10^{-3} \mu m^2$，下砂体储层孔隙度为18.2%，渗透率为 $100.5 \times 10^{-3} \mu m^2$，属中孔、中渗储层；下第三系底砂岩储层平均孔隙度为15.3%，渗透率为 $145 \times 10^{-3} \mu m^2$，属中孔、高渗储层；白垩系顶部砂岩储层平均孔隙度为15.1%，渗透率为 $19 \times 10^{-3} \mu m^2$，属中孔、中低渗储层。储层砂体有效厚度 15.5~67m，非均质性严重，连通程度中等。凝析油含量分别为 $573g/m^3$、$537g/m^3$，地露压差为 2~3 MPa，最大反凝析液量可达 20%~26%，最大反凝析液量对应的压力为 20~32MPa。

气田在压力下降初期，反凝析过程较快，通过对开发方式优选，早期循环注气部分保持压力开发效果最好。

牙哈凝析气田采用循环注气开发方式，8口注气井间注，14口受效生产井，表现为地层压力下降慢，地层凝析流体重组分减少，储层反凝析污染减轻。

采取有效的动态监测技术，研究不同工作制度下反凝析液分布规律以及不同反凝析液分布下储层渗流特征，并及时调整注采井工作制度，优化配产，控制生产压差，预防地层反凝析污染。

为防止过早气窜，完井射孔时注气井和采气井均避射高渗透层，同时，气田采用非对应注采，有效抑制了气窜，实现了均衡采气。其中，牙哈2-3凝析气藏采用保压注气开发，凝析油采收率较高。在采气速度3.2%下，最终原油采收率48.14%，凝析气采收率64.10%。

启示：优化气井配产，控制反凝析，均衡采油采气。

（三）大港板桥凝析油气田

大港板桥凝析油气田是我国开发时间较早的整装大型凝析油气田之一，含气面积为40.9km²，目的层主要为板一、板二、板四油组，埋深2400~3900m，平均孔隙度20.9%，平均渗透率206×10⁻³μm²，原始地层压力34.18MPa，属于典型的中深层中渗油气田。

1.大张坨凝析气藏

构造面积12.65km²，凝析油地质储量156.88×10⁴t，天然气地质储量15.315×10⁸m³，油环原油地质储量33.21×10⁴t，溶解气地质储量1.036×10⁸m³。构造简单，油层比较单一，目的层为板二油组，平均埋深2660m，油层厚度为5.62m左右，平均孔隙度20%，平均渗透率150×10⁻³μm²。凝析油含量大于630g/m³，属于高含凝析油的带油环凝析气藏，气藏原始地层压力29.77MPa。

采用注气保压方式开发，2注2采，于1995年1月16日循环注气，至1996年6月月底连续注气18个月，累计注气量1.17×10⁸m³，累计产气1.5×10⁸m³，月注采比一般在0.8，累计注采比0.65。注气前地层压力为24.8MPa，注气后一直保持在24MPa左右，产率由初期的5278×10⁴m³/MPa上升到13751×10⁴m³/MPa，凝析油产量一直稳定在日产油50t以上。

大张坨凝析气藏注气保压开发初步见到以下效果：

（1）凝析油的产量稳定，气油比逐渐下降；

（2）产出井流物中的中间组分和重组分，较注气前有增加的趋势；

（3）取样进行PVT实验，所作相图与注气前对比看，形状相似，但两相区变宽；

（4）单位压降产出井流物数量大幅度上升；

（5）受效井未监测到示踪剂，无明显的窜流现象。

2.大港板桥中区凝析气藏

构造面积20.6km²，原油储量886.4×10⁴t，天然气储量47.43×10⁸m³。构造既碎又复杂，目的层为板二油组，分为6个小层，埋深2600~2900m，平均孔隙度22.37%，平均渗透率232.5×10^{-3}μm^2，凝析油含量大于500g/m^3，原始地层压力30.34MPa，地露压差1.14MPa，当地层压力为24MPa时，当地层中反凝析液量达到最大值24.12%。

2001年开始进行注水开发实验，注水前累计采油8.91×10^{4}t，采出程度10.66%，累计采气1.91×10^{8}m^3，采出程度46.8%，地层压力由30.34MPa下降至16.28MPa。日注水220m^3，总体上吸水较好，各层间吸水指数差异大，注水3个月后，距离最近的井（450m）压力由16.28MPa回升到20.05MPa，开井恢复自喷生产，日产油2.54t，日产气3.2854×10^{4}m^3。截至2003年4月，累计注水19.0568×10^{4}m^3，累计采油1658t，累计采气1052×10^{4}m^3。注水后，油水向气区窜进严重而停注，后期部分气井积液停喷。

3.经验与认识

（1）地质特征相近、高含凝析油相邻两区块分别进行注气保压开发和衰竭式+注水开发。从开发效果看，大张坨气藏开发中期注气保压开发在保持地层压力和防止进一步反凝析方面效果显著。而反凝析十分严重的板桥西区注水开发（实际上当作油藏在注水开发）在恢复地层压力方面效果显著，但在增油增气方面效果很差，注入水沿高渗条带水窜，基本没出现水驱凝析油的特征。

（2）开发方式对凝析气藏开发效果影响很大，大张坨凝析气藏中期注气保压开发后，开发效果明显改善，采收率能提高26%以上，达到56.18%~60.5%。而相邻的板桥西区注水开发凝析油增产不明显，且开发中后期治理、管理难度差异也很大。

（3）要提高凝析气藏开发效益，应尽量在开发初期采用注气保压开发，特别是对于一些凝析油含量高、露点压力高、反凝析现象严重的凝析气藏更是如此。

（4）凝析气藏衰竭开发后期可以进行注水开发实验，通过注水可使停喷井恢复自喷，油气采收率在衰竭开发的基础上进一步提高。如何实施有效注水开发以提高最终采收率，在今后实践过程中需进一步研究和认识。

（四）新疆柯克亚凝析气田

柯克亚凝析气田包括7个油气藏，为一近东西向的短轴背斜，构造平缓，两翼基本对称，主要是上第三系中新统西河甫组的细砂岩储层，埋深3000m以下，低孔（9%~18%）、低渗[空气（5.5~126）×10^{-3}μm^2]，储层非均质性强，原始凝析油含量300~500g/m^3。气藏投产初期采用衰竭式开发，地层压力迅速下降，凝析油在地层中析出，造成反凝析污染，使得凝析油采收率偏低。

1994年9月，在西五一（3）凝析气藏进行注气保压开发实验，实验区面积3.2km^2，天然气储量7.8×10^{8}m^3，凝析油储量32.14×10^{4}t，储层较均匀，层间连通性好，物性好，孔隙度13.09%，渗透率62.8×10^{-3}μm^2，原始凝析油含量为500g/m^3，注气时凝析油含量已经降低到200~250g/m^3。

初期注采比为1.05，注气压力为20~21.5MPa，日注气量（22~28）×10^{4}m^3。注

气一段时间后出现气窜现象，采取优化配产和井网调整方式防止气窜，主要措施有：①优化配产。在注气量较为稳定的情况下，将柯243井采气量由$7 \times 10^4 m^3/d$降为$(4 \sim 5) \times 10^4 m^3/d$，有效遏制了气油比上升速度。②井网调整。将观察井柯415井调整为采气井，将柯241井及时上返接替柯250井，柯250井改为观察井，扩大注气波及面积，气油比从$7000 m^3/t$下降到$4500 \sim 5000 m^3/t$。

实验区、西五一（3）气层组凝析油采出程度分别提高21.2%和11.6%，而衰竭式开采的西五一(1+2)气层组在这期间凝析油采出程度仅提高了1.2%。另外，注气保压开采的气油比和压力变化也明显好于衰竭式开采。明显遏制了重质组分在地下的反凝析，使气油比上升减缓甚至下降，但注气实践表明混相作用较弱，主要是注气驱油作用。实验区注气期间累计采凝析油$7.0183 \times 10^4 t$，凝析油采出程度达39.2%，比衰竭式开采的采收率21%提高了18.2%，采收率得到了明显提高。

柯克亚西四一凝析气藏埋深2900~3185m，储层有效厚度14.5m，平均孔隙度12.8%，平均渗透率$164.62 \times 10^{-3} \mu m^2$，原油储量$77.61 \times 10^4 t$，天然气储量$18.7 \times 10^8 m^3$。储层地露压差-7.2MPa，当地层压力为13MPa时，地层反凝析液量达到最大为20%。气藏初期采用衰竭式开发，压力迅速下降，后期采用保压开发，增产效果明显，在采气速度3.3%下，最终原油采收率29.88%，凝析气采收率60.98%。

启示：①优化配产；②开展好层系调整和井网调整。

二、国外凝析气藏开发案例调研

（一）前苏联卡拉达格凝析气田

卡拉达格凝析气田为带油环的中低孔、中渗、中等凝析油含量的砂岩凝析气田。储层厚度55~80m，平均孔隙度13.9%，平均渗透率$84 \times 10^{-3} \mu m^2$，凝析油含量$180 g/m^3$。气田含气面积$26 km^2$，天然气储量$214.99 \times 10^8 m^3$，原油储量大于$10 \times 10^8 t$。原始地层压力36.1MPa，地露压差2.5MPa，当地层压力为7MPa时，地层中反凝析液量达到最大为40%。

卡拉达格凝析气田第VII层凝析气藏于1955年投入衰竭式开发，开发初期单井日产气$60 \times 10^4 m^3$，日产凝析油超过100t，构造顶部和西部的井有效层厚度较小、产能低，中部和东南部井有效厚度大、产能高。至1958年，气藏生产井数已达15口，日产气$850 \times 10^4 m^3$，日产油1000t。VII层气藏投入衰竭式开发以后，压力不断下降，地层反凝析污染严重。反凝析变化分为三个阶段：第一阶段为衰竭式开发初期正常生产阶段，地层压力从39MPa降到37.5MPa，气油比变化不大，凝析油密度变化不明显，反凝析变化不大，凝析油在地层中损失较少；第二阶段为地层压力下降到10MPa以前，该阶段反凝析作用强，大量凝析油损失在地层中，采出天然气中凝析油含量从$139 g/m^3$降至$26.5 g/m^3$，气油比上升4倍以上，属反凝析阶段；第三阶段相当于气藏衰竭式开发的最终阶段，地层压力低于10MPa，特点是凝析油的反凝析损失很小，凝析油含量稳定。

卡拉达格气田开发实践表明：

（1）凝析气藏开发初期地层压力下降较慢，压力保持程度高，反凝析现象不严重，开发中期随着采速提高、采气强度加大，地层压力下降加快，反凝析迅速发生并越来越严重，反凝析污染使凝析油损失最高可达储量的50%，预计在14.2%的采气速度下，天然气采收率可达90%，凝析油采收率为48%，油环油采收率不超过8%。

（2）均衡采气、均衡反凝析可以有效降低反凝析损失，开发初期高部位、厚度大、孔渗性好的井配产高，低部位、厚度小、孔渗性差的井配产低，基本达到均衡采气和均衡压降，反凝析不严重，开发中期日产气提高10倍，单井、气藏配产打破了这种均衡采气和均衡压降规律，造成先局部压降再整体压降，使反凝析十分严重，造成大量油封气。

（二）阿尔及利亚Hassi R´mel（哈西鲁迈尔）凝析气田

Hassi R´mel（哈西鲁迈尔）凝析气田原油储量为$3.81 \times 10^7 m^3$，天然气储量为$4.47 \times 10^{10} m^3$，东部和南部存在较大的油环。气藏由上到下分为A、B、C三层。A层层厚20~30m，孔隙度15%，渗透率$260 \times 10^{-3} \mu m^2$。B层为夹有砂岩的页岩层，砂岩分布在层中间，在层的南北方向构成一条高渗条带，层厚0~30m，高渗带局部渗透率可达$500 \times 10^{-3} \mu m^2$，边部平均孔隙度15%，渗透率低至$0.1 \times 10^{-3} \mu m^2$。C层平均孔隙度16.8%，渗透率$641 \times 10^{-3} \mu m^2$，储集能力强，产量高。气田原始地层压力29.7MPa，露点压力30.3MPa，地露压差–0.6MPa，生产初期便有凝析油析出，当地层压力为14MPa时，地层中反凝析液量达到最大为18%。

Hassi R´mel（哈西鲁迈尔）凝析气田在1971年被勘探发现，1991年投入生产。投产初期油产量保持在$900m^3/d$。1997年1月，气顶区开始投入生产，油产量提高为$1800m^3/d$，随生产进行，油、气产量不断回落，地层压力迅速下降。数值模拟结果表明，如果气田继续采用衰竭式开发，到地层压力为10MPa时，将累计产凝析油$3165.7 \times 10^3 t$，凝析油采收率仅为38.49%。

为了改善衰竭式开发效果，气田采用了循环注气方式保压开采，通过将产出气以$6 \times 10^6 m^3/d$的注入速度回注到地层，维持地层压力在原始水平，采气速度为5.7%，凝析油采收率提高到63.2%，凝析油累计产出$5.2 \times 10^6 t$，比衰竭式开发多采出$2.03 \times 10^6 t$。

Hassi R´mel（哈西鲁迈尔）凝析气田开发特点为：

（1）采用循环注气开发，将产出气100%回注到地层，减轻了高矿化度地层水对气井产量造成的影响，保持地层压力在较高水平，减小了凝析油在地层中的损失，提高了气藏的凝析油采收率，Hassi R´mel（哈西鲁迈尔）凝析气田凝析油采收率提高了24%。

（2）水平井技术的成功应用减少了水侵问题，并且延缓了见水时间。实践表明：水平井中的压力下降较直井小，水平井段越长，压降越小，凝析油损失越小。另外，在同样的产量和生产周期下，直井中的液体饱和度可能达到18%，而在水平井中不会超过

6%。以上都是水平井技术在Hassi R′mel（哈西鲁迈尔）凝析气田成功应用的体现。

（三）俄罗斯乌连戈伊凝析气田

乌连戈伊凝析气田是俄罗斯最大的气田，也是世界最大的天然气田。气田构造面积4000 km²，探明天然气地质储量11.2×10^{12}m³，含气井段长达3000m，纵向上有5套含气层系。1978年，上部赛诺曼组高产气藏优先投入开发，高峰产量达到2765×10^8m³/a，相当于俄罗斯当时全国天然气产量的50%。

20世纪末，赛诺曼组气藏进入产量递减期，深部阿奇莫夫超高压凝析气藏投入开发，弥补了产量递减，延长了气田稳产年限，开发经济效益十分明显。下白垩统气层可分为25个凝析气藏，上部为块状凝析气藏，下部以带油环凝析气藏为主，凝析油含量自上而下逐步增高，由56 g/m³增加到290 g/m³，地质储量为1.6×10^{12}m³。

深部上侏罗统阿奇莫夫组气层为高含凝析油的岩性-构造凝析气藏，凝析油含量达610 g/m³，天然气地质储量2.85×10^{12}m³，凝析油645×10^6t，原油386×10^6t。气藏储层埋深3150~3800m，有效厚度15m，储层物性差，孔隙度14%~16%，渗透率$(1 \sim 4) \times 10^{-3}$μm²，为孔隙-裂缝型储层。阿奇莫夫组属于深层、大面积、超高压、复杂储层类型的凝析气藏，开发难度远大于赛诺曼浅层高产气藏。在3800 m井深处，地层压力近60 MPa，地层温度110℃，属于异常高压和低温度梯度。目前，在阿奇莫夫组已经钻探了223口井，采气速度仅为0.3%。

三、类似气田开发案例调研结果

（一）经验总结及认识

综合对比类似凝析气藏的开发经验和教训，得出以下认识：

（1）低孔、中渗、中高凝析油含量、储层均质性较好的凝析气田多采用注气保压开发方式。保压开采可以提高气田凝析油采收率，但需要投入相关地面设备，成本较大，注水保压开发基本不可取。

（2）低地露压差凝析气田在采取衰竭式开发或部分保压开发时，地层压力在投产后会很快低于露点压力，地层中凝析油过早析出，堵塞渗流通道，降低气相有效渗透率和凝析油采收率。

（3）利用水平井生产可以增加泄油面积、减小压差，有效预防反凝析和控水实现均衡生产。水平井中的压力下降较直井小，水平井段越长，反凝析损失就越小，在哈西鲁迈尔凝析气田同样的产量和生产周期下，直井中的液体饱和度可达到18%，而在水平井中不会超过6%。

（4）在开发管理方面，均衡采气是有效降低反凝析、延长气藏稳产期的关键。前苏联卡拉达格凝析气田储量规模、地质条件、凝析油含量都与雅克拉凝析气田十分类似，在不同部位、不同厚度、不同孔渗条件井中采取不当的强采措施，造成局部反凝析和局部压降漏斗，凝析油损失高达50%。

（5）均衡水侵对边水凝析气田开发至关重要，开发中如果局部采气井产量过大，压力下降过快，地层中会出现边水舌进现象，导致井底积液或发生水淹。

（二）不同开发方式的适宜度评价

1.衰竭式开发凝析气藏

在衰竭式开发凝析气藏过程中，当井底流压低于露点压力以后，凝析油会反凝析出来，聚集在多孔介质中，一方面造成了凝析油的损失，另一方面凝析油会严重降低绝对渗透率和气相相对渗透率，降低凝析气井的产能。衰竭式开发凝析气藏，地层压力下降较快，反凝析污染也较严重，采收率一般较低，但地面工艺较简单，投资较少。

因此，设计用衰竭方式开采凝析气藏时，原则上与开发干气藏和湿气藏的思路相同，但需要考虑凝析油在储层析出时的产量变化和对储层、井内气体流的影响以及提高凝析油回收等问题。

衰竭式开发凝析气藏技术适用于凝析油含量较低、地露压差较大、储层连通性好、边底水能量充足的凝析气藏。优点是开发费用较低，缺点是凝析油采收率较低。在我国，除少数凝析气藏采用注气开采方式以外，衰竭式开采是主要开发方式。例如，大港的板桥、千米桥凝析气藏；中原的桥口、白庙凝析气藏等。

2.循环注气开发凝析气藏

循环注气开发凝析气藏的机理为：一方面起到保持压力的作用，另一方面驱替凝析油。按注入介质不同可分为：注干气开发凝析气藏、注N_2开发凝析气藏、注CO_2开发凝析气藏、注干气与N_2段塞开发凝析气藏及注干气与水段塞开发凝析气藏等。注气时机包括早期注气、中期注气和晚期注气。注气量包括全部注入干气和部分注入干气。循环注气开发凝析气藏的技术特征是能延缓地层压力的下降，控制反凝析的污染区域。循环注气开发凝析油采收率比衰竭式开发凝析油采收率要高，但地面工艺较复杂，其投资也较大。

确定是否采用保持压力开采的主要条件是凝析油含量和储量，储层的均质性、渗透性和连通性以及有无经济效益等。循环注气开发凝析气藏技术适用于凝析油含量较高、地露压差较小、储层连通性好、储量较大的凝析气藏。若满足以上气藏特征，则首先考虑循环注气开发凝析气藏。

保持压力开发是提高凝析油采收率的主要方法，尤其是凝析油含量较高的凝析气藏，不保持压力开发，凝析油的损失可达到原始储量的30%～60%。但是，需要投入大量资金购置高压压缩机，而且在相当长的时间内无法销售天然气。例如，柯克亚凝析气田、大张坨凝析气藏和牙哈凝析气田。

3.注气（化学介质）吞吐开发凝析气藏

注气吞吐开发凝析气藏的机理为：把近井地带的凝析油堵塞推向远井储层，使近井地带凝析油反蒸发为气相，解除凝析油的堵塞；升高近井地带的压力使注入介质和气藏流体达到混相或近混相；注入的化学剂降低凝析油的表面张力，使凝析油易从岩石孔隙壁上脱离，提高近井地带的凝析油相对渗透率和天然气的相对渗透率，改善近井地带污染。该方法延缓了地层压力的下降，采收率比衰竭式开发高，地面工艺简单。

注化学剂吞吐开发凝析气藏的技术一般应用于气井近井地带已经大量反凝析，气井产能由于储层反凝析污染严重而急剧下降的气井。注化学剂吞吐开发凝析气藏的技术是凝析气藏开发后期的一种补救措施。

4.复杂结构井开发凝析气藏

水平井在油气藏开发中的应用比较广泛，水平井常应用在底水油（气）藏、气顶气藏、同时具有气顶和底水的气藏以及天然裂缝性气藏、低渗透和高渗透油气藏、稠油气藏、薄气藏等领域。利用水平井可增加泄油面积，提高单井产量，增加裂缝的钻遇机率，降低地面设施设计费用，延缓底水和气顶气的锥进，提高油气最终采收率。因此，水平井在凝析气藏中的应用具有很大的潜力。

（三）开发方式选择标准的建立

凝析气藏开发方式需根据气藏的地质条件、流体相态特征、凝析油气采收率、经济评价等进行确定。在广泛调研基础上，分析了衰竭式开发中影响凝析气藏采收率的主要因素、次要因素、地质因素、政策因素和技术因素等，建立了凝析气藏开发方式选择评价标准。

影响凝析气藏开发方式的因素主要有5个，分别是气藏高压物性、气藏地质、储量规模、水体特性、开发政策。各因素对开发方式选择的影响程度不同，权重系数有差异。气藏高压物性直接影响凝析气藏采收率，权重30%；开发政策影响较小，权重10%；其余权重20%。评价标准得分大于等或于85分选择衰竭式开发；75~85分选择衰竭或保压开发；小于75分选择保压开发。

每个因素又细分若干参数，共计28个参数。各参数影响程度不同，标准分也有差异。并根据参数变化范围分为4个类别，一类得标准分，二类得标准分的80%，三类得标准分的70%，四类得标准分的50%。得分越高，越趋向衰竭式开发。

高压物性包括凝析油含量、原始气油比、最大反凝析液量、最大反凝析压力、废弃压力、甲烷含量、C_3^+含量、凝析油密度、凝析油含蜡量9个参数。通常认为凝析油含量小于250g/m³，反凝析液量低、反凝析损失小，保压开发凝析油采收率提高少，而且经济效益不好，宜选择衰竭开发（表1-12）。

表1-12 高压物性评价标准

序号	衰竭式开发评价指标	类别				标准分
		一类	二类	三类	四类	
1	凝析油含量/（g/m³）	≤250	250~≤400	400~≤500	>500	15
2	原始气油比/（m³/m³）	≥3000	≥2000~3000	≥1500~2000	<1500	10

序号	衰竭式开发评价指标	类别				标准分
		一类	二类	三类	四类	
3	最大反凝析液量/%	≤10	10~≤15	15~≤20	>20	15
4	最大反凝析压力/MPa	≤17	17~25	25~≤30	>30	10
5	废弃压力/MPa	≤18	18~22	22~≤25	>25	10
6	甲烷/%	≥85	≥82~85	≥80~82	<80	10
7	C_3^+/%	≤8	8~≤10	10~≤12	>12	10
8	凝析油密度/（g/cm³）	≤0.75	0.75~≤0.78	0.78~≤0.8	>0.8	10
9	凝析油含蜡量/%	≤3	3~≤5	5~≤8	>8	10
	小计					100

气藏地质包括埋深、储层厚度、孔隙度、渗透率、孔喉半径、纵向非均质性−突进系数6个参数。特别考虑了孔喉半径的影响。因连续相反凝析油能否在一定压差下从岩石中流出取决于喉道的粗细，即孔喉半径的大小。据孔金祥等人研究表明，四川盆地三叠系碳酸盐岩气层的储集喉道下限为0.04μm（表1−13）。

表1−13 气藏地质评价标准

序号	衰竭式开发评价指标	类别				标准分
		一类	二类	三类	四类	
1	埋深/m	≥5000	≥4000~5000	≥2000~4000	<2000	10
2	储层厚度/m	≥15	≥10~15	≥5~10	<5	10
3	孔隙度/%	≥15	≥10~15	≥5~10	<5	20
4	渗透率/10⁻³μm²	≥50	≥30~50	≥10~30	<10	20
5	孔喉半径/μm	≥2	≥1.5~2	≥1.0~1.5	<1.5	25
6	纵向非均质性−突进系数	≥8	≥5~8	≥2~5	<2	15
	小计					100

储量规模包括天然气储量、凝析油储量、储量丰度、天然气采收率、凝析油采收率5个参数。储量规模越大，保压开发经济效益越好；反之，宜选择衰竭开发（表1−14）。

表1−14 储量规模评价标准

序号	衰竭式开发评价指标	类别				标准分
		一类	二类	三类	四类	
1	天然气储量/10⁸m³	≤150	150~≤250	250~≤300	>300	15
2	凝析油储量/10⁴t	≤50	50~≤150	150~≤250	>250	15
3	储量丰度/（10⁸m³/km²）	≥10	≥5~10	≥3~5	<3	20
4	天然气采收率/%	≥50	≥40~50	≥30~40	<30	25
5	凝析油采收率/%	≥40	≥30~40	≥20~30	<20	25
	小计					100

水体特性包括水体规模、水体类型、突破压差、水侵速度4个参数。水体规模大，水体能量可以利用，有利于衰竭开发。突破压差高，边底水则缓慢侵入，衰竭开发对生产井无影响（表1-15）。

表1-15　水体特性评价标准

序号	衰竭式开发评价指标	类别				标准分
		一类	二类	三类	四类	
1	水体规模/倍	≥20	≥15~20	≥10~15	<10	30
2	水体类型	开放水体	1~2边断层	3边断层	底水	20
3	突破压差/MPa	≥3	≥1.5~3	≥0.5~1.5	<0.5	25
4	水侵速度/（$10^4m^3/a$）	≤8	8~≤15	15~≤20	>20	25
	小计					100

开发政策包括采速、井型、分合采、平均井距4个参数，较低的采速有利于衰竭式开发（表1-16）。

表1-16　开发政策评价标准

序号	衰竭式开发评价指标		类别				标准分
			一类	二类	三类	四类	
1	采速/%	高孔高渗	≤3	3~≤4	4~≤5	>5	30
		中孔中渗	≤2	2~≤3	3~≤4	>4	
		低孔低渗	≤1.5	1.5~≤2	2~≤2.5	>2.5	
		特低孔低渗	≤1.0	1.0~≤1.5	1.5~≤2.0	>2.0	
2	井型		水平井	直井+水平井	直井	–	20
3	分合采		单采	笼统采	合采	–	20
4	平均井距/m		≤500	500~≤1000	1000~≤1500	>1500	30
	小计						100

（四）结果对比

综合对比认为，雅克拉气藏是中孔中渗、中等凝析油含量、最大反凝析液量低的大型凝析气藏，具备衰竭式开发的条件。按国内外中低含凝析油凝析气藏开发的成功经验并参照我国已制定的凝析气藏开发技术标准，雅克拉凝析气藏可按照衰竭式方式开发（表1-17）。

表1-17 白垩系凝析气藏与国内外典型凝析气藏静态参数与开发方式对比

气藏名称	类型	埋深/m	孔隙度/%	渗透率/$10^{-3}\mu m^2$	厚度/m	储量 原油/10^4t	储量 天然气/10^8m^3	最大反凝析油量/%	最大反凝析油时压力/MPa	地露压差/MPa	开发方式	采气速度	采收率 油/%	采收率 气/%
雅克拉	砂岩	5200~5400	13.2	8~70	47	442	245.6	4.1~7.08	15~22	1.72~6.36	衰竭	2.8~6	41.5	60
平湖	砂岩	>2800	12~25	10~200	110~300	117.5	108.2	<5	8	-1.89	衰竭	4.3~5.5	53.4	65
牙哈	砂岩	5200~5400	15~18	19~145	15.5~67	2975.6	376.45	20~26	20~32	2~3	保压	3.2	48.14	64.10
板桥中区板二	砂岩	2600~2900	22.37	232.5	35.9	886.4	47.43	24.12	24	1.14	衰竭+保压	3.16	41.39	85.11
柯克亚西四一	砂岩	2900~3185	12.8	164.62	14.5	77.61	18.7	20	13	-7.2	衰竭+保压	3.3	29.88	60.98
卡拉达格	砂岩	2600~4100	13.9	84	55~80	>100000	214.99	40	7	2.5	衰竭	14.2	48	90
哈西鲁迈尔TAG地层	砂岩	1482~1530	15~16.8	0.1~641	15~20	3809.4	446.8	18	14	-0.6	衰竭+保压	5.7	63.2	82
乌连戈伊阿奇莫夫	砂岩	3150~3800	14~16	1~4	15	103100	28500	25	32	3	衰竭	3.0	62	89

四、联合攻关开发技术，认识开发规律

凝析气藏开发核心问题是如何解决反凝析和提高凝析油的采收率。选择什么方式开发，怎样实现高效开发，需攻关研究地下–井筒–地面–管理等相关理论技术，探索凝析气藏均衡采气、均衡水侵开发技术，发展完善配套的钻完井工艺技术、水平井开发技术、高温高压气井井控管理技术、集输处理技术等。

（1）运用现代油气藏精细描述技术，结合传统地质学方法、软件，强化气藏研究和描述，重点开展构造、沉积相、隔夹层等基础地质研究，建立凝析气藏三维数值化地质模型，为气藏高速高效开发奠定坚实基础。

（2）以实验和气藏工程方法为手段，在凝析气藏相态、渗流机理基础上，研究衰竭式开发反凝析过程油气流体渗流机理及对凝析油开采效果影响。

（3）研究以表征反凝析和水侵为核心的动态监测体系，取全取准各项基础资料，为实现气田科学合理开发打下基础。

（4）在试采成果基础上，进行系统气藏工程研究，丰富凝析气藏均衡开发理论，研究开发方式、井网井距等，解决凝析气藏开发中如何控制反凝析和控制边水突进问题。

（5）针对钻井过程中井壁易坍塌、卡钻等问题，开展井身结构、水平井钻井技术、尾管旋转固井等技术研究；进一步论证高温高压气井井控管理技术，集成最优的防CO_2腐蚀完井工艺技术。

（6）针对凝析气田高产、高压、高温、高CO_2、强冲刷的特点，研究出一套工艺先进、运行高效、适应性强的高压凝析气集输处理技术体系，保障凝析气田的安全高效开发和效益最大化。

（7）提升油气开发管理规范化、科学化、信息化。重点是从气藏开发管理、集输处理工艺、自动控制系统、安全环保等方面全方位培养技能人才，提高人员队伍专业水平，为雅克拉高速高效开发、集输处理站平稳运行奠定坚实的基础。

五、千方百计落实天然气市场

新疆塔里木盆地周边地广人稀，工业基础薄弱，天然气用户很少，在雅克拉凝析气田周边区域无天然气用户。自1989年开始试采，前后长达20年。试采期间，为落实天然气利用问题，广泛和地方、兄弟企业洽谈，千方百计开拓天然气消费市场，为气田的大开发奠定了基础。

1989~1992年，就地建小厂消化天然气。1992年6月，西北石油局与西南石油局合资建立$30 \times 10^4 m^3$用气量的炭黑厂和液化气厂。鉴于炭黑厂和液化气厂用气量有限，一口生产井、一口备用井完全满足用户需要，因此要求其余井求取资料后压井待产。

1989~1995年，仍然只有炭黑厂、液化气厂和少量的自用气需求，雅克拉凝析气田坚持以销定产、长期试采原则，保留一口试采井。

1996年年初，由新疆生产建设兵团与原化学工业部、地矿部决定联合在新疆库车县建设年产30×10^4t合成氨，52×10^4t尿素工程，雅克拉—大涝坝作为上游气源基地。西北石油局委托美国美孚石油公司进行雅克拉开发可行性论证，由于合作建设计划改变，开发方案未实施。

2000年年初，国家开始建设"西气东输"工程，中国石油化工集团公司将雅克拉—大涝坝凝析气藏列入"西气东输"工程气源之一，编制了"西气东输"勘探开发工作规划。由于中国石油塔里木油田分公司克拉2气田气源不够，两家石油公司多次协商洽谈雅克拉、大涝坝凝析气田气源进"西气东输"管网可行性，后因气价和规模问题未能确定。

2001～2002年，天山南库1井区见良好油气显示，预测储量$2000 \times 10^8 m^3$，比照克拉2或亚肯气田，中国石化与中国石油协商论证雅克拉、大涝坝与库1井区一起开发向"西气东输"管网供气可行性。

2004年10月，中国石化协调支援新疆建设，援建库车大化工程，以雅克拉、大涝坝作为气源，在库车建厂就地消化，要求日稳定气$200 \times 10^4 m^3$，与此同时，国家"西气东输"管网要求中国石油化工集团公司提供气源，集团公司决定开发雅克拉—大涝坝凝析气田，同时修建塔河一号联、二号联与雅克拉天然气联络管线，保证向库车大化稳定供气，同时做好向"西气东输"管网供气准备。

第二章 开发方案设计与实施

雅克拉凝析气田发现之后，对储量可靠性、产能规模、井型井网井距、钻井工艺、采气工艺、集输处理等环节反复比选；对反凝析、水侵、井控、腐蚀等关键问题反复质疑、求证，最终于2004年形成应用水平井+衰竭式开发方式、年产$8.6 \times 10^8 m^3$、稳产10年、不锈钢防CO_2采气工艺、一级布站处理、自动控制的开发方案。并于2004年6月成立雅克拉-大涝坝产能建设项目组，根据"依托下游用户需求，分阶段实施-优化-兼顾评价-全面投产"的工作思路，启动实施气藏开发方案，标志着雅克拉凝析气田正式进入全面开发阶段。

第一节 开发思路

总结试采过程中的经验与教训，结合技术管理发展的前沿水平，以高效安全为前提、以油气采收率双高为目标，确定了以下开发思路：

一、选择以水平井技术为保障的衰竭式开发方式

（1）参考东海平湖、卡拉达格等中含凝析油衰竭式开发经验以及牙哈、大港板桥、柯克亚、哈西鲁迈尔等高含凝析油注气保压开发经验，在试气试采分析、相态研究、气藏工程研究模拟与类比基础上，充分利用最大反凝析压力22~30MPa接近气藏废弃压力这一有利特征，利用好边水能量，可长期保持较弱的反凝析状态，最终选择衰竭式开发方式。

（2）借鉴哈西鲁迈尔等凝析气田水平井开发成功经验，在气藏工程研究、反凝析发生程度的要素研究基础上，利用水平井开发技术增加出油段，提高单井产量，降低生产压差，实现最大程度抑制反凝析发生，同时可为气藏高速开发和提高最终采收率打好基础。

（3）参考前苏联卡拉达格凝析气田和东海平湖气田成功经验和失败教训，气藏管理方面对不同部位、不同厚度、不同孔渗条件、不同井型情况下的气藏开发全寿命周期采取均衡采气和均衡压降，有效预防和控制反凝析、油封气和局部水侵形成水封气等影响开发效果的恶劣现象，为实现高速高效开发与最终采收率最大化提供支撑。

二、坚持油气并举、提高油气采收率的总原则

衰竭式开发凝析气藏，由于地层压力降低发生反凝析，导致凝析油采收率低是凝

析气藏开发普遍面临的难点问题。利用雅克拉凝析气藏自身的特点，合理利用边水能量，通过减缓地层压力损失达到控制反凝析目的；采用合适井网井距、以合理采速进行开发，控制或减缓反凝析程度。通过开发政策优化，从而提高天然气、凝析油采收率，达到经济效益和社会效益最大化。

三、坚持地下、地面相结合，气田开发、地面管网、市场销售相结合，整体配套开发建设大气田

气田开发要全盘考虑，统筹安排，以下游用户需求为导向，以提高采收率为目标，编制合理的开发方案，同步建设配套的管网和地面工程，实现安全、环保、高效益开发。

四、持续推进凝析气田开发技术和管理方法创新，为气田安全高效开发提供支持

在开发技术方面：①积极采用新工艺、新技术、新设备、新材料，确保生产运行安全可靠；②做好地质、油藏、采油气工艺、地面工程的结合，确定适宜的采油气工艺技术、地面建设规模，充分利用已建设施，最大限度地节省投资；③以需定产，合理配置，优化产品流向，采油气工艺、地面工程适应气田近期开发和远期规划的需求，做到近期和远期相结合，最大限度提高投资效益。

在开发管理方面，雅克拉凝析气田作为中国石化最大的整装凝析气田，需创新形成一套有针对性的精细管理体系和开发技术政策，保证气井生产平稳，气藏开发均衡，各项开发指标均达到较高水平。

第二节　开发方案技术关键参数论证

雅克拉凝析气田开发方案关键参数论证集成了试气试采成果和多次方案设计研究成果，在最新地质认识、最新钻完井技术、集输处理技术基础上，重点在开发层系、开发方式、井网井型、产能采速、防CO_2腐蚀完井工艺技术和集输处理技术等方面开展研究论证，为方案最终形成打下坚实基础。

一、开发层系论证

在试采评价和方案论证过程中，地质特征争议比较大的就是上、下气层之间隔层的封隔作用、发育展布范围。从钻井资料看，上、下气层之间的隔层普遍存在，厚度为1.2~6.2m，在气藏中央部位(纯气区)厚度较大，向四周有减薄趋势；从沉积相研究来看，隔层应为连片分布；经反复研究，最终认定上、下气层之间发育泥岩隔层，分布稳定，具有封隔作用，可以作为上、下气层分层开发的基础。

另外，上、下气层由于构造较平缓，下气层气水过渡带相对较大，纯含气面积亦

较小；而上气层纯含气面积为下气层纯含气面积的2倍多，且大于下气层的总含气面积。从气水分布角度来看，由于上、下气层含气面积的差异较大，边水的侵入必然对上、下气层的开采动态有不同程度的影响。

基于以上两点认识，开发设计时可按照一套井网，两个开发层系进行设计，在实际开采中对上、下气层要因地制宜地确定合采或单采。如在纯气区内上、下气层实行合采；在过渡带上，选择单采以延缓水的推进。

二、开发方式论证

依据凝析气藏开发方式选择评价标准打分（详见第一章），其中一类指标得标准分的满分，二类指标得标准分的80%，三类指标得标准分的70%，四类指标的标准分的50%。综合评价，雅克拉凝析气藏地质因素96分，高压物性因素93分，储量规模因素79分，水体特性因素87.5分，开发政策因素81分（表2-1）。

表2-1 雅克拉开发方式选择评价标准得分表

序号	衰竭式开发评价指标		类别				标准分	实际值	得分
			一类	二类	三类	四类			
1	气藏地质	埋深/m	≥5000	4000~5000	2000~4000	<2000	10	5300	10
2		储层厚度/m	≥15	10~15	5~10	<5	10	27.8	10
3		孔隙度/%	≥15	10~15	5~10	<5	20	12.4	16
4		渗透率/$10^{-3}\mu m^2$	≥50	30~50	10~30	<10	20	120	20
5		孔喉半径/μm	≥2	1.5~2	1.0~1.5	<1.5	25	2	25
6		纵向突进系数	≥8	5~8	2~5	<2	15	9.28	15
	小计						100	—	96
1	高压物性	凝析油含量/（g/m³）	≤250	250≤400	400≤500	>500	15	234.5	15
2		原始气油比/（m³/m³）	≥3000	2000~3000	1500~2000	<1500	10	4418	10
3		最大反凝析液量/%	≤10	10~15	15~20	>20	15	7.08	15
4		最大反凝析压力/MPa	≤17	17~25	25~30	>30	10	22	8
5		废弃压力/MPa	≤18	18~22	22~25	>25	10	17.9	10
6		甲烷/%	≥85	82~85	80~82	<80	10	85.45	10
7		C_3^+/%	≤8	8~10	10~12	>12	10	6.91	10
8		凝析油密度/（g/cm³）	≤0.75	0.75~0.78	0.78~0.8	>0.8	10	0.7977	7
9		凝析油含蜡量/%	≤3	3~5	5~8	>8	10	3.93	8
	小计						100	—	93
1	储量规模	天然气储量/10^8m^3	≤150	150~250	250~300	>300	15	516	7.5
2		凝析油储量/10^4t	≤50	50~150	150~250	>250	15	275	7.5
3		储量丰度/（$10^8m^3/km^2$）	≥10	5~10	3~5	<3	20	3.2	14
4		天然气采收率/%	≥50	40~50	30~40	<30	25	60	25
5		凝析油采收率/%	≥40	30~40	20~30	<20	25	40	25
	小计						100	—	79

序号	衰竭式开发评价指标		类别				标准分	实际值	得分
			一类	二类	三类	四类			
1	水体特性	水体规模/倍	≥20	15~20	10~15	<10	30	20.2	30
2		水体类型	开放水体	1~2边断层	3边断层	底水	20	开放水体	20
3		突破压差/MPa	≥3	1.5~3	0.5~1.5	<0.5	25	3.2	25
4		水侵速度/（$10^4 m^3$/a）	≤8	8~15	15~20	>20	25	21.8	12.5
	小计						100	—	87.5
1	开发政策	采速/% 高孔高渗	≤3	3~4	4~5	>5	30	3.48	24
		中孔中渗	≤2	2~3	3~4	>4		—	
		低孔低渗	≤1.5	1.5~2	2~2.5	>2.5		—	
		特低孔低渗	≤1.0	1.0~1.5	1.5~2.0	>2.0		—	
2		井型	水平井	直井+水平井	直井	二井	20	直井+水平井	16
3		分合采	单采	笼统采	合采		20	单采	20
4		平均井距/m	≤500	500~1000	1000~1500	>1500	30	1200	21
	小计						100	—	81

根据各因素的权重，最终计算雅克拉凝析气田得分为88.5分，适宜衰竭式开发方式（表2-2），但分值偏低，有一定风险，主要靠开发管理来弥补。数值模拟结果也显示注气开发提高凝析油采收率不明显，适合衰竭式开发。

表2-2 雅克拉开发方式选择评价表

序号	大类	权重/%	雅克拉凝析气藏	
			得分	加权得分
1	高压物性	30	93	27.9
2	气藏地质	20	96	19.2
3	储量规模	20	79	15.8
4	水体特性	20	87.5	17.5
5	开发政策	10	81	8.1
	合计			88.5

三、井网井型论证

合理的开发井网是高效开发气田的重要因素之一。对于某个具体气田，采用什么样的开发井网和多大的井网密度没有一套固定的模式。但总体上，气藏开发的井网形式有均匀井网、环状井网、线状井网和不均匀井网，以及气藏中心(顶部)地区布井。

针对雅克拉中低含凝析油具边底水凝析气藏，主要考虑能最有效地控制住气藏的储量，井数能保证达到一定的生产规模和一定的稳产期，尽可能提高凝析油采收率，尽可能减缓水侵，钻井投资及工作量最小，为开发后的调整留有一定余地等条件。

1. 水平井控制反凝析论证

方案论证首次引入水平井有效改善地层渗流场，来预防和控制反凝析的新思路、新方法。

根据产能公式 $Q \propto K \cdot H \cdot \triangle P$，水平井与直井相比有效降低 $\triangle P$。雅克拉直井压差 2~3MPa，水平井在1MPa以内。水平井与直井相比，流线和等势线分布更均匀、合理（图2-1），井间压力损失更小，流速分布均匀，有效防止反凝析发生。

水平井产能达（50~60）$\times 10^4 \mathrm{m^3/d}$，产能高、流速大，即使井筒附近有零星反凝析油聚集，利用气井高流速下的速度剥离效应（毛管数效应）（图2-2），也可以携带出反凝析油，有效降低反凝析影响。

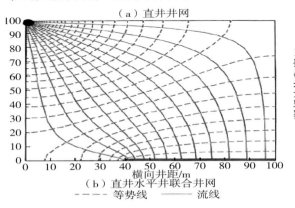

图2-1　直井和水平井联合井网流场　　　　图2-2　凝析液饱和度分布

利用水平井技术可以有效降低反凝析油在井筒附近聚集机会，达到反凝析油随时聚集随时采出效果，在井间则更难形成凝析油的堆积，水平井改善渗流场、预防和控制反凝析。从控制反凝析角度，宜选择水平井开发。

2. 直井对边水控制技术论证

实践证明，储层内的夹层或物性夹层可延缓边水快速水侵。直井流场类型为圆柱型，沿层横向分布，可利用层内的夹层阻挡边水。因此，井网设计时在构造边部选择直井，利用直井横向分层引流，可起到控制边水水侵的作用。

边部直井横向分层引流控制边水，主要是因为直井可以通过优选射孔井段，利用储层内隔夹层控制或延缓水侵；直井产能低，可延缓边水水侵，而水平井水平段长、泄油面积大，可能引流边水快速水侵；直井相对水平井来说，见水后含水上升速度较缓慢，易于采用常见的关井压锥、排液采气、封堵出水部位等控水治水措施，且治理效果更理想等。

对带边水、纵向非均质性强的凝析气藏，在构造边部应该部署直井开采，来控制边水水侵速度，见水后也可以利用现有技术手段治理，延长气井自喷期。雅克拉凝析气藏纵向变异系数1.54，平面变异系数0.28，呈现纵向非均质性严重，层内均质，因此气藏构造边部宜选择直井控制边水水侵。

3. 复合井网论证

以高部水平井+边部直井的组合井网，实现高部位水平井立体引流高速高产，边部直井横向分层引流控制边水。水平井+直井衰竭式开发模式解决了凝析气田开发中反凝析和循环注气效益低两大矛盾，在国内首次突破大型凝析气田衰竭式高速高效开发瓶颈。

鉴于水平井开发的优点，为保证井间压降梯度在雾状流范围内，构造高部位首选水平井。通过气藏工程计算、数值模拟等技术，确定水平井设计参数（表2-3）。

表2-3 雅克拉水平井参数设计表

序号	水平井设计参数	雅克拉水平井设计标准
1	井位优化	构造高部位
2	水平段位置	水平段位于孔隙性最好段
3	水平段长度	600m
4	K_h/K_v	平均4.9～15.7
5	地层参数β_h[$\beta=(K_h/K_v)^{1/2}$]	<100m（雅克拉39.8～71.3m）
6	生产压差	1MPa
7	产气量	（50～120）×10^4m³
8	采油指数	试采直井采油指数的3～5倍

水平井主要是立体贡献产能，直井主要是横向贡献产能，井网设计采用"高强低弱"控制边水。高部位水平井立体引流高速高产，边部直井横向分层引流控制边水。以井网有效控制为原则，形成"高部水平井+边部直井"分层控制的组合井网（表2-4）。

表2-4 雅克拉井网设计原则

构造	区	短轴长/km	避水高度/m	直井控制半径/km	水平井控制半径/km	井型
主构造	西	1.2	16.77	0.76	1.73	直井
	中	3.6	40.29			水平井
	东	2.2	17.89			直井
雅东		0.7	20			直井

4. 合理井距论证

根据气藏特点，考虑气田地质与气层物性的特征、经济合理性、市场对天然气的需求等因素。分别采用类比法、数值模拟法和经济极限井距法确定合理井距。

1）类比法

根据《世界油气田》收集的部分国外大、中型气田单井控制储量的情况来看，储量在1000×10^8m³以上的气田单井控制储量约在50×10^8m³，储量在（300～500）×10^8m³的气田，单井控制储量约在（10～15）×10^8m³（气层埋深3000m左右）。另根据第一章，国内外气田调研情况看，井距一般在1000~1500m，且气藏厚度大时井距应缩小；气藏渗透率高、埋藏深度大时，井距应增大。

与国外气田相比，单井控制的储量取$20 \times 10^8 \text{m}^3$，即井数应少于12口，相应的井距大于1151m。但纯气区气层厚度大（38.5m），气井井距不宜部署得太大，因此借鉴国内外气井井距1000~1500m经验值。具体在部署时，再根据气藏的纯气区和过渡带地质条件和构造高点分布状况，区别对待和调整井距。

2）数值模拟法

数值模拟法是在建立地质模型基础上，模拟不同产能、不同采速、不同开发过程中的不同井距方案，从中优选出最合理和具有最佳效益的井距方案。

根据气藏构造特点和形状，采用800m、1000m、1200m、1400m、1600m、1800m共6种井距进行布井分析，通过定单井日产气量对6种井距的开发指标进行数值模拟预测（表2-5）。从开发指标对比可以看出，井距在800~1400m，随井距增加，稳产年限增加、稳产期采出程度上升；井距增大到1600m和1800m，稳产年限增加不大，稳产期采出程度下降较大。在20年的预测期末，1200m井距采出程度达到最大（图2-3）。

表2-5　雅克拉凝析气田不同井距开发指标对比

井距/ m	井数/ 口	单井日产气/ 10^4m^3	区块日产气/ 10^4m^3	年产气量/ 10^8m^3	采气速度/ %	稳产期		预测期（20年）		
						时间/ a	采出程度/ %	累计采气/ 10^8m^3	采出程度/ %	地层压力/ MPa
800	28	20	560	18.48	7.49	3	27.80	127.59	51.69	26.2
1000	18	20	360	11.88	4.81	6	34.21	128.89	52.22	26.3
1200	15	20	300	9.90	4.01	8	37.42	135.05	54.71	26.5
1400	11	20	220	7.26	2.94	11	37.69	129.57	52.49	27.0
1600	8	20	160	5.28	2.14	11	28.87	110.84	44.91	30.7
1800	7	20	140	4.62	1.87	12	28.69	109.97	44.55	32.7

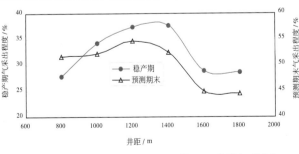

图2-3　雅克拉凝析气田不同井距开发指标分析

从提高稳产期采出程度及最终采收率的角度出发，1200~1400m井距最优，同时指出地层流体相态变化和边底水侵入可能对数值模拟结果造成影响。

3）经济极限井距

单井控制经济下限储量估算公式如下：

$$G_{sg} = \frac{C + t \times p}{A_g \times E_{rg} + A_o \times E_{ro} / GOR}$$

式中　G_{sg}——视单井控制储量，$10^8 m^3$；

　　　C——单井钻井和地面建设合计费用（5878×10^4元/井）；

　　　p——单井平均年采气操作费[1458×10^4元/（井·年）]；

　　　A_g——天然气销售价（0.42元/方）；

　　　A_o——凝析油合理参考价（1200元/吨）；

　　　E_{rg}——天然气采收率（60%）；

　　　E_{ro}——凝析油采收率（40%）；

　　GOR——气油比，m^3/t。

雅克拉凝析气田视单井控制经济下限储量（G_{sg}）为（9.02~9.16）$\times 10^8 m^3$。再由下式计算凝析气藏的井距：

$$d = \sqrt{G_{sg} \frac{A}{G}}$$

式中　d——井距，km；

　　　A——探明天然气地质储量所控制的含气面积（38.3km²）；

　　　G——探明天然气地质储量（$246.8 \times 10^8 m^3$）。

计算结果表明，雅克拉凝析气田上、下气层经济极限井距分别为1421m、1580m（表2-6），合采时为1248m。经济极限井距法为产品价格条件下的最小井距，与产品价格密切相关，产品价格不同，结果不同，是变化的值。

表2-6　雅克拉经济极限井距计算结果

参数	雅克拉		
	上气层	下气层	合采
气油比/（m³/t）	5482.3	5141.8	5311.4
含气面积/km²	37.7	25.8	37.7
地质储量/10⁸m³	165.32	90.17	255.49
极限储量/10⁸m³	9.16	9.02	10.20
极限井距/m	1421	1580	1248

4）合理井距

类比法借鉴国内外气井井距1000~1500m经验值；数值模拟推荐合理的井距为1200~1400m；利用经济极限计算上、下气层井距分别为1421m、1580m，合采时为1248m。从保证稳产期和提高采收率的角度出发，在纯气区确定合理井距为1200~1400m，在过渡带井距适当放大。

四、采速与产能规模

合理采气速度对有边水凝析气藏的开发至关重要。在低采气速度下，反凝析区域小、水侵速度慢，但近井地带速度剥离效应不明显，仍会出现反凝析液堆积无法采出，而且不能达到很好的经济效益。在高采气速度下，地层压力下降加快，反凝析区域扩大，边水也容易突进。所以，采气速度需要控制在合理的区间内，既保障经济效益，又达到高效开发目的。

1. 合理采速控制反凝析

1）类比法

国内外边底水凝析气藏（表2-7），采气速度基本控制在2%~8%，其中储层孔渗条件较好，采气速度较高，反之，采气速度较低。类比法确定雅克拉采气速度宜控制在2%~6%。

表2-7　国内外边底水凝析气藏采气速度统计

气田名称	储量/10^8m^3	驱动类型	孔隙度/%	渗透率/$10^{-3}\mu m^2$	采气速度/%
渤海锦州20-2凝析气田	135.4	底水	–	–	2.4~3.2
四川中坝气田须二气藏	100	边水	6.62	<0.98	2.2
奥伦堡气藏（前苏联）	17600	边底水	2~16	0.098~30.6	1.89~6.1
弗里格气田（英国）	2130~2264	底水	25~32	2000	<8.6
赫威气田（英国）	425	底水	8~30	474	6~8.2
莱曼气田（英国）	4047	底水	8~20	4~1000	4
四川相国寺气田	–	弱弹性水驱	高孔	高渗	8~9
松辽孤家子气田农X气藏	9.59	弱边底水	16	6.5	5
新疆牙哈凝析气田2-3构造	–	边底水	15.1	51.1~69.2	6.3
四川檀木场气田石炭系气藏	–	底水	5.1	1.64	2.5
卡布南礁灰岩低渗透气藏（加拿大）	–	底水	–	–	2
吐哈温米油田温八区块凝析气藏	–	弱边底水			11.7
乌克帝尔气田（前苏联）	5000	弱边底水	0.1~27.2	几到几十	3~5

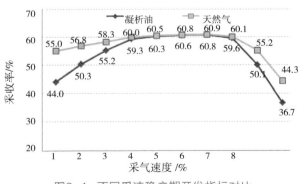

图2-4　不同采速稳产期开发指标对比

2）数值模拟法

针对中高孔、中高渗、中孔喉、中等凝析油含量的凝析气藏，建立机理模型进行数值模拟。结果表明，采速在4%~8%，凝析油、天然气稳产期末采出程度和最终采收率指标最好，稳产期末凝析油和天然气采出程度分别达到44.6%、45.0%以上，凝析油和天然气最终采收率分别达到59.3%、60.0%以上，油气采出程度和最终采收率十分接近，基本无反凝析油滞留（图2-4）；采速小于3%时，凝析油、天然气阶段采出程度分别降至

40.8%、43.1%以下（低5%~16%），采收率分别降至55.2%、58.3%以下（低4%~15%），即反凝析油损失在地层中；采速大于8%以后，凝析油、天然气稳产期末采出程度和最终采收率也是下降的，主要是因为非均衡水侵形成水封气。

2. 合理采速控制水侵速度

利用数值模拟法，模拟不同采气速度条件下水侵速度。从模拟结果（图2-5）可以看出，水侵速度随采气速度增加而增加。当采气速度低于3.5%，水侵速度保持在$150 \times 10^4 m^3/a$时，采气速度大于该临界值，水侵速度骤然升至$200 \times 10^4 m^3/a$。从控制水侵速度角度分析，采气速度宜小于3.5%。

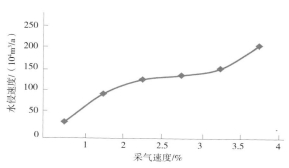

图2-5 雅克拉水侵速度与采气速度关系曲线

3. 采速与采收率、稳产期关系

对采气速度在1.87%~3.74%的4个方案 [水平井单井日产气量（$50~120 \times 10^4 m^3$）] 进行数值模拟研究（表2-8）。结果表明，采气速度越小，稳产时间越长，稳产期的油气采出程度相对较高；反之，采气速度越大，稳产时间越短，稳产期的油气采出程度越小；采气速度3.74%与3.21%相比，稳产期天然气采出程度低2.73%，凝析油采出程度低1.6%。采气速度在3%左右，天然气和凝析油稳产期采出程度比较高，采气速度2.41%与3.74%相比，20年预测期累计采气只相差$2.48 \times 10^8 m^3$，因此采气速度可以控制在3%左右。

表2-8 直井+水平井方案不同产量下开发指标对比

采气速度/%	年产气量/$10^8 m^3$	稳产期				预测期(20年)				
		时间/a	累计采气/$10^8 m^3$	累计采油/$10^4 t$	气采出程度/%	油采出程度/%	累计采气/$10^8 m^3$	累计采油/$10^4 t$	气采出程度/%	油采出程度/%	地层压力/MPa
1.87	4.62	15	82.47	123.45	33.41	26.64	103.37	144.77	41.88	31.24	32.97
2.41	5.94	13	90.39	131.56	36.62	28.39	118.69	155.56	48.09	33.57	30.10
3.21	7.92	9	84.58	125.72	34.27	27.13	116.90	154.73	47.36	33.39	29.11
3.74	9.24	7	77.85	118.31	31.54	25.53	116.21	154.27	47.08	33.29	28.29

从控制反凝析、控制水侵、保证稳产期和高采收率分析，推荐直井+水平井方案，采气速度为2.41%~3.5%。

五、完井工艺技术论证

经过长期研究和现场实验，总结出雅克拉凝析气藏油套腐蚀主要有以下原因：高温（井筒温度65~134℃）、高压（50MPa以上）、高含CO_2(含量2%以上，分压

0.55～2.7MPa）、高Cl⁻（$6.7×10^4mg/m^3$）的恶劣环境，尤其是CO_2腐蚀特别严重，属于强CO_2腐蚀环境，是造成油套腐蚀的主要原因。通过调研与室内评价实验，进一步丰富完善井下安全阀、封隔器等完井工具，最终形成了气层附近13Cr×FOX不锈钢套管+13Cr×FOX封隔器+13Cr×FOX油管+13Cr×FOX井下安全阀+FF级采气树、环空加注缓蚀剂的防CO_2腐蚀完井工艺技术集成。

1.管材设计

早期试采时，未考虑到气藏高含CO_2，套管主要采用J55、N80和P110材质，油管主要采用P105、P110、3SB和EUE材质。由于CO_2含量高，普通材质管材不抗腐蚀，腐蚀速度快，对气井生产造成严重影响。

1999年，在YK1井试验不锈钢油管，发现不锈钢油管总体上不存在严重的腐蚀情况，仅仅在部分设备的内外表面上有轻微的锈迹，不锈钢油管等对CO_2腐蚀具有有效的抑制作用。室内实验则证实不锈钢在其表面能形成钝态覆膜，有抑制CO_2腐蚀的效果。SM13CrM110管材在雅克拉凝析气田环境下使用寿命能够达到15年。所以，无论从室内实验还是从现场应用来看，在雅克拉凝析气田，不锈钢管材比普通碳钢管材的使用都具有无法比拟的可行性和优越性。

因此，油管及封隔器、井下安全阀等井下工具均选用13Cr材质，气层套管材质选择加入Mo元素高级13Cr（HP-13Cr），防止CO_2腐蚀。为降低成本，只在气层附近套管采用13Cr（HP-13Cr）管材，气层以上套管采用P110管材。同时，由于雅克拉凝析气田储层埋藏深，地层温度高、压力大，为保证安全生产、延长气井的工作寿命、减少套管维护工作量，密封要求比油井更高，故油管及气层附近套管应选用气密性好的FOX扣。

2.完井管柱设计

1995年以前采用光管柱完井：S15井于1990年11月采用普通P110套管+普通P110×EUE光油管柱+EE级采油树完井试采，由于长期地层出砂和CO_2腐蚀，导致油管腐蚀断脱、套管腐蚀破裂，最终导致1994年10月发生井喷着火事故，压井后报废。

鉴于S15井的教训，1995年开始边研究、边引进、边实验。经过YK1井、YK2井全面实验和开发方案优化研究，进一步丰富、完善井下安全阀、封隔器等完井工具。为保证采气生产管柱密封可靠，防止地层腐蚀介质对套管的腐蚀，要求选用FOX气密扣，封隔器、井下安全阀等井下工具也要求采用FOX气密扣，保证管柱密封性。同时，采用封隔器封隔油套环空，保护套管不承受高压和腐蚀介质的影响，在封隔器以上油套环空加注缓蚀剂，进一步保护套管不受地层流体的腐蚀。

3.采气树设计

雅克拉凝析气藏静压高于50MPa，流经采气井井口装置的流体最高温度高达50～70℃，故选择合适的井口装置是保证雅克拉凝析气田安全高效生产的关键环节。选型依据按气藏工程研究及试采资料：原始地层压力58.3MPa、采气井井口压力30～42MPa、流经采气井井口装置的流体最高温度为50～70℃、最低环境温度-27.4℃，CO_2井口分压0.7MPa以上。根据雅克拉凝析气田主要井口参数及SY6137-1996的规定，选择国产型号为KQ70/78-65型（耐压70MPa）或国外10M（10000Psi，耐压69MPa）型FF级采气井口装置，并要求尽量引进并采用高压及防腐性能更优越的国外采气井口，有效防止CO_2及冲刷腐蚀。同时，为保证井控安全，采用了采气树加井下安全阀、地面安全阀全方位控制井口的技术。

六、集输处理工艺论证

在雅克拉集输处理工艺技术论证过程中，结合气田自身特点进行高起点设计。①充分利用高压气井天然能量，降低运行成本；②产品多元化，实现能源价值的最大利用；③保障强腐蚀环境下的安全；④集成应用当时最先进的工艺技术。建成一座集凝析气处理、凝析油稳定、轻烃回收、产品外输、西气东输为一体的大型高压集气处理站。

1. 总体布局设计

根据西北油田分公司"天然气十五规划"、天然气开发方案和西气东输供气市场潜力分析，最终确定采用两线供气方案（库车大化+西气东输），气源以雅克拉气田为主，大涝坝气田为辅，塔河气源作为补充。雅克拉-大涝坝气田开发首先要满足库车方向用气要求，多余气源向西气东输管线供气，后期连通塔河供气管线，实现天然气产销一体化和效益最大化。最终确定方案：集输处理系统采用一级布站方式，在雅克拉建处理站。雅克拉处理站的功能主要是接收雅克拉凝析气田生产的油气，进行计量、分离、天然气处理、凝析油稳定处理。处理后的干气分别外输到库车大化和西气东输轮南首站，处理后的凝析油通过管线输到雅克拉装车末站装车外运，处理后的液化气和稳定轻烃均采用汽车拉运。雅克拉凝析气田地面工程建设规模为：气田集气处理规模$260 \times 10^4 m^3/d$，凝析油处理规模$17 \times 10^4 t/a$。

2. 高压集输工艺设计

为充分利用高压气井的压力能，实现高效低耗集输，采用一级布站，采用高压混输的方式直接输送到集气处理站计量和油气处理。

综合考虑处理站工艺对充分利用压力能和温度的要求，水合物冻堵风险及水合物防治对压力和温度的要求，高压集输安全风险、油气混输对输送介质流速的要求，集输压力对CO_2分压和防腐的影响因素，以及高压管道工程造价等因素，确定集输进站压力为8~9.1MPa，集输温度在水合物形成温度以上。

设计2套计量分离器和2套生产分离器，高压凝析气井经油气混输后直接进站轮井计量，分离后的天然气经调压后由9.0MPa降为6.0MPa，后进入高压凝析气处理系统，分离后的凝析油经节流后进入凝析油稳定系统稳定和脱水。随着气田逐年开发，部分凝析气井含水逐级上升、油压下降，已无法满足6.0MPa的最低进站压力要求。为保障低压凝析气井的正常生产，雅克拉站后续将扩建低压进站阀组，将进站压力降至1.6MPa左右，从而大幅延长低压凝析气井的自喷生产周期，保障低压气井的正常生产。

3. 油气处理工艺设计

雅克拉集气处理站气体处理装置的主要功能是降低天然气的水露点和烃露点，使之满足管输天然气的质量指标；C_3以上的组分回收后可分离为丙烷、丁烷（或液化气）、轻烃和凝析油作为产品直接外销。要求在满足外输气的前提下，考虑多回收C_3以上组分。

天然气通过管线进入站内，在站内经分离、计量后，气相进入原料气冷却器冷却再进入天然气脱水装置，为满足天然气处理的要求，天然气脱水装置采用分子筛脱水。脱水后的天然气经主换热器E-Y01冷却后进入膨胀机进口分离器；经分离后的天然气进入透平膨胀机的膨胀端。膨胀后的天然气进入低温吸收塔回收凝液后，经主换热器E-Y01回收冷量气，处理完后便可根据市场要求外输。

为保证凝液满足稳定轻烃的质量指标，由生产分离器、计量分离器及原料气分离器得到的凝液进入一级分离器、二级分离器，在一级分离器、二级分离器内完成油、气和水的分离，为保证脱水效果，需加注破乳剂。经脱水后的凝液进入凝液稳定塔进行分离，液相进入凝析油缓冲罐，经凝析油外输泵增压后进入凝析油外输管线，气相经天然气压缩机增压、冷却、分离后进入原料气分离器。经透平膨胀机低温膨胀得到的凝液进入脱乙烷塔，在塔内进行分离，分离出的液相进入液化气塔，在液化气塔内分离出合格的液化气和轻烃产品。液化气和轻烃经储罐储存后装车外运。为提高液化气塔的操作稳定性，液化气塔采用塔顶全冷凝、强制回流的方式。当处理装置出现故障时，通过紧急切换阀，使进站天然气去火炬放空。

4. 防腐与材质优选

针对集高温、高压、强冲刷的"两高一强"多种形式腐蚀于一体的苛刻腐蚀环境，借鉴气田试采阶段采气管柱出现的腐蚀问题，开展了雅克拉气田集气管道CO_2腐蚀防护选材评价研究，结合雅克拉气田具体情况，最终确定雅克拉气田集气管线材质为16Mn，直井集气管线管径为$\Phi 114.3mm \times 8mm$，水平井集气管线管径为$\Phi 168.3mm \times 11mm$，弯头为$R=6D$、90°热煨弯头，集输管线无内防腐设计，外防腐采用外防腐层及阴极保护技术。

第三节　方案设计要点

以天然气储量$246 \times 10^8 m^3$，凝析油储量$442 \times 10^4 t$为资源基础，以试采过程取得的成果认识为借鉴，以年产气$8.58 \times 10^8 m^3$，日产气$260 \times 10^4 m^3$，稳定供气10年为原则，以提高气藏开发水平和整体开发效益为指导思想，坚持地下、地面相结合，气田开发、地面管网、市场销售相结合，一次布井、一次投产，最终形成了雅克拉凝析气田开发方案。

一、气藏工程要点

（1）开发方式：衰竭式开发。

（2）布井方式：上、下气层分为两个开发层系，直井一套井网，水平井分别部署井网。沿构造长轴高部位布井的方式，水平井水平段沿长轴方向，并结合构造高点的大小及展布作适当调整。水平井在上、下气层分别部署开发井网，直井在纯气区实行合采，在气水过渡带仅单采上气层（图2-6）。

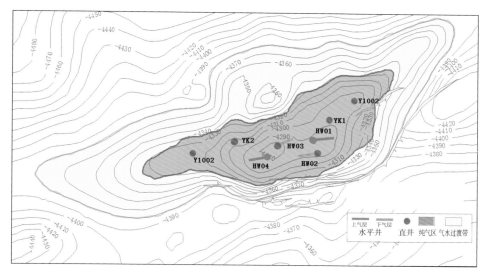

图2-6　雅克拉白垩系凝析气藏顶面构造及开发井部署(2004年)

（3）井网井距：设计井距为1200~1400m，水平井的水平段长度为600m，水平段距气水界面距离为储层厚度的0.9倍。

（4）单井合理产能：直井上气层合理产能为（9~12）$\times 10^4 m^3/d$，下气层合理产能为（15~23）$\times 10^4 m^3/d$，上、下合采合理产能为（16~25）$\times 10^4 m^3/d$，水平井合理产能为（40~60）$\times 10^4 m^3/d$。

（5）开发方案设计及开发指标：推荐4H4V（老井2口）方案，7口生产井，1口监测井。水平井日产气$50 \times 10^4 m^3$，直井日产气$20 \times 10^4 m^3$，区块日产气$260 \times 10^4 m^3$，采速3.48%，预计稳产10年，稳产期累计产气$99.60 \times 10^8 m^3$，累计产油$136.99 \times 10^4 t$；20年预测期末累计产气$138.37 \times 10^8 m^3$，累计产油$168.45 \times 10^4 t$，气、油采出程度分别为56.06%、36.36%（表2-9）。

表2-9　雅克拉气田开发指标预测（4口直井+4口水平井）

时间/a	区日产量		年产量		累计产量			采气速度/%	气采出程度/%	油采出程度/%	地层压力/MPa
	气/10⁴m³	油/t	气/10⁸m³	油/10⁴t	气/10⁸m³	油/10⁴t	水/10⁴m³				
1	260	407.65	8.58	13.45	22.38	43.11	0.01	3.48	9.07	9.31	53.63
2	260	390.66	8.58	12.89	30.96	56.00	0.01	3.48	12.54	12.09	51.78
3	260	373.34	8.58	12.32	39.54	68.32	0.03	3.48	16.02	14.75	49.88
4	260	355.65	8.58	11.74	48.12	80.06	0.05	3.48	19.50	17.28	47.97
5	260	337.35	8.58	11.13	56.70	91.19	0.13	3.48	22.97	19.68	46.07
6	260	318.10	8.58	10.50	65.28	101.69	0.32	3.48	26.45	21.95	44.21
7	260	298.97	8.58	9.87	73.86	111.56	0.88	3.48	29.92	24.08	42.50
8	260	280.80	8.58	9.27	82.44	120.82	1.61	3.48	33.40	26.08	41.01
9	260	255.93	8.58	8.45	91.02	129.27	2.51	3.48	36.88	27.90	39.16
10	260	233.95	8.58	7.72	99.60	136.99	3.56	3.48	40.35	29.57	37.67
11	236.75	206.63	7.81	6.82	107.41	143.81	4.77	3.17	43.52	31.04	36.01
12	208.56	180.02	6.88	5.94	114.30	149.75	6.10	2.79	46.31	32.32	34.53
13	174.43	154.86	5.76	5.11	120.05	154.86	7.53	2.33	48.64	33.43	33.26
14	145.96	126.72	4.82	4.18	124.87	159.04	8.32	1.95	50.58	34.33	31.94
15	117.79	99.72	3.89	3.29	128.76	162.33	9.41	1.57	52.16	35.04	30.78
16	97.06	73.73	3.20	2.43	131.96	164.77	10.48	1.30	53.46	35.56	29.73
17	78.18	46.29	2.58	1.53	134.54	166.29	11.70	1.05	54.51	35.89	28.69
18	54.99	31.62	1.81	1.04	136.35	167.34	12.05	0.74	55.24	36.12	27.80
19	34.38	21.22	1.13	0.70	137.49	168.04	12.87	0.46	55.70	36.27	27.11
20	26.63	12.42	0.88	0.41	138.37	168.45	13.72	0.36	56.06	36.36	26.49

二、钻井工程要点

（1）钻井设备：直井选用6000m系列钻机，水平井选择7000m系列钻机。

（2）井身结构：推荐井身结构为：Φ339.7mm表层套管×100m+Φ273.1mm技术套管×2300m+Φ177.8mm生产套管×5400m，其中最下部300m为不锈钢套管。

（3）水平井设计：采用"直-增-水平段"剖面类型。增斜段采用中曲率（6°~12°）/30m，造斜点位于Φ244.5mm技术套管鞋以下50m左右。

水平井推荐防砂筛管先期防砂完井方式：Φ215.9mm钻头钻完水平段，下入Φ177.8mm+Φ139.7mm套管+Φ139.7mm防砂筛管复合完井管柱，管外封隔器和分级箍安装在气层顶部位置以上50m处，注水泥封固封隔器到技术套管鞋以内200m的环空段。

（4）钻井液：直井钻井液体系及配方优选：一开（0~500m）普通坂土聚合物钻井液，二开（500~4450m）聚磺防塌钻井液体系，三开（4450~5330m）聚磺成膜屏蔽钻井完井液体系。水平井钻井液体系及配方优选：水平井四开钻井完井液体系推荐采用聚磺成膜屏蔽钻井完井液体系。

（5）固井：表层套管优选低温早强水泥浆体系，技术套管优选后期强度高、密封性能优良的抗盐水水泥浆体系，油层套管优选防气窜、抗盐水、抗CO_2腐蚀的双凝水泥浆体系。

（6）完井方式选择：直井推荐采用固井射孔完井，水平井推荐采用防砂筛管先期防砂完井。

三、采气工程要点

1. 完井工程方案

生产套管封隔器以上采用环空内加缓蚀剂的方法保护套管，封隔器以下采用不锈钢材料，套管接头选用气密性特殊螺纹扣。

直井油管采用尺寸$2^7/_8$in，水平井油管采用尺寸$3^1/_2$in，使用13CrM-110不锈钢材质的采气管柱，选用FOX扣型油管。

推荐采用永久式封隔器完井管柱，主要由射孔枪串、割缝筛管、坐封球座、封隔器、锚定插管、滑套、伸缩管、井下安全阀等配套工具组成。

采用国外10M（10000psi，耐压69MPa）型采气井口装置，井口装置采用不锈钢材料FF级制造。

选择油管输送负压射孔方式，射孔负压差为9~13MPa，弹型为YD—127，孔密16孔/m，孔径14mm，相位角90°，螺旋布孔。

2. 采气工艺技术

解堵工艺技术：设计用前置酸+土酸的储层解堵方法。

排液采气：推荐以化学排液法为主，气举排液采气法可作为辅助方法。

防垢技术：除垢周期为2~3年一次，推荐酸溶除垢工艺。

防治水合物技术：放大生产压差，提高单井日产气量；井下可投捞式节流气嘴；多级节流和在节流前加热。

3. 动态监测方案

设计选择EPG-520压力温度计、HP2811B石英晶体压力计进行压力监测；设计选用EXCELL-2000测井系统、DDL-III生产测井系统进行产剖监测。

四、集输处理工程要点

1. 集输管网

采用高压集输，集气压力9.0MPa，井口一级节流降压，直井一级节流降至

9.0MPa、28.6℃，水平井一级节流降至9.0MPa、50.6℃后去集气站。

直井集输管线为Φ114.3×8管线，水平井为Φ168.3×11管线，管线材质为16Mn。

2. 处理站布局与工艺流程

集输处理工艺采用一级布站，在雅克拉建处理站，气处理规模260×10⁴m³/d，凝析油处理规模17×10⁴t/a。处理站包括集气计量和油气处理两个部分。集气计量设计2套计量分离器和2套生产分离器。充分利用进站天然气的膨胀能量，多回收C_3，追求高的轻烃产量。干气外输到库车大化和西气东输轮南首站，凝析油到雅克拉装车末站装车外运，液化气和轻油采用汽车拉运。

五、经济评价要点

项目经济评价采用费用–效益法，按不计入前期勘探费用与计入前期勘探费用两种方式对雅克拉凝析气田进行经济评价。

推荐方案共布开发井8口，其中：直井4口（利用老井2口），新钻水平井4口，直井平均井深5330m，水平井6230m，钻进进尺3.558×10⁴m，设计产能为天然气8.58×10⁸m³，凝析油13.17×10⁴t。新增投资75903.59万元，其中新增钻井工程投资20081.46万元，新增采气工程投资7097.80万元，新建地面工程费用(包括环保工程)42473.67万元，新建地面建设工程预备费3342.89万元，建设期利息2907.77万元。

天然气销售价格取已签定的协议气价354元/千方（不含税），凝析油价格取1538元／吨（不含税）。对雅克拉凝析气田开发方案进行财务指标计算，按计入和不计入勘探费用两种方法分别计算经济指标（表2–10）。

表2–10　雅克拉凝析气田财务评价指标汇总

项　目	计入勘探费用	不计入勘探费用	行业基准
税后内部收益率/%	34.33	32.07	12
税后财务净现值/万元	80862.02	74266.28	>0
税后财务净现值率/%	73.71	123.69	–
投资回收期/a	3.96	4.24	6
投资利润率/%	13.09	27.29	10
投资利税率/%	13.86	28.66	12
结　论	可行	可行	–

按不计入勘探费用的税后内部收益率为32.07%，财务净现值为74266.28万元，计入前期勘探费用的税后内部收益率为34.33%，财务净现值为80862.02万元。该气田推荐方案不计入与计入前期勘探费用的各项指标均优于行业基准值，表明项目在财务上是可行的。

通过敏感性分析，并使影响因素在±20%的范围内变化，观察其对项目财务内部收益率的影响程度。雅克拉凝析气田推荐方案的最敏感因素为销售价格，其次为固定资产投资、产量、经营成本。从可行性区域上分析，雅克拉推荐方案具有较强的抗风险能力。通过基准平衡分析，得到该方案评价期内的天然气极限价格为129.30元/千方（不含税），极限累计产量为$47.45 \times 10^8 m^3$，极限新增投资总额为170214.53万元，极限经营成本总额为453000.29万元。由基准平衡分析可知，雅克拉推荐方案的风险很小。

在保证资源及落实市场的前提下，雅克拉凝析气田的开发是一个经济效益较好的投资项目，对带动西北边疆的经济发展具有积极作用。

第四节 方案实施与优化调整

雅克拉凝析气田开发方案实施工程量大，参与队伍多，专业跨度大，为保障同步推进和质量控制，以项目管理模式运行。2004年6月，成立了雅克拉产能建设项目组，全面负责气藏工程、地面建设和员工培训工作。

一、项目化运作模式

2004年6月，组建了由中国石化股份公司领导和西北油田分公司领导挂帅的雅克拉凝析气田产能建设领导小组，负责气田地质、钻井、完井、采油、管网建设、集输处理、外输管网、投资计划、物资设备采购、道路建设、安全环保等全方位全过程的施工建设和质量控制。并设置钻井运行组、地面建设组、气藏方案组及技能培训组，同步组织，协同运行，保障同步到位。

雅克拉产能建设阶段组织运行特点主要有：①坚持产能建设项目组的全权领导，根据运行情况及时优化调整；②坚持工艺技术方案的不断优化，既严格执行方案又据实优化调整；③坚持人才同步培养，全面培训气藏开发–采气工程–生产运行–操作系列等人员，提前介入运行。

（一）钻井运行组

由分公司分管钻井副经理牵头，钻完井工程处、开发处、工程技术研究院、勘探开发研究院、完井测试中心、监督中心等部门组成钻井运行组，全面负责雅克拉–大涝坝凝析气田井位部署、钻井设计、钻井运行、跟踪调整、完井到投产全过程工程建设工作。

钻井运行组取得主要成果：①在钻井过程中，不断优化钻井参数，调整泥浆性能，且根据钻遇地层变化及时调整水平井井眼轨迹，在保证钻井安全的前提下保证高质量成井；②井站一体化自动监控管理技术以及适用于高压凝析气井的完井管串配套设计，较好地解决了井控安全问题。

针对超深气井钻井周期较长、井控安全要求高，项目组开展"我要安全"、查找"十大薄弱环节"等活动，加大安全管理和隐患排查工作力度；对钻井公司加强员工安全教育培训工作，增强安全责任意识、提高安全技能、规范安全行为，杜绝重大责任性事故发生；定期召开井控、硫化氢等安全检查工作，对存在的安全隐患及时整改、上报，将安全事故消除在萌芽中。

在项目开展过程中，项目组采取市场化运作模式，通过四项优化措施，据实及时优化调整，保障高质高效安全钻井。

1. 组织运行

实施时，再一次优化井位参数，提供高质量地质设计；及时组织钻井招标，合理划分井位标段，优选管理能力强、施工业绩好的队伍参加水平井、取心井招标；优先安排高部和边部有评价性质的YK6H、YK9井上钻；针对钻机动态及钻机能力，充分发挥不同型号钻机的不同优势，用修井机替代钻机进行完井试油作业，保证钻井时效和经济效益。在保证安全、质量的前提下，鼓励施工方应用新工艺、新技术，提高钻井效率，缩短钻井周期。

2. 钻井方案优化

在满足地质、气藏工程、采气工程要求的前提下，从井下安全、储层保护与钻井成本关系出发，通过对钻具优选，井身结构、钻井参数、取心工艺、钻井液体系等技术的优化，减少和避免井下复杂情况的发生，保障钻井工程顺利进行，缩短钻井周期，提高钻井成功率和时效，为加快雅克拉凝析气田建设步伐提供保障。在钻井过程中，针对不同地层优化了钻井液性能及油气层保护措施，确保钻井施工安全优质。并推动了PDC技术在雅克拉凝析气田钻井中的应用，使雅克拉钻井周期缩短78.8天（应用前165.6天，应用后86.8天），机械钻速提高了53.3%。

3. 钻井运行优化

项目实施后，要求钻井速度和工程质量有较大的提高，在能够保证钻井井下安全和气井长期稳定正常生产前提下，钻井投资科学合理。运行组从井位踏勘、钻前施工、搬家安装、钻井组织到完井作业，都制订详细的节点运行计划，分公司和施工单位要求领导挂牌督办，相关业务部门落实责任人，针对各井运行现状，定期开展生产运行分析会，分析影响工期进度的主要因素和生产中存在的突出问题，找差距，提要求，定目标，抓生产组织，并通过巡井检查、落实节点运行情况等方式，保障、提高钻井施工技术水平和经济效益。

4. 固完井运行优化

固井与完井严格按照高压油气井标准，从套管管材、油管管材、封隔器、井口等方面优化固完井标准。采取边钻进、边改进、边优化和走出去、请进来的办法，对完井管柱、井口采气树、井下封隔器、井关键技术进行不断优化完善。针对CO_2腐蚀问题，套管选择加入Mo元素高级13Cr（HP-13Cr）不锈钢套管；针对出砂问题，直井采用套管射孔完井，对水平井，通过水平段下高级防砂筛管+管外封隔器的防砂方式进行防砂；针对高压气井，采用特殊材质油管+封隔器+井下安全阀的完井工艺。

5. 开发井网及水平井再优化

开发井网和评价井网实施后发现构造西部、北部和东部都变缓，原方案设计构造边部的YK7H（北部）、YK10（西部）、YK9（东部）井在下气层应处于过渡带，而实钻都在纯气区，导致构造北部、西部、东部井控程度都不够，针对此问题，及时优化方案，进行了YK7H井型、井轨迹调整，补充YK14H井替代原来的YK8H井。YK14H井作为替代井部署在构造内部原方案YK8H井水平段位置（YK8井由于直导眼实钻气水界面高44m，气层厚度只剩34m，继续实施水平井风险大，被迫改为直井）。

根据雅克拉东北部构造变缓，气水内边界和气水过渡带普遍外推0.7~1.2km，尤其是下气层由气水过渡带变成纯气区的情况。YK7H井评价下伏油气层后，若原开发方案设计归位至白垩系上气层将出现上、下气层井控程度低的问题，为此2008年以窦之林为首的专家学者提出阶梯水平井方案：第一水平段[A（垂深：5279.96m/斜深：5455m）–A_1（垂深：5281.27m/斜深：5638.9m）]位于上气层中部，第二水平段[B_1（垂深：5296.86m/斜深：5780m）–B（垂深：5297m/斜深：5982m）]位于下气层顶部，同时完善上、下气层基础开发井网。

在YK7CH井钻完井过程中，采用了卡箍+单工弹性扶正器+树脂旋流刚性扶正器+卡箍+单工弹性扶正器+卡箍的套管串下入"抬头工艺"和双凝防气窜抗高温水泥浆体系尾管固井工艺，解决了双台阶水平井井深、水平段长、井温高、气层活跃、无法保证固井质量的难题，保障了YK7CH井成为高质量的顺利钻完井，成为塔河油田的第一口阶梯水平井、国内垂深和斜深最大的阶梯水平井。

（二）地面建设组

地面建设组由分公司分管副经理牵头，主要负责雅克拉-大涝坝集气处理站建设和雅末装车站、外输管线的建设。地面建设组分设三个小组：工程管理小组，负责调度和技术管理；设备管理小组，负责设备管理和QHSE管理；综合管理小组，负责投资计划管理和综合协调。

地面建设组取得的主要成果：①通过精心设计，系统组织，天然气处理站一次性投产成功；②高起点设计，雅克拉天然气处理站是当时中国石化最大、工艺最先进、自动化程度最高的天然气处理站，目前已高效运行10年而没有大的改动。

地面建设总体思路是适应气田近期开发和远期规划的需求，做到近期和远期相结合，地上与地下结合，在资源丰富的情况下，以需定产，合理配置，优化产品流向，最大限度提高投资效益。地面建设组通过上、下游统筹协调，精准设计处理站规模，总体形成了雅克拉-大涝坝凝析气田主供库车大化，雅克拉凝析气田向库车和西气东输两线供气，大涝坝凝析气田全部供往库车大化的总体布局。

各管理小组系统组织建设，创新管理，确保处理站一次性投产成功。工程管理组创新形成了项目建设中的设计部署、招投标、物资采购、施工调度、安装调试等"五大控制"管理模式，确保工程质量、进度、安全。设备管理小组开展设备供应商的选择、招标、合同控制，设备的安装、试运行、验收、操作、培训、维护保养等全过程控制，优质、高效地完成了集气处理站压缩机组、脱乙烷塔、液化气塔、重接触塔、轻烃球罐、液化气球罐等设备的采购工作，保障了雅克拉集气处理站的顺利投产。

（三）气藏方案组

气藏方案组主要从方案设计、实施、优化三个方面开展气藏研究、方案编制，确保开发方案实施。充分利用钻完井与地面投产的时间差，强化产能资料录取，及时跟进实钻效果，积极评价目的层之下的地层。依托最新研究成果和认识调整完善开发井网、井型，调整下伏古生界侏罗系潜力层评价井网以及基础井网的完善，扩大了储量规模。

气藏方案组取得的主要成果：①及时进行方案实施优化调整，部署在构造南部的YK8H井因气水界面变化，由水平井改为直井，并在偏西方向补打一口水平井；②加强对下伏潜力层评价，为做实做大产能作准备；③根据地质认识的不断深入及钻井过程中不可预知实践，及时对实施目的层位、井型、井轨迹等进行调整，以及进行井网优化；④借鉴水平井在高效开发常规油藏中的经验，采用水平井开发技术改善地层渗流场来预防和延缓反凝析，并不断完善水平井开发技术；⑤大力开展监测项目，取全取准各项资料，为后期的气藏评价打好基础。

1. 实时跟踪钻井情况，及时调整单井方案

为确保产能建设目标的实现，气藏方案组加大新井的介入力度，及时收集钻井、录井、测井、固井等第一手资料，并按计划完成气井测压、测试等常规监测工作，为措施决策、生产优化提供准确信息。根据录取的资料，与开发方案、地质设计及邻井进行对比分析，及时优化调整单井地质、钻井方案，确保单井投产效果；并以专题研究或项目攻关的方式，加快实现成果转化，为气藏深入研究和开发生产奠定基础。

2. 掌握区块勘探形势，及时调整评价下部潜力油气藏

在开发方案实施过程中，气藏方案组也紧密关注新层系油气潜力，及时调整评价。充分利用钻完井与地面建设工程的时间差，为扩大雅克拉凝析气田规模，避免产能建设中"炒回锅肉"，选取构造位置较好的YK7、YK8井直导眼加深钻井，评价下伏古生界、三叠系和侏罗系资源潜力，并取得了较好的油气勘探成果。之后，对雅克拉前中生界油气藏开展系统评价，分别在雅东部署了YK11井评价震旦系，YK13井评价寒武系，在主构造部署了YK12井评价奥陶系，兼顾评价三叠系、侏罗系。至此，形成了雅克拉白垩系开发，前中生界试采评价的开发局面。

3. 持续开展气藏地质研究，逐步优化完善方案

在方案实施过程中，始终坚持边实施、边研究、边调整的工作思路，一方面根据实钻情况及时调整水平井轨迹，不断进行钻井、固井工艺优化，还创新性地设计了阶梯水平井，为气藏高效开发打下基础。另一方面对主力气藏进行开发井网优化，并利用产能建设中下游用气富裕间隙，开展下伏古生界、三叠系、侏罗系油气藏评价试采，对前中生界试采效果差油气井，实时上返调整，构建白垩系气藏上、下气层合理开发井网，使气藏开发更加经济高效。

（四）技能培训组

技能培训组按照提前介入、提早准备、提前达标的工作要求，在产能建设初期，根据工程建设进展情况，开展处理站建设的跟踪学习，积极做好前期的技术、人力资源、基本保障和基础管理的基本准备，为顺利接站做好准备。制订了雅克拉–大涝坝凝析气田开发、地面建设工程、生产人员编制及培训计划，认真抓好培训工作，使各级管理人员、技术人员、操作人员经过严格培训和考核，达到任职上岗条件。

技能培训组取得的主要成果：①建立了一支高效管理队伍，培养出一批集输、自控仪器仪表、自动控制等技术人员；②培养出一批技能过硬的操作队伍；③锻炼出了一支具备较强科研攻关能力的研究分析队伍。具体做法为：

（1）成立技术支撑小组，负责跟踪现场的施工过程、收集相关资料、熟悉现场的设备结构，强化设计施工流程工艺参数以及设备操作和消防知识等方面的培训等。对关键岗位的技术人员、操作工人的培训采取请进来走出去系统全面的人才培训，其中组织技术骨干、操作能手32人到中原油田参加天然气处理工艺业务培训，邀请东部油田有资质的培训鉴定机构来厂组织实施轻烃装置操作工技能鉴定培训，107名操作人员获得轻烃装置操作初级工资格。

（2）建设过程中现场培训，雅克拉采气厂人员吃住在现场，与项目部人员一起交流学习，边施工、边了解工艺技术流程。组织认真学习各种方案、工艺流程技术，跟踪建设，进行模拟演练提高技能，制定了《雅克拉–大涝坝生产准备纲要》，编写《工艺操作规程》《设备操作规程》《操作应急预案》《开车运行方案》及《投产方案》等，为集气处理站一次投产成功奠定了基础。为保障操作运行更加精细完善，文军红、颜超等一批项目组人员甚至留厂工作，运行过程中再培训、再提高。

（3）管理和自控人员培训，派管理人员到胜利油田考察参观，中层以上干部及管理人员通过参加内控制度学习、QHSE体系管理培训，提高了管理水平；组织工艺、仪表技术人员去厂家学习DCS自控系统操作、组态和编程软件。

二、方案实施效果

在中国石化总部领导、西北油田分公司各单位各部门的共同努力下，雅克拉凝析气田产能建设高速高效完成。集气处理站、外输管线、雅末装车站等按计划于2005年11月30日顺利投产运行，加深评价井，改变井型、井轨迹井也在2006~2007年归位投产，开发方案顺利实施完成。

（一）方案实施结果

开发方案确定雅克拉白垩系凝析气藏设计开发井4H4V开发井网（利用老井2口）（图2-7），实际实施4H5V（利用2口老井）（图2-8）。主要是南部YK8井气水界面变化由水平井改为直井，并在偏西方向补打一口水平井——YK14H井（表2-11）。

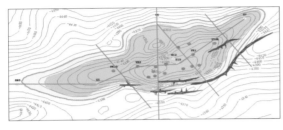

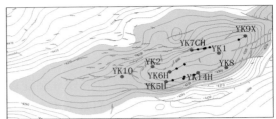

图2-7　雅克拉凝析气藏开发方案井网　　　　图2-8　雅克拉凝析气藏方案实施后井网

表2-11　雅克拉主体区井网对比情况统计表

对比	直井	水平井	合计
方案设计	4	4	8
实际	5	4	9
差值	1	0	1

开发方案实施后的研究结果表明，与开发方案认识基本一致。证明前期气藏地质构造、储层特征、相态认识及油气水性质分析基本可靠，仅在局部构造形态上发生变化。其中，YK8井处于地堑断块，钻遇两个气水界面，分别为-4335m、-4345m，高于主体-4380m，分析认为该井断层对气藏起分隔作用，影响并控制了气水分布（图2-9）。

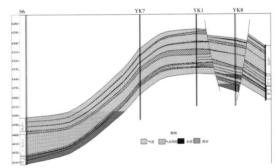

图2-9　雅克拉气田白垩系气藏剖面图

（二）储量控制程度

通过井网控制程度评价，若按照开发方案实施井网，储量控制程度为74.3%，实际形成井网储量控制程度为83.8%，井网控制程度提高9.5%（表2-12）。

表2-12　井网优化前后储量控制程度对比表

气层	开发方案			井网优化后		
	控制面积/km²	控制储量/10⁸m³	控制程度/%	控制面积/km²	控制储量/10⁸m³	控制程度/%
上气层	19.4	115.0	72	31.2	128.6	80.8
下气层	15.6	68.2	78	22.5	78.2	89.9
合计	35.0	183.2	74.3	53.7	206.8	83.8

（三）产能吻合程度

直井、水平井平均单井产能均达到方案设计。2007年之前，由于受下游需求制约，生产井数少于方案设计井数，区块日产气能力低于方案设计能力；2007年，井网完善后，区块日产气超过方案设计。

1. 单井产能对比

通过无阻流量法、IPR曲线法、合理工作制度稳定产能等方法计算出直井平均单井日产气能力$(21.5 \sim 26.0) \times 10^4 \mathrm{m}^3$，水平井平均单井日产气能力$(40.0 \sim 56.1) \times 10^4 \mathrm{m}^3$（表2-13）。直井、水平井实际产能均达到方案设计能力。方案中对合理产能的论证充分，设计合理。

表2-13　单井日产气能力对比表

井别		设计单井能/（$10^4\mathrm{m}^3$/d）	实际合理产能/（$10^4\mathrm{m}^3$/d）				备注
			无阻流量法	IPR曲线法	合理工作制度稳定产能	配产	
直井		20	23.1	25.1	21.5~26.0	21.5~26.0	
水平井		50	40	–	45.1~56.1	40.0~56.1	
直井	YK1	20	20	24	18.8~32	18.8~32	
	YK2	20	14	17.5	15~26.1	15~26.1	
	YK8	20	18	18.2	15.89~26.4	15.89~26.4	
	YK9X	20	4	3.8	16.3~22.2	16.3~22.2	
	YK10	20	4	4.5	18.45~29.2	18.45~29.2	
	YK12	20	1.3	–	20.14~23.4	20.14~23.4	
	YK15	20	21.5	15.1	9.82~20.9	9.82~20.9	
水平井	YK5H	50	55.1	53.5	45.3~57.2	45.3~57.2	
	YK6H	50	61	64	49.5~66.5	49.5~66.5	
	YK7CH	50	32	30.5	15.6~33.6	15.6~33.6	
	YK14H	50	25	27	29~39	29~39	

2. 区块产能对比

由于下游用户需求不足，2007年之前，区块日产气能力低于方案设计能力。2007年，YK7、YK8井先后上返及YK14H井投产后，区块日产气能力超过方案设计能力（表2-14）。

表2-14 区块日产气能力与方案设计能力对比表

分类	开发方案			2005年			2007年		
	井数/口	日产气能力/(10^4m^3/d)		井数/口	日产气能力/(10^4m^3/d)		井数/口	日产气能力/(10^4m^3/d)	
		单井	区块		单井	区块		单井	区块
直井	4	20	60	4	20	80	5	20	100
水平井	4	50	200	2	50	100	4	50	200
合计	8	70	260	6	70	180	9	70	300

与开发方案相比（表2-15），日产油基本上达到方案设计能力，气油比比方案设计低，实际反凝析状况比方案设计好。

表2-15 单井凝析油生产能力与气油比对比表

井号	方案设计		2007年		差值		备注
	日产油能力/(t/d)	气油比/(m^3/t)	日产油能力/(t/d)	气油比/(m^3/t)	日产油能力/(t/d)	气油比/(m^3/t)	
YK1	34	5875	64	4260	30	−1615	
YK10	34	5875	49.2	3462	15	−2413	
YK14H	85	5875	68.5	4230	−17	−1645	
YK15	34	5875	31.1	4433	−3	−1442	
YK2	34	5875	45.6	3580	12	−2295	
YK5H	85	5875	105.3	4898	20	−977	
YK6H	85	5875	118	4716	33	−1159	
YK7CH	85	5875	81.3	3921	−4	−1954	
YK8	34	5875	20.3	5007	−14	−868	
YK9X	34	5875	19.4	3815	−15	−2060	
合计	545	5875	603	4232	58	−1643	

通过单井产能、区块日产气能力、年产气能力、凝析油日产能力、气油比等指标的对比分析可以看出，雅克拉凝析气田的开发指标略优于方案设计指标，反凝析问题没有预期严重，装置运行良好。

（四）投资控制与经济效益

雅克拉实际总投资为50665万元，比方案估算的72996万元少了22331万元，下降幅度为30.6%。

将方案设计直井Φ273.1mm的技术套管进一步优化调整为Φ244.5mm套管，单井钻井投资实际为3579万元/井，比方案估算少了951万元/井，降幅为21.0%。

方案设计总投资72996万元，$10 \times 10^8 m^3$产能投资为8.5亿元；实际总投资50665万元，$10 \times 10^8 \text{m}^3$ 产能投资为8.9亿元，$10 \times 10^8 \text{m}^3$ 产能投资增加0.4亿元。主要是由于天然气产能受下游用气量限制影响，初期区块年产能力没有达到方案设计能力。

从表2-16可以看出，评价气价按方案气价计算时，财务评价指标略低于方案指标，①实施后的成本高于方案预测成本，②实施后预测的产量低于方案预测值。由于近年来凝析油的价格远高于方案预测的价格，当按"实际+预测价格"计算时，财务评价指标都远远好于方案预测的财务评价指标。

表2-16 项目实施后主要经济指标对比表

序号	指 标 单位	方案	实际实施部分		
			原方案 设计	按方案价格计算实 际方案	按实际+预测价格计算 实际方案
1	经济有效期/a	20	17	17	18
2	税后财务内部收益率/%	34.33	31.8	34.8	74.6
3	税后财务净现值/万元	80862	51007	69324	138927
4	税后投资回收期/a	3.96	4.2	3.4	2.1

第三章 均衡采气技术

针对凝析气田开发过程中的反凝析、水侵和井筒积液三大难题，积极探索并总结形成了"均衡采气"理念及其关键技术，即一个理念——均衡采气；两项关键技术——反凝析控制技术、边水推进控制技术；三个状态——均衡压降、雾状反凝析、均衡水侵；四个均衡目标——层内、层间、平面、时间的四维均衡控制，实现气藏采收率和效益最大化的目标。

第一节 均衡采气理念

均衡采气是指：在凝析气藏开发过程中，采用差异配产手段，充分利用边底水能量，使构造不同位置、纵向不同深度、开发不同阶段都以合理速度均匀产出，使气藏开发过程类似于理想气体在理想条件下恒温压降膨胀过程，尽可能减轻反凝析和边底水不均匀推进造成的影响，提高油气采收率。

均衡采气的核心是层内均衡，即同一气层内不同孔渗条件、不同构造位置、不同水体状况下，通过差异化配产，最终实现单井都以相近采速均匀采出，即各井阶段采出程度相同。由于单井间的差异，影响阶段采出程度的主控因素也不一样，所以阶段采出程度的均衡实际上通过生产压差（即单井差异化配产）来控制，实现不同地质条件、不同井型、不同井筒条件、不同生产阶段油气均衡采出，因此选用各井的采气速度相等作为衡量和评价均衡采气的标准（图3-1）。

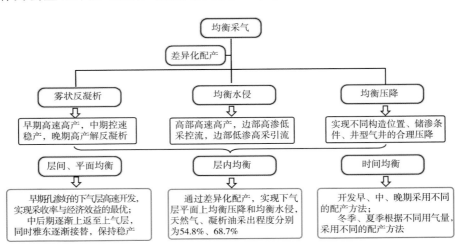

图3-1 均衡采气技术框架图

一、差异化配产影响因素

在实际开发过程中存在层间、层内非均质性，人为因素也不可避免，要真正实现均衡采气，就要把采气速度细化到具体的单井和单层，主要考虑单储系数、储层厚度、井控面积3大类、8亚类、15细类参数，涉及气井的孔渗、构造部位、井型和开发阶段。其中，单储系数定义为单位厚度的地质储量，主要受孔渗性、含气饱和度、气井完善程度的影响；气层厚度与构造位置及气水界面有关；井控面积则与井型、沉积相和井距等有关。

采气速度计算公式为：

$$采气速度 = \frac{年产气量（Q）}{地质储量（N_p）} \times 100\%$$

具体到单井、井区、小层、单层、层系，地质储量计算公式可分解为：

地质储量=单储系数×气层厚度（H）×井控面积（A）；

综合考虑气藏本身条件和人为因素，采气速度可以分解为：

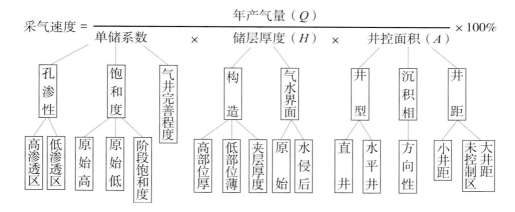

1. 储层物性和井控储量

储层物性主要影响单储系数、渗流条件、井控储量等。对于高渗区，因孔渗性好，井控储量和无阻流量大，初期低压差高配产（因物性好，低压差下依然可以高产，尤其是水平井开发），后期逐步稳定到压产控制；对于低渗区，因孔渗性差，井控储量和无阻流量小，初期较大压差低配产，后期逐步大压差放产到稳定生产。

例如，雅克拉凝析气田主构造气藏储层物性较好，其单井控制储量较高，生产过程中配产适当高一些，一者可以实现高速高效开发，提高经济效益，二者易于反凝析油流动。相比雅东构造，因其储量控制规模小，就需要适当降低单井配产，延长稳产期。

2. 井型

主要影响井控储量、储量丰度、渗流条件。水平井和直井产能方程的确立主要差别在二项式产能方程的确立，它们的形式相同，均为：

$$p_e^2 - p_{wf}^2 = Aq_{hsc} + Bq_{hsc}^2$$

Joshi指出，用水平井的有效半径 $r_w^{'}$ 代替垂直井半径 r_w，可计算水平井稳定状态下产气量。即直井和水平井二项式产能方程的差别只在于二项式产能方式的系数不同。

直井中：

$$A = 1.291 \times 10^{-3} \frac{\mu_g ZT}{kh}\left(\ln\frac{r_e}{r_w} + S_h\right) \quad B = 1.291 \times 10^{-3} \frac{\mu_g ZTD}{kh}$$

水平井中：

$$A = 1.291 \times 10^{-3} \frac{\mu_g ZT}{kh}\left(\ln\frac{r_e}{r_w^{'}} + S_h\right) \quad B = 1.291 \times 10^{-3} \frac{\mu_g ZTD}{kh}$$

通过分析水平井与直井的产能指数之比可知，其随着气层厚度、各向异性以及表皮系数的增加而减小，随着水平井段长度的增加而增大。水平井的产能随地层压力、水平井段长度、气层厚度的增加而增加，在同样的生产压差下，水平井产能明显高于直井产能。

因此，水平井井控面积大、井控储量大，小生产压差即可实现大产量，渗流场显示动用较均匀，不易发生反凝析油堆积，故采取高配产方式生产；而直井为球状或半球状渗流，井控面积较小、井控储量较小、渗流阻力较大，生产压差大，故采取低配产方式生产。

3. 构造位置

根据构造位置差异化配产是按照"高部位高采速，边部位低采速"原则进行的整体配产。高部位360°全方位供气，井控面积大、井控储量高，边水距离远，配产采用合理产能范围的上限；低部位供气方向性强（距边水一侧供气能力明显变差），边水距离近，边水水侵最先到达，为了控水配产采用合理产能范围的下限。

例如，雅克拉凝析气田同样是上、下气层合产井，位于主构造高部位的YK1、YK2井按照（18~20）$\times 10^4 \text{m}^3/\text{d}$配产，而构造边部的YK10井按照 $10 \times 10^4 \text{m}^3/\text{d}$配产。

4. 井筒完善程度

井筒完善程度是指产层的射开程度。同样的产量，对于射开程度高的井，井周渗流阻力小，流体供给流畅，采取低压差即可达到，而对于射开程度不完善的井，则需要适当放大生产压差才能达到。

5. 开发历程或生产方式影响

对于衰竭式开发，气井生产初期地层能量充足，主要是防反凝析污染，实施差异化动态调整。由于产能公式只考虑储层物性参数和生产压差，没有考虑开发历程、边底水能量及边底水距离等具体的气藏因素，在气藏开发初期进行产能规模和试采配产是实用的，但在开发中晚期见水以后则要考虑水侵问题、不均衡压降问题等因素，此时单井合理产能应随这些因素变化而成一个动态变化参数，而不是常数。见水初期，缩嘴压锥，中期延长自喷生产，按临界携液量配产，后期放大生产压差排液采气，延长自喷期。

单层生产井配产应该适当低一些，多层合采井配产可高一些，实施过程中需要根据产剖测试和PNN剩余油饱和度测井及时调整，实现层间、平面均衡开发。

二、差异化配产对策

开发早期，差异化配产体现在：高部位、物性好、井控面积大的井层按合理产能上限高配，物性差、完善程度低的井层按下限低配，处于气水边界、有效厚度小的井层按下限低配；开发中期，依据边底水推进气水界面抬升情况、各单井合理采能变化情况，采取"稳（高部位高渗维持不变）、放（高部位低渗放大油嘴）、控（低部位高渗缩嘴控制）"差异化管理，开发中后期采取"压（高部位高渗压产）、稳（高部位低渗维持不变）、排（低部位高渗排水采气）"措施，实现新格局下的均衡采气，最终达到均衡水侵的目的（表3-1）。

表3-1 不同储渗情况均衡压降控制对策表

储渗条件	开发早期		开发中期		开发中后期		备注
	压降控制	作用	压降控制	作用	压降控制	作用	
高部高渗	中	均衡采气	小	防水侵	小	控水	
高部低渗	中-大	控反凝析	大	引流	中	均衡水侵	
低部高渗	小	控边水	小	控水	中	排水采气	
低部低渗	大	边水引流	中	均衡水侵	大	排水采气	

根据均衡采气定义，要真正实现接近于理想化的"四个均衡"的均衡采气，合理采速为前提，时间均衡为主线，层内均衡为核心，最终实现整个气藏均衡压降、均衡反凝析、均衡水侵，以达到最大程度避免凝析油损失和水封气造成的油气损失，提高最终采收率。

第二节 均衡采气关键技术

均衡采气是针对贯穿于凝析气田开发全过程的两个核心问题——控制反凝析和控制水侵而提出的。理论上，只要地层压力（包括流压）低于露点压力就会有反凝析油析出，低于露点压力以后，凝析气藏的开发仍有很长的实践过程。均衡采气不是说不让地层发生反凝析，而是通过合理、均匀压降实现反凝析油呈雾状非连续相均匀分布在地层中，随天然气一起流动产出，从而达到均匀反凝析→流动产出→减少反凝析目的；另一方面，通过均衡压降实现均衡水侵，尽量达到边底水均衡抬升的目的，避免出现边底水舌进或锥进形成水封气，造成气层过早水淹，进而影响采收率。

一、反凝析控制技术

大多数凝析气藏地露压差都较小，开发初期地层压力就低于露点压力，因此反凝析污染伤害是凝析气藏开发普遍面临的难点之一。

常规认为，凝析气井流动分布模型主要为三区物理模型（最先由Fevang和Whitson提出，而后被Ali等人改进）：①I区：$p<p_m$，凝析油气两相流动，可动气可动油区；②II区：$p_m<p<p_d$，凝析油析出，但是不流动，可动气不可动油区；③III区：$p_d<p$，流体为单相气体的形式，纯气区。此后，有学者引入速度剥离效应，提出凝析气藏的四区分布模型（Ali等、Blom等和Boom等）。

在雅克拉凝析气藏实际开发过程中，发现凝析油析出是一个缓慢过程，初期析出的凝析油呈分散状（雾状）均匀分布在天然气中，未形成液相（油滴状），即雾状流状态，犹如0℃的水变成0℃的冰，是一个非平衡相变的临界状态。因此，提出凝析气藏多相流五区分布模型：单井流动模型由远井到近井分为纯气区、雾状流区、可动气不可动油区、可动气可动油区和速度剥离效应区。雾状流区是凝析油析出并均匀分散在天然气中，无连续相状态，在高速气流作用下可及时采出。反凝析控制技术就是通过控制压力梯度窗口，将雾状流区扩大，形成以雾状流区和速度剥离效应区为主的两相区或三相区。

1. 反凝析控制机理

在凝析气藏开发过程中，地层压力低于露点压力初期，临界流动饱和度很低，反凝析油呈雾状均匀分布在气态中，这种雾状流（分散状）阶段属不稳定的临界状态，气体本身的相态变化或外部环境变化（如遇到岩石颗粒壁、束缚水膜等）马上会吸附聚集成连续相[图3-2（右）]，但如果气相始终处于高速流动状态，气液相来不及达到充分平衡，凝析油滴随时析出随时被高速气流夹带产出[图3-2（左）]，类似于纯气相产出，这样可以避免凝析油聚集，从而达到控制反凝析的目的。

图3-2　雾状反凝析状态示意图（左）和常规反凝析状态示意图（右）

由相态变化和状态方程可知，影响反凝析油形成和稳定状态的主要有气藏性质这一内因和温度、压力、时间三大外因，对于一个具体气藏而言，气藏性质和地层温度基本不变，影响凝析油析出和稳定状态的主要是压力和时间，雾状反凝析控制技术就围绕时间进行控制（图3-3）。

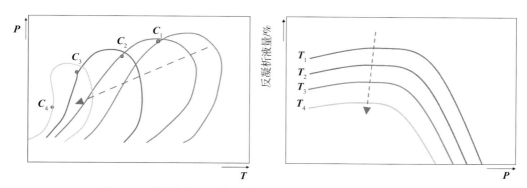

图3-3 凝析气藏不同凝析状态相态图及反凝析液量图

实际气藏开发是一个高速、连续压降过程，各单井需要合理控制生产压差，防止形成大的压降漏斗，同时差异化调整使地层压力在平面上均衡压降，而气井产量和整体气藏采速可以适当提高（水平井开发），实现反凝析油滴始终以雾状（分散状）随高速气流及时形成及时采出，即雾状流区域（或压力梯度窗口）由近露点压力的临界状态扩大到远低于原始露点压力常规状态，单井流动模型由常规五区模型转变为雾状流–速度剥离效应的两区模型，甚至雾状流一区模型，实现控制反凝析油堆积，提高凝析油采收率（图3-4）。

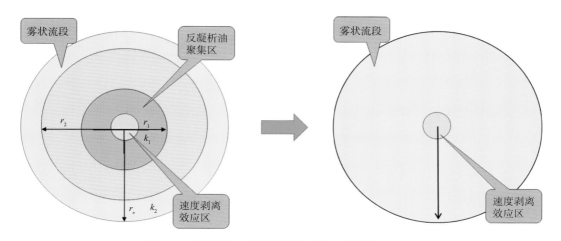

图3-4 反凝析状态控制平面模式图（近井示意图）

雾状流控制反凝析理论在凝析气藏相态实验和多孔介质实验中得到了验证。西南石油大学凝析气体系等组成膨胀过程相态变化可视化实验表明：实验观测在降压过程中出现雾状反凝析状态，随着压力降低，雾状越来越明显（图3-5）。中国石油大学

（北京）多孔介质临界流动饱和度实验表明：地层压力低于露点压力初期，油气界面张力很小，凝析油的临界流动饱和度很低，反凝析油主要呈雾状均匀分布在气态中，随气体一起以雾状流形式产出（图3-6，Ⅱ区，雾状流压力梯度为3.36MPa）；但是，在一定条件下雾状凝析油滴会吸附在岩石颗粒表面，以油膜形式贴壁流动（图3-6、图3-7），而油膜很难转为雾状流，即不可逆。

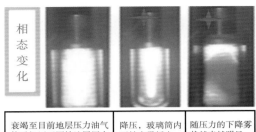

| 相态变化 | 衰竭至目前地层压力油气体系加压至原始地层压力 | 降压，玻璃筒内开始有凝析出 | 随压力的下降雾状越来越明显 |

图3-5　实验观测雾状反凝析状态（孙雷）

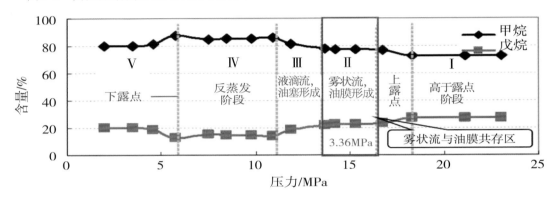

图3-6　凝析油气在多孔介质中的分布流动（李骞，2010）

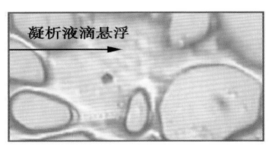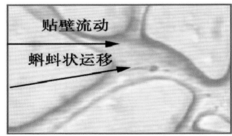

图3-7　凝析油气在多孔介质中雾状流及膜状流（朱维耀，2007）

　　西南石油大学汪周华教授做了相关实验。利用长岩心研究了凝析气藏不同衰竭速度（采气速度）下的开发效果，也得出了相同的结论：衰竭速度对天然气采收率影响不大，可影响凝析油采收率5%以上；压力高于20MPa阶段，基本无反凝析，气油比稳定，衰竭速度对凝析油采收率影响很小；进入反凝析阶段，衰竭速度慢（压降小、产能低），凝析油采收率低，采出重烃较低，衰竭速度快（压降大、产能高），凝析油采收率高，尤其是重烃采出多（图3-8）。实验表明，高采速有利于重烃采出，提高凝析油采收率。

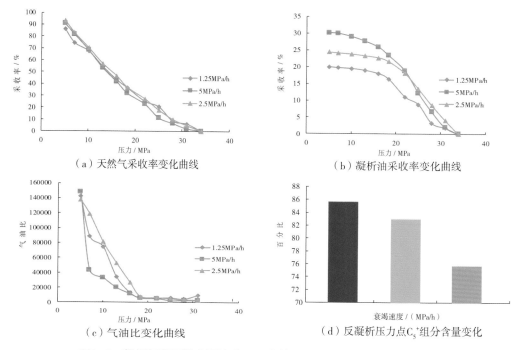

（a）天然气采收率变化曲线

（b）凝析油采收率变化曲线

（c）气油比变化曲线

（d）反凝析压力点C$_5^+$组分含量变化

图3-8　凝析气藏不同衰竭速度下开发效果对比（汪周华，2012）

2. 雾状流影响因素分析

通过理论研究及生产实践表明，影响反凝析状态控制的因素主要包括以下六方面：

（1）孔喉模式。

岩石颗粒分选好、磨圆好、排列规整，则孔喉大，反凝析油不易聚集，易延长雾状流段，易控制反凝析；反之，若岩石颗粒排列不规整，孔喉小，则凝析油易在孔喉中聚集，形成凝析油段塞，降低凝析气的渗流通道（图3-9、表3-2）。

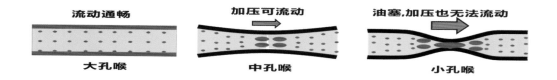

图3-9　不同孔喉半径影响凝析油流动示意图

表3-2　不同孔喉模式对反凝析控制影响表

储层物性	孔隙类型	孔喉大小	雾状流段	反凝析控制难度	备注
中孔中渗	原生孔隙	大	长	易	
低孔中渗	次生孔隙	中	中	中	
低孔低渗	次生孔隙	小	短	难	

（2）凝析油含量。

凝析油含量低，则最大反凝析液量少，反凝析油析出越少，相当于机理分析中已重复延长了雾状流段情况，反凝析状态易控制；反之，凝析油含量高，反凝析油析出越多，越易聚集形成连续相，不易控制（表3-3）。

表3-3 不同凝析油含量对反凝析控制影响表

凝析油含量值/（g/m³）	凝析油含量评价	反凝析程度	雾状流段	反凝析控制难度	备注
40~150	低	低	长	易	
150~290	中	中	中	中	
290~675	高	高	短	难	

（3）地露压差。

地露压差越大，一般凝析油含量也越低，开发中单相流动区大大扩大，压力梯度（压降）窗口变大，生产过程中雾状流段延长，易控制反凝析，反之控制难度上升。

（4）井网井距。

井距越小，压降漏斗范围越小，地层均匀压降易控制，井间雾状流不会因距离长而聚集，反凝析易控制。

合理井网可以较好地控制储量，井间储量动用程度高，不存在未动用死油气区，反之完善程度低的井网易造成反凝析油滞留，尤其是在井间未动用区滞留，降低凝析油采收率。水平井控制半径大，易控制反凝析。

（5）采气速度。

采速较大时，天然气流速快，反凝析油滴来不及聚集成连续相即被带出，即雾状流区得到扩大，采速过小时，则雾状流区缩小，凝析油易堆积。当然，采气速度并不是越大越好，采速过大易造成地层压力非均衡下降或天然气非均衡采出，而形成连续相反凝析油，尤其是具有边底水气藏需防止边底水突进。因此，合理采速和合理生产压差的制定很关键。实践表明，只考虑反凝析控制雅克拉凝析气田采速在4.0%~7.0%比较合理。

（6）边底水能量。

边底水能量强，地层能量受水体能量补充下降慢，生产过程中发生反凝析时间窗口可延后，且有利于延长雾状流区来控制反凝析；反之，水体能量补充弱，地层压力下降较快，反凝析油析出也快，不利于雾状流段控制。

二、边水推进控制技术

具有边水的凝析气藏，利用好边底水能量也是控制反凝析的重要条件之一，在开发过程中可以通过控制合理生产压差和采速来实现气水界面的均匀移动，尽量实现理想状态下的边底水均衡抬升。

均衡水侵就是在水侵理论方程基础上，以气水界面运动理论和水侵突破理论为上限和下限，相辅相成，从而形成均衡水侵控水技术的理论基础。

1. 边水推进及突破理论

常规情况下，水侵理论方程是以物质平衡方程为基础，按图3-10模型来研究均质边水凝析气藏地层压力下降、边水侵入后，储层各种体积参数的变化。

如图3-10所示，以水侵圆环为研究对象，水体因气藏地层压力下降而侵入气藏，使得气藏含气半径减小$\triangle r$：

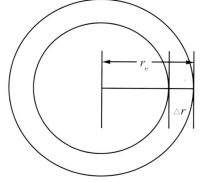

图3-10　气藏水侵模型（2010年凝析气藏水体能量的利用与控制）

$$\triangle r = r_{\mathrm{e}} - \sqrt{r_{\mathrm{e}}^{2} - \frac{W_{\mathrm{e}} - W_{\mathrm{p}} B_{\mathrm{w}}}{\pi h \phi \left[1 - S_{\mathrm{wc}} - \left(C_{\mathrm{p}} + S_{\mathrm{wc}} C_{\mathrm{w}} \right) \triangle p \right]}} \qquad （3-1）$$

式中　　r_{e}——气藏半径，m；

$\triangle r$——水侵半径，m；

W_{e}——累计水侵量，m^{3}；

W_{p}——累计产水量，m^{3}；

B_{w}——水体积系数，无量纲；

h——水层厚度，m；

ϕ——水层孔隙度，小数；

S_{wc}——束缚水饱和度，小数；

C_{w}——水的压缩系数，MPa^{-1}；

C_{p}——岩石（孔隙）的压缩系数，MPa^{-1}；

$\triangle p$——气藏压降，MPa。

在已知气藏压力和水侵量时，采用式（3-1）可以计算水体推进距离。将该方程与水驱气藏物质平衡方程联立即建立水侵预警方程，根据建立的水侵预警方程可以预测气藏未来水侵动态，对气藏的开发调整提供参考依据。但是，此理论是建立在物质平衡方程基础上的，假设条件多，过于理想化，实际应用可靠性差。

1）气水界面运动理论

许多学者运用不同的方法给出了不少气水界面运动的模型。典型的是李晓平提出的以气水两相渗流力学理论为基础，并考虑地层倾角、气体非达西流动效应、气水流度比和气井距边水的长度等因素的实际边水气藏气水界面运动新模型，能够解决水侵及气水界面运动相关问题。

图3-11为边水气藏中气水界面运动模型，应用气藏工程方法可以得到气水界面均匀稳定移动的临界生产压差：

$$p_e - p_{wf} = \left| \frac{(\rho_w - \rho_g)gl\sin\alpha}{1 - M_{gw}} \right| + \rho_g gl\sin\alpha \qquad （3-2）$$

临界产气量为：

$$q_{sc} \leqslant \left| \frac{\frac{K_g}{\mu_g}A(\rho_w - \rho_g)g\sin\alpha}{B_g(1 - M_{gw})} \right| \qquad （3-3）$$

式中　ρ_g、ρ_w——气、水的密度，g/cm^3；

　　　μ_g、μ_g——气、水的黏度，$mPa \cdot s$；

　　　K_g——束缚水饱和度S_{wi}下的气相渗透率，μm^2；

　　　K_w——残余气饱和度S_{gr}下的水相渗透率，μm^2；

　　　A——渗流截面积，m^2；

　　　L——气井距边水的距离，m；

　　　q——地层条件下气体的体积流量，$10^4 m^3/d$；

　　　q_{sc}——地面条件下气体的体积流量，$10^4 m^3/d$；

　　　B_g——天然气的体积系数；

　　　α——地层倾角；

　　　M_{gw}——气水流度比；

　　　p_e——供给边缘上的压力，MPa；

　　　p_{wf}——气井井底压力，MPa。

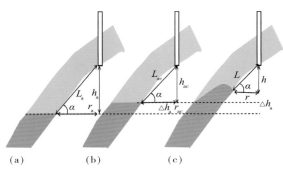

由以上公式可以得出，影响气水边界均匀移动的关键因素是气水渗透率K，地层倾角α和井筒距边水的距离L。渗透率的高低决定了水线的推进方向和难易程度；地层倾角越大、距边水的距离越远，则临界生产压差越大，临界产量越高；反之，地层倾角越小、距边水的距离越近，则临界生产压差越小、临界产量越低，所以处于构造低部位、构造平缓位置、高渗区的气井应尽量采取小生产压差生产，从而达到气藏的均衡水侵，延长气藏稳产期和提高采收率的目的。

图3-11　边水气藏气水界面运动模型（李元生，2015）

2）边水突破理论

储层本身性质，油、气、水相渗，流体性质和油、气、水流动规律都会对气、油、水的运动产生极大影响，从而产生边水在进入气藏那一瞬间存在突破压差（即边水突破理论）（图3-12）。边水突破压力和启动压力产生的原因主要是以下几个方面。

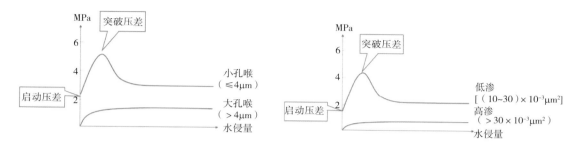

图3-12　不同物性下边底水突破压差和水侵量关系图

（1）润湿性。

任何流体与固体表面接触都会有润湿性问题和润湿滞后问题，由此产生界面张力和毛细管力，这是产生边水突破压力和启动压差的理论基础。

由于储层岩石及流体性质的影响，不同流体在岩石表面的润湿性存在差异，当这种差异润湿现象发生在岩石的细小毛管这一特定条件下，就会在毛管中出现弯液面和由于弯液面而产生的毛管力。毛管力对油、气、水在岩石中的渗流起着十分重要的作用。

水侵过程中，当边水沿岩石孔隙表面移动时，在一定压力范围内，会发生移动延缓，使润湿接触角发生变化的现象，即润湿滞后。只有突破一定压差，边水才能产生真的位移。

（2）压汞实验。

压汞实验检测毛管力与储层物性关系，是用实验方法研究储层性质与流动介质、启动压差、突破压力和流动性能的关系。

结合排驱压力、平坦段的长度和斜率、饱和度中值压力等参数，一般可归纳为3类储层类型。

①A类储层：孔渗好、大喉道，分选磨圆好的优质储层，压汞和退汞曲线基本一致，呈"S"型，排驱压力很低，渗流能力强，基本无突破压力。

②B类储层：中渗中孔喉，分选磨圆中等，压汞曲线呈横"厂"型，有台阶（即突破压力），不能完全退汞，排驱压力大，流动介质需要一定的突破压力。

③C类储层：低孔低渗、小孔喉，分选磨圆差的各种粒度混杂在一起，排驱压力大，压汞最大饱和度低，压汞曲线呈"┐"型，台阶高（突破压差大），要大幅度加压汞才能进入岩心，退汞很难，此类储层突破压力大。

（3）气水相渗关系。

气-水相渗曲线中，水相开始增大时，有一个台阶（即启动压力或压差），当水相突然加速增大时，又出现另一台阶（即突破压力或压差），同时气相渗透率明显降低（图3-13），此即气水相渗中的启动压力和突破压力。气井一旦见水，气相渗透率快速下降，当气井近井地层含水上升，气体不能有效将水驱赶至井筒中，形成水锁阻塞效应，导致孔吼通道变小，则水相存在突破点，一旦突破水相迅速增加，至后期出现平衡段，气井基本水淹。

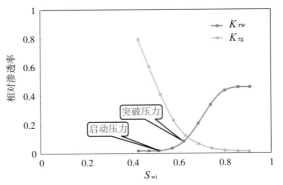

图3-13 典型气水相对渗透率曲线图版

（4）岩石。

沉积作用对岩石的矿物成分、结构、粒度、分选、磨圆、杂基含量等方面都起着明显的控制作用，这些因素对储层的储集性能及气水流动具有不同程度的影响。其中，孔喉大小、分布及几何形状是影响渗流特征的主要因素，孔喉越粗，分选性越好，其孔隙结构越好，渗流能力强，反之，渗流能力差。

此外，岩石及流体性质决定其润湿性，对亲水岩石，边水推进过程中，由于水能很好地润湿孔壁，在大孔道中，水沿着毛管壁前进，首先形成水膜，水膜逐渐增厚占据孔道主体，将油气驱出；在小孔隙中，由于毛管力的作用，水能自动吸入推进。

对亲油岩石，边水推进需要克服油水界面上的黏附力，水进入时很难与孔隙表面接触而沿孔隙表面流动，毛管力是驱动阻力，水将沿着孔隙中心窜流，在孔隙壁上残留下厚度不等的油膜。

（5）现场实验情况。

注氮气解水锁从侧面反映边底水突破难易程度，如地层孔渗性差，则注氮压力爬坡到一定程度，在排量等参数不变的情况下，压力突破后下降幅度在4~5MPa然后稳定，此即注入氮气突破水脊进入地层[图3-14(a)]，与边底水突破进入气层过程相反；单井酸化后孔渗性变好，注氮解水锁就没有突破后压降的过程或者压降幅度很小（<0.5MPa）[图3-14(b)]，即孔渗性好无突破压力。

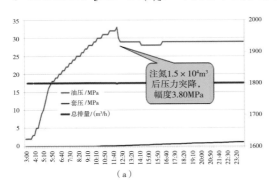

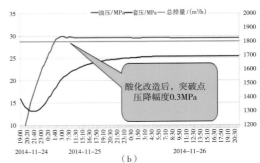

图3-14 大涝坝气田DLK11井酸化前后注氮气解水锁施工曲线

综上，边底水水侵进入气层受润湿性、毛管力、气水相渗和储层孔渗性及孔喉的影响，需要克服气膜屏障阻力，孔渗好、孔喉大，则突破压差小或可以忽略，孔渗差、孔喉小，则突破压差大。

2. 边底水突破及推进影响因素

（1）孔渗性及储层条件。

高孔高渗非均质性弱的储层，孔喉大，易突破，突破后的推进过程主要受压力场控制，低压区推进快，高压区推进慢；低孔低渗条件下则不易突破，且突破后主要受非均质性控制。

（2）非均质性。

边水推进过程中，主河道、心滩等孔渗好的方向易突破，并形成优势通道，快速推进；孔渗差的方向则需要较大的突破压差，如边滩、漫滩等沉积微相。

（3）方向性。

当水体从孔渗好的区域向孔渗差的方向推进，所需突破压差增大，突破后推进较慢；反之，从孔渗差的区域向孔渗好的方向推进，所需突破压差减小，突破后水体推进快。

（4）相态状况。

反凝析严重，液相连续相分布形成，储层流体呈油气水三相相渗，因油膜作用，此时突破压差大，推进突破困难，此情况的极端就是油藏；反之，反凝析不严重或成雾状分布，则突破压差小或无突破压差，突破后易推进。

（5）地层压降与压降势。

在同一性质储层情况下，随地层压力下降，形成一定压差，该过程是均匀压降的过程，所以突破压差小，突破后水体向压力势低的方向推进；反之，不同孔渗储层混在一起时，按各自的突破压差和压力势方向推进，而不是按绝对的压降大的区域（或井区）推进。

在非均质性较严重的凝析气藏开发中，既要控制反凝析呈雾状，又要实现边底水的均衡水侵、均匀推进，难度非常大。

3. "323"治水技术

在均衡水侵控水的同时，不断进行摸索研究和总结提升，形成了"323"控水治水方法（图3-15）。

1）用好凝析水、混合水、边底水三种水型划分标准

气井含水可划分为三个阶段：

（1）在凝析水产出阶段，孔隙内的束缚水随着地层压力下降蒸发到气相中随气一起产出，Cl⁻含量低或不含Cl⁻。

（2）在混合水产出阶段，地层中一部分束缚水由于地层压力下降导致体积膨

胀，近井地带的高流气速可使其转变为可动水，并与凝析水混合后一起产出。由于束缚水产出受流速、相对渗透率影响，其产出比例并不是一定值，导致Cl⁻含量波动，但总体呈从低到高的变化趋势。

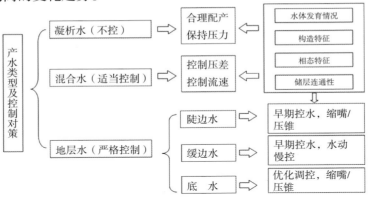

图3-15　雅克拉凝析气田开发中期单井控水技术图

（3）边底水产出阶段，由于气藏中的边水舌进或底水锥进到气井渗流区域，边底水开始产出，Cl⁻含量逐步升高并趋于稳定（表3-4、图3-16）。因此，选取氯根作为水性判别第一参数，并结合含水率参数建立了凝析水、地层水、混合水三种水性判别标准（表3-5）。其中，凝析水含水低、矿化度低，Cl⁻含量小于800mg/L，含水率小于10%；混合水的Cl⁻含量800~10000mg/L，含水率10%~40%；地层水含水率相对较高，氯根、矿化度稳定，Cl⁻含量大于10000mg/L，含水率大于40%。

表3-4　不同类型水的特征离子及参数统计

分类	密度/ （g/cm³）	Cl⁻/(mg/L)	SO₄⁻/(mg/L)	HCO₃⁻/ (mg/L)	K⁺+Na⁺/ (mg/L)	Ca²⁺/(mg/L)	Mg²⁺/(mg/L)	矿化度/ (mg/L)	水型
白垩系 地层水	1.073 ~ 1.151	76905 ~ 102066	5 ~ 300	40 ~ 464	37182 ~ 60853	4396 ~ 8770	456 ~ 1581	109411 ~ 180891	氯化钙型
现今海水	1.025	19324	2686	150	11044	420	1317	35000	氯化镁型
凝析水	1.0	—	—	—	—	—	—	—	—

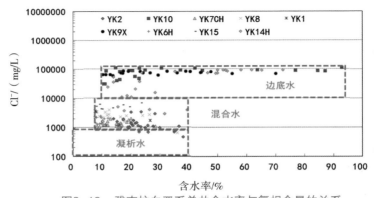

图3-16　雅克拉白垩系单井含水率与氯根含量的关系

表3-5　雅克拉白垩系凝析气藏产水分类表

水型分类	主控指标	辅助指标
	Cl⁻/（mg/L）	含水率/%
凝析水	<1000	<10
混合水	1000~10000	10~40
边底水	>10000	>10

2）区分好两种气井见水预警模式

根据见水气井见水前后生产特征变化，结合生产动态参数变化规律、构造位置、构造幅度和水体能量大小，建立凝析气井见地层水预警动态特征（图3-17）。

（1）缓边水水侵，表现为油压突然下降，典型井YK1井。开发初期无水侵，受构造影响，边水缓慢侵入，油压缓慢下降，当水侵占据高渗带后造成气相渗透率快速下降，表现在油压上有台阶式下降趋势，随后边水逐步推进，油压缓慢下降，当水侵入井筒后，油压再次大幅下降。

（2）陡边水或底水水侵，表现为油压先上升后下降，典型井YK9X井。开发初期，无水侵，随地层压降反凝析液逐步积累，此时油压缓慢下降；发生水侵后进入第二阶段即混合水阶段，该阶段少量边底水锥进或舌进，油压下降速度加快，但含水可控，通过均衡调控会维持较长时间；当反凝析液量积累到一定程度达到临界流动状态后，反凝析液半径缩小，体现短暂的第三阶段即油压上升阶段；随后水侵突破，压力快速下降，含水迅速上升。

3）用对三种气井控水思路

（1）凝析水不控。实验和理论研究证明，天然气中水蒸气含量主要与地层温度、压力、气体组成及液态水的含盐量有关，通常温度越高，水蒸气含量越高；压力、水中含盐量越高，水蒸气含量越低。天然气中水蒸气含量求解方法有很多，可以通过图版法、经验公式法、实验测试等方法得出。在凝析气井的前期生产阶段，产出的水为溶解在天然气中的气态水，水气比低于理论计算值，氯根含量在1000mg/L以下，米采气指数基本无变化。针对产凝析水的气井，开发受到的影响较小，基本不需控制，在生产过程中保持稳定生产，尽量减少开关井措施及工作制度调整。

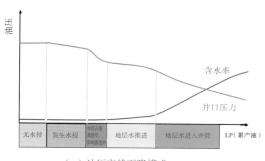

（a）油压突然下降模式

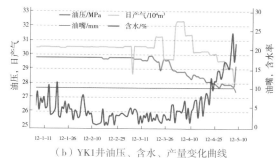

（b）YK1井油压、含水、产量变化曲线

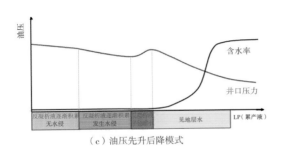

（c）油压先升后降模式

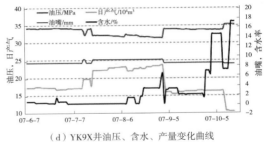

（d）YK9X井油压、含水、产量变化曲线

图3-17　雅克拉凝析气田单井见水预警模式图

（2）混合水适当控制。混合水是孔隙壁或孔喉处的残留水（含束缚水）在一定压差条件下参与流动而形成的，其特点是：①含水波动大（10%～40%）；②水气比明显高于理论值；③氯根含量较低，一般在1000～10000mg/L，介于凝析水与边底水之间（图3-18）；④对产气能力影响不大，但气井日产油水平会因含水上升而明显下降；⑤具有可逆性和周期性。

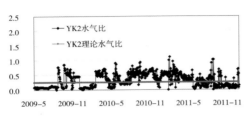

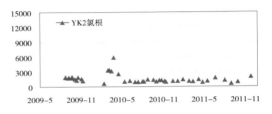

图3-18　产混合水气井生产曲线

在渗流过程中，地层的含水饱和度是不断变化的，随气流速度增大，含水饱和度会出现下降，甚至低于常规方法测试的束缚水饱和度。大牛地气田岩心实验表明，当岩心流量为0.75mL/s时，束缚水变化出现拐点，此时对应的速度即为临界速度；雅克拉凝析气田也开展类似实验，原始含水饱和度在40%，随着驱替压差的增加，含水饱和度会低于原始含水饱和度，说明束缚水在一定流速下可动，同时随着驱替压差的减小，含水饱和度略有增加，说明束缚水饱和度具有可逆性（图3-19）。

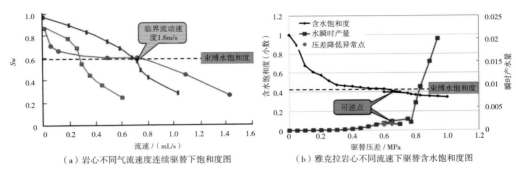

（a）岩心不同气流速度连续驱替下饱和度图　　　（b）雅克拉岩心不同流速下驱替含水饱和度图

图3-19　大牛地、雅克拉岩心实验不同气流速度连续驱替下含水饱和度变化图

束缚水产出的原理类似于射流，天然气和凝析油在高速流动状态下，与周围静止

流体之间接触时，失去稳定而产生涡旋，产生的负压一旦超过束缚水流动的启动压力，则会造成束缚水的流动，以小水珠形式被高速流动的天然气或凝析油携带到井筒后产出（图3-20）。

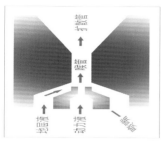
（a）射流泵原理图
（相当于单一孔隙+孔喉模式）

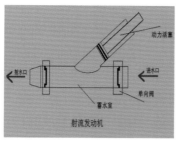
（b）射流切割机原理图
（相当于孔喉组合模式）

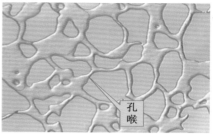
（c）微观仿真模型凝析油分布
（孔隙、孔喉模式及束缚水分布）

图3-20　射流原理在岩心孔隙、孔喉中的应用示意图

气井产混合水表明，生产压差过大、流速过快，容易引起边底水局部舌进。此外，结合可逆性特征，从提高单井产油量和防止边水快速推进两方面考虑，见混合水的井都应适当调整产量。在雅克拉凝析气田开发过程中，针对其产混合水的7口气井均进行了缩嘴控水，有效控制了含水上升，延长了气井无水生产时间。

YK15井位于构造边部，生产白垩系上气层，2011年年底含水逐渐上升，最高达50%，氯根判断见混合水，之后逐渐优化调整工作制度，从7.5mm调整为5.5mm，日产气从$19 \times 10^4 m^3$调整为$11 \times 10^4 m^3$，含水控制在1%左右，取得了良好的控水效果。YK8井位于构造较高部位，生产白垩系上气层，2011年4月含水上升至35%，氯根判断见混合水，之后逐渐优化调整工作制度，从8.5mm调整为7.0mm，日产气从$22.5 \times 10^4 m^3$调整为$15.9 \times 10^4 m^3$，含水控制在5%左右，取得了良好的控水效果（图3-21）。

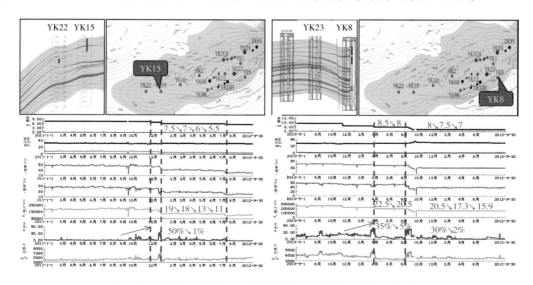

图3-21　YK15、YK8井生产曲线图（典型混合水控水实例）

（3）地层水严格控制。根据气藏类型、构造幅度、避水高度、以及见水特征，将见水气井初步分为3种类型：避水高度高的底水可控、构造幅度陡的边水基本可控、构造幅度缓的边水不可控。

①控水机理。

气流在流动过程中，都要受到黏滞阻力及惯性阻力，井筒内的流动状态实际上是生产压差ΔP与重力ρgh+渗流阻力$f_{阻}$的关系，随着生产压差的变化，会出现以下三种情况：

A.$\Delta P > \rho gh + f_{阻}$，驱动力大于黏滞阻力及惯性阻力之和，边底水推进；

B.$\Delta P < \rho gh + f_{阻}$，驱动力小于黏滞阻力及惯性阻力之和，发生重力流，含水下降；

C.$\Delta P = \rho gh + f_{阻}$，驱动力等于黏滞阻力及惯性阻力之和，含水不变。

随着生产情况的不断变化，黏滞阻力也不断变化，但是在一定时间内，黏滞阻力可以保持相对稳定，通过摸索临界生产压差，可以有效地实施控水工作。

②控水措施。

A.避水高度大的底水气井。

含气高度大，气水密度差大，底水重力流起重要作用，当驱动力小于黏滞阻力及惯性阻力之和时，水锥漏斗在重力作用下下移，此时含水下降，控水成功。避水高度大的S3-1井见水停喷1年半后恢复自喷生产，关井压锥效果明显（图3-22、图3-23）。

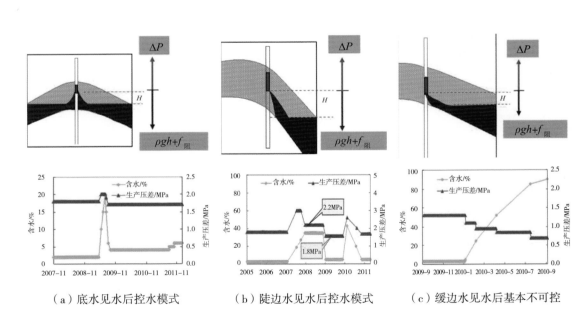

（a）底水见水后控水模式　　（b）陡边水见水后控水模式　　（c）缓边水见水后基本不可控

图3-22　三种见地层水井控水模式图

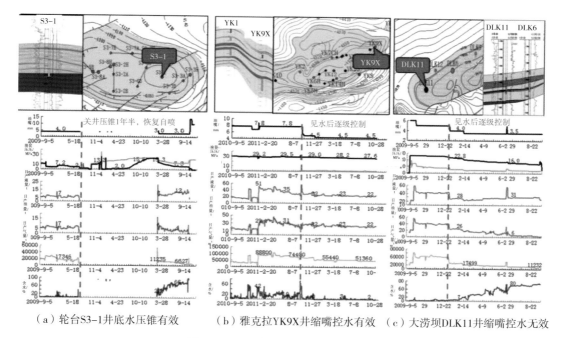

（a）轮台S3-1井底水压锥有效　　（b）雅克拉YK9X井缩嘴控水有效　（c）大涝坝DLK11井缩嘴控水无效

图3-23　三种见地层水井控水实例图

B.陡边水。

此类见水井构造陡，气水密度差大，边水重力流起重要作用，当驱动力小于黏滞阻力及惯性阻力之和时，边水在重力作用下下移，此时含水下降，控水成功。陡边水YK9X井见水后通过控制生产压差，有效控制了边水推进，控水效果显著（图3-22、图3-23）。

C.缓边水。

由于构造缓，边水重力流忽略不计，控制生产压差（关井、调小工作制度）控水作用不大。缓边水DLK11井见水后缩小生产压差控水，含水上升趋势难以控制，只是随着生产压差变小，含水上升速度变缓（图3-22、图3-23），针对缓边水，主要采取早期控水。

第三节　三个均衡状态

均衡采气的目的就是通过反凝析控制和边水推进控制，最终形成三个状态——均衡压降、雾状反凝析、均衡水侵。

一、均衡压降

均衡压降是针对不同构造位置、不同储渗条件、不同井型、不同井控储量的井，通过差异化配产达到平面上地层压力均衡压降，避免局部压降大造成反凝析油堆积，宏观上为均衡反凝析和均衡水侵提供了保障。

雅克拉凝析气田应用差异化配产技术实现均衡采气，空间上不同构造位置、不同储渗条件、不同渗流条件下气井均衡采出；时间上不同开发阶段均衡生产，地层压力均衡压降。2011年9月平均地层压力为47.6MPa，2014年4月平均地层压力为45.0MPa，平面上各气井压降基本一致（表3-6）。

表3-6　2011与2014年单井静压对比表

井名	静压/MPa		
	2011	2014	差值
YK2	47.7	45.4	2.3
YK5	47.5	45.9	1.6
YK6	47.6	–	–
YK7	–	45.9	–
YK8	47.8	43.9	3.9
YK9	47.9	44.2	3.7
YK10	–	45.6	–
YK12	47.2	43.8	3.4
平均	47.6	45.0	2.6

二、雾状反凝析

在均衡压降的基础上，针对不同构造位置、不同物性、不同井型、不同开发阶段的单井合理控制生产压差使反凝析油呈雾状非连续相形式随天然气一起高速流动产出，尽量避免局部反凝析油聚集，使整个气藏处于单相连通状态，即使偶然出现局部反凝析油聚集，通过增大生产压差及时排出。当然，在实际生产中也要注意兼顾水侵控制。具体机理及控制方法在反凝析控制技术中已作详细介绍，此处不再赘述（图3-24）。

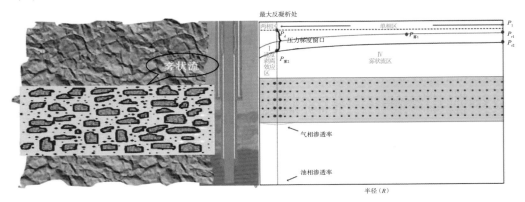

图3-24　均衡反凝析状态图

三、均衡水侵

均衡水侵是在水侵理论方程基础上，在开发过程中通过控制合理生产压差和采速来实现气水界面的均匀移动，尽量实现理想状态下的边底水均衡抬升，避免造成局部水封气，从而提高采收率。

　　气藏未见水阶段，主要依靠气藏、岩石和水体弹性膨胀能量开采，通过差异化配产实现气藏均衡采气、均衡压降；边底水突破后，因储层物性不同，沿高渗、低渗区域的推进速度不一样，要求对高部高渗区稳定生产，高部低渗区提液生产，低部高渗区控水稳气，达到开发层系均衡水侵的目标；边底水持续抬升，水侵加快，此时对高部高渗区实施压产延缓水侵，高部低渗区保持稳产，低部井采取排水采气，保持边底水和次生底水均衡抬升（图3-25）。

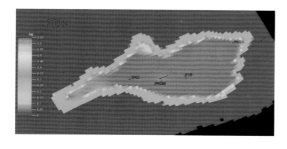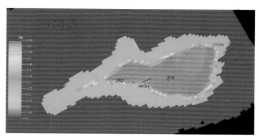

图3-25　雅克拉凝析气田下气层数值模拟水侵图

第四节　四个均衡控制

　　均衡不是简单的平衡、平均，而是一个控制状态，实现区块间、层间、平面在不同开发阶段产出均衡，目的是达到采收率最大化和效益最大化。因此，均衡采气的意义具体到气藏开发管理层面来讲，主要是"四个均衡"：层内均衡、层间均衡、平面均衡、时间均衡。其中，层内均衡是开发层系级别的，即同一气层内不同孔渗、不同构造部位、不同水体状况下的均衡采气；层间均衡是气藏级别的，即不同开发层系、不同气层间的均衡采气；区块均衡是相邻相似区块间的均衡互补，即不同区块或断块间为平衡采速和下游需求气量所进行的调控；时间均衡是开发全过程的均衡采气控制。

一、合理控制实现层内均衡

　　层内均衡是以一个独立开发单元或气层为目标的具体开发管理，真正体现气藏开发管理水平，其核心是以不同类型气井（水平井、直井、构造高低部位、孔渗条件、完善程度等）、不同开发阶段（开发早期、中期、中晚期、晚期）的差异化管理为手段，达到平面上不同部位的均衡采气，实现既能高速高效，又能提高气层最终采收率的最佳开发效果。

　　层内均衡主要是压力场、流场的控制，可以通过差异化配产来实现。前面介绍的均衡反凝析和均衡水侵控制主要是通过层内均衡开采来实现的，这里不再赘述。

第三章　均衡采气技术

二、上下调控实现层间均衡

层间均衡是指不同开发层系、不同气层均衡采气。层间均衡的目的是保证纵向上各气层在合理采速前提下得到均衡动用，即采出程度均衡，同样的产量需求下尽量避免出现其中某一气层因采速过快造成严重反凝析或水侵，或者某一气层采速过低没发挥应有潜力。

雅克拉白垩系凝析气藏采用一套开发井网动用上、下两个气层，并且设计了3口上、下气层合采井，由于下气层物性好于上气层，适合高速开发，开发早期孔渗好的下气层采速高于上气层，在保证最终采收率的情况下，可快速回收投资；中后期逐渐加大上气层储量动用，并逐步下调下气层采速，通过均衡调整延缓下气层水侵速度，实现上、下气层层间均衡，同时雅东构造逐渐接替，保持了稳产开发。

三、东西调整实现平面均衡

平面均衡是指同一气田不同区块、断块间在不同孔渗条件、水体情况下均衡采出，是为平衡采速和下游产量需求所进行的调控。主要是针对拥有多个区块的气田，目的是在同样的产量需求下保持每个气藏都尽可能得到均衡动用和科学开发。具体到雅克拉凝析气田，则是主构造（西部）和雅东构造（东部）两个区块阶段采出程度上的均衡。

雅东构造与主构造相比，气柱高度相对低，物性差，含气饱和度低，气藏先天不足且地质特征复杂（表3-7），在开发实施过程中是按照先主体再东扩的顺序开发的，雅东区块是开发中后期根据天然气需求及主构造开发调整需要作为产能接替区块来开发的。所以，从时间均衡及全气藏均衡采气的角度出发，东部以较高采速投入开发，且东部开发后逐步控制西部采速，以达到全气藏控水稳气的均衡采气效果。

表3-7 雅克拉凝析气田主构造与雅东参数对比

构造	气层	气柱高度/m	储层物性		含气饱和度/%
			孔隙度/%	渗透率/10⁻³μm²	
主构造	上气层	92.4	12.9	62.67	60
	下气层	69.4	12.4	120	63.7
雅东	上气层	44.2	10	87.4	68.6
	下气层	27.7	11	26	51.9

图3-26 雅克拉凝析气田上、下气层、雅东采速变化曲线图

雅克拉凝析气田在2011年5月~2012年年底实施东西区块调整，实际上是穿插在主构造上、下气层调整中进行的，调整的原则是在雅东区新井和措施井投产的基础上进行主构造的上、下层系调整，保持总产量不变，优先

调整主构造下气层。通过调整，上气层采速保持稳定，下气层采速逐步下降，上、下气层采速趋于平衡，雅东区块进入高速开发实现东西均衡（图3-26）。

四、按需调配实现时间均衡

对时间均衡的考虑主要是从两个方面来说的。

一是下游用户的需求。雅克拉凝析气田下游虽有相对固定用户，但因不同季节需求（冬季相比夏季需求大）、市场变化等，年内仍有20%~50%短时间波动；年度间也随下游用户市场拓展，对天然气产量需求也大幅度增长，气藏开发管理必须能适应变化，同时保证气藏开发效果不受影响。例如，雅克拉气田在开发早期，受下游用户需求限制，以下气层为主要开发对象，基本在低采速下生产，日产气$(170 \sim 200) \times 10^4 \mathrm{m}^3$，没有达到$260 \times 10^4 \mathrm{m}^3/\mathrm{d}$方案设计能力；开发中期，由于增加西气东输需求，初期日输气量$120 \times 10^4 \mathrm{m}^3$，最高达$170 \times 10^4 \mathrm{m}^3$，开始提速高效开发，日产气达$260 \times 10^4 \mathrm{m}^3$以上，最高日产气$310 \times 10^4 \mathrm{m}^3$，持续时间长达5年（2008~2013年）。

二是气藏不同开发阶段的特点。随着开发的进行，首先地层能量和剩余储量逐渐下降，故单井、层系、区块的合理产能也逐步下降；其次，地质认识会不断加强，前期因地质认识不足，个别井区发生非均衡水侵，此时水侵主控因素会发生变化。因此，气藏开发的各个阶段，时间均衡体现的形式也不一样，开发早期、中期和后期所对应的配产对策也不一样。

开发早期，主要以合理采速、合理产能为原则。

开发中期，气藏水侵成为核心问题。主要做法：①在下气层采速过高的情况下，YK8、YK15等井从古生界直接归位到上气层，尽量保证高采速下的上、下气层均衡；②合采井YK10、YK1、YK2等井下气层高含水后逐渐上返到上气层，提高上气层动用共3井次；③东西、上下调整，雅东投产后以水侵严重的主体区下气层为重点，分两批进行17井次的产量调整；④以见水风险井为重点对整个气藏进行整体压产调整。

开发中后期（目前阶段），下气层已水侵严重，产量大幅下降，部分见水井发生井筒积液现象，此时配产政策主要是通过放嘴增大生产压差来维持气井临界携液量，延长气井自喷期，同时对下气层高产井压产。另外，进行精细小层研究，细分开发层系，挖潜剩余油气。

第四章 雅克拉凝析气田均衡开发实践

雅克拉凝析气田高效开发全过程始终贯彻"均衡采气"理念，实现了气田稳产12年的目标。期间，持续开展精细地质研究，平均每两年开展一次整体气藏描述，小层划分由前期的6个小层细分成16个小层，开发层系由最初的1套细分成2套，再细分成3套；总结出4种剩余油分布模式，有效指导错层开发和剩余油气挖潜；丰富了凝析气藏均衡开发理论，创新地提出了中等凝析油含量凝析气藏反凝析控制二区模式，利用凝析油析出之初呈雾状（分散状）临界状态的特征，通过控制均衡压降和提高天然气流速实现凝析油形成即采出，探索并实践了边水均衡推进控制技术，通过差异化配产来实现气水界面的均匀移动，其中创立的"323"单井见水、控水、治水模式，延长气井生命周期最高达50个月。同时，创建了以表征反凝析和水侵为核心的动态监测体系，建立了4项标准、形成了6项规范，达到监测参数全、资料录取准、全过程连续监测的要求，使气田开发更具科学性、先进性。

第一节 开发全过程的精细地质研究

精细研究贯穿于雅克拉气田开发的全过程。开发管理始终坚持及时发现问题、及时研究问题、及时调整完善。在气藏描述方面，先后利用地震地层学、层序地层学进行岩层划分对比，建立剩余油分布模式，细分开发层系。经过多年探索，丰富和完善了气藏地质认识，精准把握气藏构造、沉积相、储层展布及气水界面等地质特征，为气田科学、平稳、高效开发打下了良好的基础。

一、反复开展精细构造研究，为高效开发提供科学依据

先后对雅克拉气田白垩系气藏进行过3次构造地质研究。①勘探发现之初（10×10）km二维地震资料构造成图；②1995年三维地震构造解释，形成雅克拉主构造的构造格局；③2010年雅东三维地震构造解释，落实了雅东长轴构造。

雅克拉2005年全面投入开发后，充分利用新钻井资料、精细相干、蚂蚁体追踪、叠前处理技术反复开展精细构造研究，不受成见束缚，为高效开发提供了科学依据。开发管理过程中历年构造精细解释如图4-1所示。从历年精细构造解释结果来看，随着新资料的介入，构造高点、构造形态的认识也在不断发生变化，尤其是2008年在古生界评价基础上发现了雅东构造，雅克拉整体分为东、西两个独立小构造。

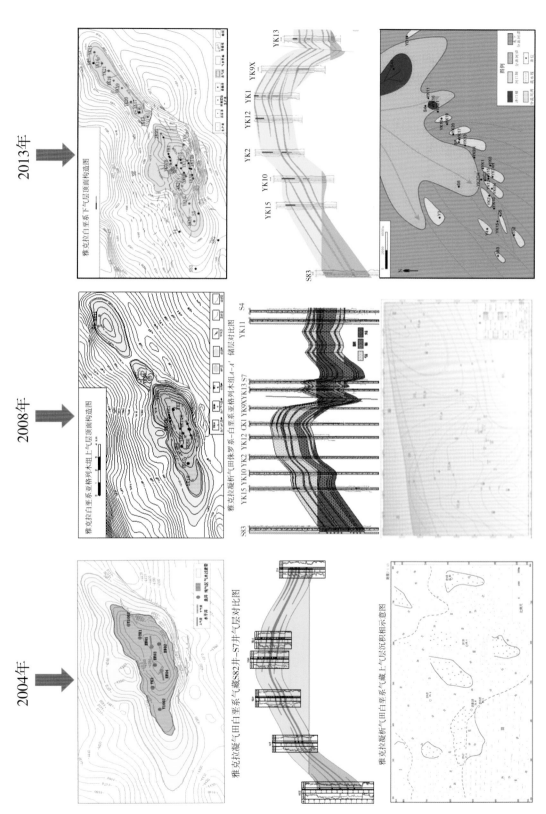

2004年　2008年　2013年

雅克拉凝析气田白垩系气藏历年顶部构造图、剖面图及沉积相图

图4-1

二、研究沉积相，为小层划分和水侵规律认识提供支撑

在沉积相研究方面，以工区露头库车河野外地质剖面作参考，以新的资料为基础，依据气藏认识的不断深入和矛盾，基本每两年开展一次沉积相研究，认识不断深化，逐步逼近客观实际：

2004年方案编制时，认为雅克拉气田属于三角洲前缘-平原亚相，物源以北东向为主，南西到北东依次为席状砂-水下辫状分流河道-辫状河冲积平原。

2006年产能建设完成后，利用新钻井资料重新研究，认为是该地区主要发育三角洲前缘亚相，高点位于东、西两条水下分流河道交汇处，南北两边为席状砂。

2008年气藏精细描述研究认为是辫状河三角洲，"南北向分带"明显，存在三个物源方向，物源主要来自于北部的南天山；东北部分（S4井、YK11井）、正北部分（S6井）沉积亚相为辫状河三角洲平原，主要微相为辫状河道微相；西南部分则发育辫状河三角洲前缘亚相。

2012年认为辫状河三角洲平原-前缘亚相，由北向南分别为辫状河三角洲平原-三角洲前缘-前三角洲，分北东-南北两条辫状河道与近东西向水下分支河道，在高点处交汇。

2013～2014年全面运用层序地层学理论，对白垩系亚格列木组进行新一轮研究，认为扇三角洲平原和扇三角洲前缘亚相，以扇三角洲前缘亚相为主，包括北东向分流河道和分流间湾微相，以及水下分流河道、水下分流河道间、河口坝等微相。

三、不断细化小层，为精细开发提供地质依据

小层划分和隔夹层识别是油田开发地质工作中最基础、最重要的工作，小层划分对比是否合理将直接影响下一步的措施及调整井的部署。随着开发资料的不断完善，地质理论的不断发展，充分利用标准测井曲线，结合剩余油饱和度测井资料，研究韵律层内正韵律、反韵律特征，不断细化小层，为精细开发提供地质依据（图4-2）。

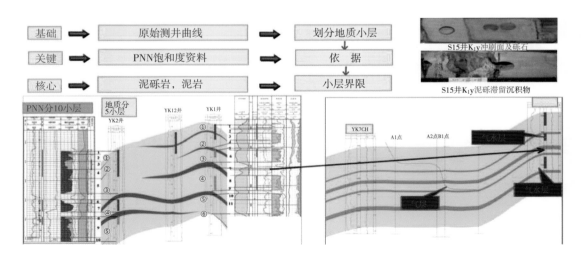

图4-2　雅克拉凝析气藏PNN资料细分开发小层框图及实例

2004年方案编制时，根据地震地层学理论划分为2个沉积旋回，2个小层4~5个韵律层，一套隔层3~4个夹层，气藏分为一套开发层系。

2006年产能建设完成后，划分为3个沉积旋回，3个小层7~8个韵律层，一套隔层6~7个夹层，细分为上、下2套开发层系。

2008~2011年开发关键技术研究，划分为3个沉积旋回，9个小层6个韵律层，一套隔层5个夹层，分为上、下2套开发层系[图4-3（a）]。

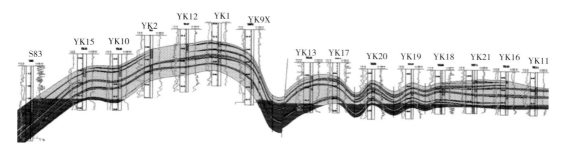

（a）雅克拉气田白垩系凝析气藏剖面图（2011年）

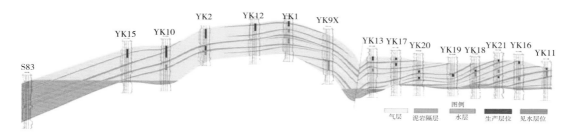

（b）雅克拉气田白垩系凝析气藏剖面图（2012年）

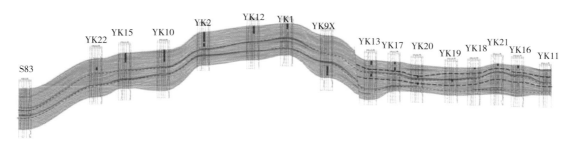

（c）雅克拉气田白垩系凝析气藏剖面图（2014年）

图4-3　雅克拉气田白垩系凝析气藏历年气藏剖面图

2012年雅东产能建设完成后，划分为3个沉积旋回，9个小层6个韵律层，一套隔层5个夹层，分为上、下2套开发层系。根据雅东砂体展布、沉积相、气水分布等特征，认为整个雅东地区在主体区层状发育展布的基础上，过渡为叠瓦状展布特征[图4-3（b）]。

2013～2014年精细开发研究阶段，以层序地层学为理论基础，以标准测井曲线划分地质小层（一般3～5层）为手段，以PNN、TNIS饱和度测井为参考，研究韵律层内正韵律、反韵律特征，细化了地质小层（10层以上）。创新地提出了厚砂体内的高GR、高SP层作为泥岩层和泥砾层，分别作为储层的顶、底界。并利用测井曲线微相模式，将垂向上多个层数、多期次的砂体细分到单期砂体，用砂体6类接触模式和3种叠加方式控制，进行砂体横向对比。划分了3个沉积旋回，含16个韵律层，2套隔层3～6个夹层，开发层系由2套变为3套，雅东为5套[图4-3（c）]。

其中，MSC1段为第一开发层系，包括1～7号共7个韵律层；MSC2段为第二开发层系，包括8～12号共5个韵律层；MSC3段为第三开发层系，包括13～16号共4个韵律层。最终采用单井–单层方法复算储量，天然气地质储量282×10^{8}m^3，凝析油地质储量598×10^{4}t。

四、建立四种剩余油分布模式，为开发调整提供依据

精细地质研究的一项重要任务就是研究剩余油分布，为精细管理与开发调整提供科学依据。在小层划分、隔夹层分布研究的基础上，结合剩余油饱和度测井，根据油气成藏封挡理论与数值模拟结果，建立了四种剩余油模式：顶部遮挡剩余油、底部遮挡剩余油、层内剩余油、水淹（水锁）剩余油。

1. 顶部遮挡剩余油

在气藏开发过程中，由于打开程度、井网井距、井控程度等因素，总是存在局部小层未打开情况，虽然实行均衡采气和均衡水侵等精细开发管理，压力降已经波及到这些小层，但由于低渗层或夹层的遮挡作用和气水密度差，使得边底水无法进入溢出点之上的小层上部，形成顶部遮挡剩余油[图4-4（a）]。此种模式剩余油在油气田开发中普遍存在，主要分布在YK9X等构造斜坡部位，其特点是分布范围小、规模小。

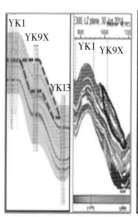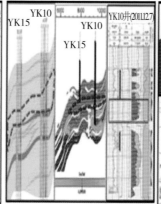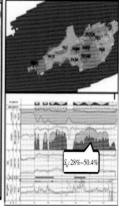

| （a）顶部层间剩余油（YK9X/YK19/YK20） | （b）底部层间剩余油（YK15/YK11） | （c）层内剩余油（YK2/YK1/YK10/YK15） | （d）水淹（水锁）剩余油（YK6H/YK14H） |

图4-4　雅克拉白垩系凝析气藏四种剩余油分布模式图

2. 底部遮挡剩余油

与顶部层间剩余油类似，部分小层由于泥岩夹层或物性夹层遮挡作用和气水密度差，在溢出点之上形成剩余油[图4-4（b）]。底部遮挡剩余油主要分布在主体区西部YK15、YK11井区河道砂超覆地区与雅东YK16、YK20井地区，分布零星，储量规模小。

3. 层内剩余油

上气层I号巨厚砂体内存在一套8~10m、分布广泛的层内剩余油带[图4-4（c）]，PNN测试和生产表明剩余油分布广泛，剩余储量大、丰度大是雅克拉目前最大的潜力点，该层含2~3个韵律段，以正韵律为主。关于该层内剩余油形成原因，一种可能是II号砂体内存在一物性夹层，电阻、电位、中子、密度等电性特征不明显，目前未能有效识别；另外一种可能，根据边水突破理论（详见第三章第一节）开发过程中天然气沿物性较好的韵律层顺层流动，纵向穿层流动能力弱，在下部层未打开情况下只是压降漏斗影响，即只参与了弹性膨胀贡献，边水未进入这几个韵律层，从而形成层内剩余油。

4. 水淹（水锁）剩余油

气藏在水侵或水淹之后形成剩余油，或边水舌进水锁后形成"水封气"剩余油。前者是在孔隙或孔喉中水封气形成，呈均匀分布；后者是局部小层或层系中形成水封气，呈不均匀不规则分布[图4-4（d）]，该类剩余油主要根据剩余油饱和度法或数模方法确定，主要应用排水采气等工艺技术采出。

通过对各类剩余油分布的研究，确定了区块剩余油分布情况（图4-5），估算天然气剩余油储量$35.8 \times 10^8 m^3$，凝析油剩余油储量$69.3 \times 10^4 t$。精细剩余油挖潜是下步稳产的重点。

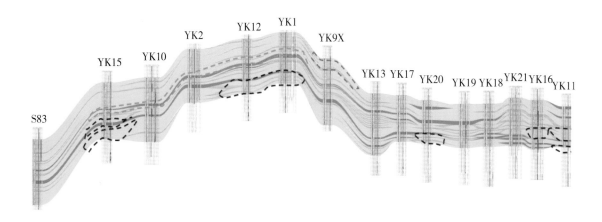

图4-5 雅克拉剩余油分布情况图

第二节 动态监测体系与监测技术

针对雅克拉凝析气藏油气水相态、渗流特征和产水水性变化的特殊性和复杂性，按照"系统、准确、适用"的原则和"井点具有代表性、监测时间具有连续性、监测结果具有对比性、录取资料具有针对性、监测方式具有同一性"的要求，经过不断摸索和实践，取得了一批创新性强、实用性好的动态监测技术成果,建立了特色的凝析气藏开发动态监测体系。

一、数据自动采集系统的完善

雅克拉凝析气井生产数据采集以"细、准、全、优"为准则，以信息化技术为手段，针对4大类近20余项参数，完善制定了10余项凝析气井资料录取管理规定，保障了生产数据采集的及时性、全面性和准确性。

在气藏试采期间，主要依靠人工巡检采集生产数据，工作量大、效率低。

气田正式投入开发以后，引进了先进的自动化信息采集系统，并集成相关自控技术，形成了中控室自动监控系统+人工巡检数据采集模式，主要数据可通过DCS系统实现自动采集和传输，现场人工录取参数由20项缩减至6项。

随着监控设备的升级改造，逐步发展成为自控系统+视频监控+数据自动采集的自动化系统，包括集气站的DCS系统、电视监控系统、井口SCADA系统三部分，其中井口的数据采集与监视控制系统（SCADA）采用分散式测控、集中式管理的方式，实现了远程数据采集、设备控制、测量、参数调节以及信号报警等各项功能，辅助以现场数据与远传参数进行定期对比，保障了数据的准确性。

二、产出流体监测标准和方法的创新

凝析气藏油气水流动型态的复杂性导致了获取代表性样品比较困难。针对此问题：①改进不同产水阶段的井口取样和含水计算方法；②创新了低含水阶段"以水化水"的含水化验检测方法；③创新了束缚水氯根化验检测方法；④建立以氯根为核心的水性判别方法；⑤建立规范化的油气水组分监测制度。这些工作成果为及时发现水性变化，控制和利用好边底水能量，实现均衡采气奠定了基础。

（一）创新改进不同产水阶段的井口取样方法和含水计算方法

在开发管理实践过程中，从井口垂直管、水平管、倾斜管的气液两相管流流型入手，建立不同产水阶段、不同产量、不同管型的多相流态模型，研判取样位置对取样结果的影响，探索完善了井口最佳取样方法，并创新改进了含水计算方法。

1. 取样位置对化验结果的影响

气井取样位置一般都在井口采气树至地面管线的倾斜管上（即井口立管），若取样考克安装位置不同，会出现取不到液样、取样不具代表性或化验结果偏差大等问题。YK8井2013年立管水平取样化验含水1.22%～3.60%，而立管下部取样化验含水

63.16%～94.84%，立管下部取样化验含水要远高于立管水平取样（表4-1）。YK9X井2013年水平管水平取样化验含水2.14%～5.26%，而水平管下部取样化验含水达100%，水套炉垂直管取样化验含水45.20%～76.50%，垂直管取样化验含水介于水平管水平取样与水平管下部取样之间（表4-2）。

表4-1　YK8井取样化验数据（2013年6月）

日期	6-1	6-2	6-3	6-4	6-5	6-6	6-7
取样方式	立管水平取样				立管下部取样		
化验含水率/%	1.22	1.50	2.30	3.60	63.16	84.62	94.84
氯根/(mg/L)	-	-	-	-	-	-	59237

表4-2　YK9X井取样化验数据（2013年8月）

取样方式 　　　　日期	8-3	8-4	8-5
水平管水平取样（含水/%）	5.26	6.31	2.14
水平管下部取样（含水/%）	100	100	100
水套炉垂直管取样（含水/%）	76.50	45.20	70.10
氯根/(mg/L)	-	86251	-

取样不具代表性的结果容易导致错过及时发现气井"病症"的最佳时机。如2007月1月至2008年8月期间，雅克拉区块化验产水与实际产水平均相差59.2%，最高差值达85.9%（表4-3）。针对此问题，结合流压梯度、井筒压降、计量产量等数据，综合分析后发现如YK8、YK9X等井受取样位置影响，取样含水偏低，但实际含水已经较高，这就影响了开发调整的及时性和对策的针对性。

表4-3　雅克拉凝析气田化验产水与实际产水对比表

时间	化验产水/t	实际产水/t	差值/%	时间	化验产水/t	实际产水/t	差值/%
2007-1	476.0	1435.0	66.8	2007-11	524.9	1224.5	57.1
2007-2	194.0	1085.0	82.1	2007-12	737.4	1516.4	51.4
2007-3	198.9	1134.7	82.5	2008-1	742.6	1656.0	55.2
2007-4	222.0	1141.0	80.5	2008-2	823.7	1629.4	49.5
2007-5	282.3	1026.9	72.5	2008-3	697.3	1604.3	56.5
2007-6	412.7	1515.7	72.8	2008-4	674.0	1428.9	52.8
2007-7	297.4	2101.8	85.9	2008-5	1006.6	1752.3	42.6
2007-8	441.9	1740.0	74.6	2008-6	862.4	1645.4	47.6
2007-9	486.4	1690.4	71.2	2008-7	1239.4	1750.8	29.2
2007-10	656.6	1648.3	60.2	2008-8	1709.8	2344.9	27.1

注：差值=（实际产水-化验产水）/实际产水×100%

2. 管型流态对化验结果的影响

1）垂直管气液两相流流型

垂直管的流型划分有很多种，一般公认的典型流型有泡状流、段塞流、环状流和雾状流4种（表4-4）。在凝析气井生产初期，存在轻微反凝析，液量低，默认垂直管内为单一气相流，取样位置对化验结果无影响；气井进入产地层水阶段，其段塞流、泡状流基本为单一的液相流，化验含水基本不受取样位置影响；而处于环状流阶段，液膜处含水偏高，管线中心取样困难，含水偏低，取样考克进入垂直立管的深度直接影响化验结果的真实性，统计表明，取样考克引管进入立管1/5~1/3为宜，且考克斜口应垂直气流方向。

表4-4　垂直管气液两相流典型流型及取样位置对分析结果的影响

流型	泡状流	段塞流	环状流	雾状流
流型图				
流动特征	液相连续，气相分散；气相为小气泡；气相速度大于相；平均流速较低	小气泡形成大气泡；一段液一段气，两个气段之间是液体段塞；气段与管壁间有液膜；气液两相滑脱较小	大气泡汇合成气柱在管线中心流动；液体沿管壁成为一个流动的液环；很小的液滴被分散在气柱中	气柱几乎完全占据了管线的横断面；液相则以液滴的形式分散在气柱中；气相流速较高，几乎不存在滑脱损失
取样位置对分析结果的影响	无影响	含水主要受段塞影响，基本不受取样位置影响	液膜处含水偏高，管线中心取液样较困难，含水较低	无影响

注：水套炉垂直管取样时，管内流体可以用垂直管气液两相流流型分析。

2）水平管气液两相流流型

在水平管气液两相流中，在气液两相重力分异作用下，气相大多分布在管线上部，液相则较多分布在管线底部。即水平管气液两相流有明显的分层流动特性。一般可以将水平管气液两相流分为泡状流、层状流、波状流、段塞流、环状流、雾状流6种流型（表4-5）。从各种流型看，除雾状流和泡状流外，取样位置对分析结果影响很大，两相界面之上取不到液样，之下取到液样含水偏高或全为水，因此取样考克与管线之间的距离设计尤为关键。统计表明，取样考克引管进入水平管1/5~1/3为宜，且考克斜口应垂直气流方向。

表4-5 水平管气液两相流典型流型及取样位置对分析结果的影响

流型	泡状流	层状流	波状流	段塞流	环状流	雾状流
流型图						
流动特征	气量很少；气体为分散气泡的形式；气体与液体等速流动；气泡集中在管线的上半部	液体沿着管线底部流动；气体沿着管线顶部流动；气液两相具有平滑的界面	液体沿着管线底部流动；气体沿着管线顶部流动；气液两相界面为波状	管线下部为液流；大气泡趋于管线顶部流动，被分割成气弹；波状的气液界面与管线顶部接触	液体断面变薄形成液膜；气体携带液滴以较高的速度在环形液膜的中央流过；管线顶部的液膜厚度小于管线底部	气相几乎占据了整个横截面，液相呈液滴状或雾状分散在气相中
取样位置对分析结果的影响	上部取样含水偏低，底部取样含水偏高，可能全为水	两相界面之上取不到液样，之下能取到液样，底部取样含水偏高，可能全为水	两相界面之上取不到液样，之下能取到液样，底部取样含水偏高，可能全为水	上部难以取到液样，底部取样含水偏高，可能全为水	管线中间难以取到液样，底部取样含水偏高，可能全为水	无影响

注：地面集输水平管线或进水套炉前的水平管取样时，管内流体可以用水平管气液两相流流型分析。

3）倾斜管气液两相流流型

倾斜管的流型与水平管相近，受倾斜角的影响，其流型分布特征比水平管和垂直管更为复杂。倾斜角度、取样口位置对分析结果影响大，介于垂直管与水平管之间（表4-6）。雾状流及环状流在立管底部安装取样考克即可，过渡流到塞状流则需要计算取样考克与立管间流态关系，才能保障取样具有代表性。

表4-6 倾斜管气液两相流典型流型及取样位置对分析结果的影响

流型	泡状流	塞状流	弹状流	过渡流	环状流	雾状流
流型图						
流动特征	气量很少；气体为分散气泡的形式；气体与液体等速流动；气泡集中在管线的上半部	管线上方的小气泡聚合形成气弹；气弹不规则，或大或小；气液界面为波状	气相为不连续相；液弹会在气流作用下连续向上移动；液膜与上行的液弹产生冲击	气体流速升高，液桥被冲垮，液柱衰减成前进的翻滚波；翻滚波触及上壁面间歇形成环状液膜	液体断面变薄形成液膜；气体携带液滴以较高的速度在环形液膜的中央流过；管线顶部的液膜厚度小于管线底部	气相几乎占据了整个横截面，液相呈液滴状或雾状分散在气相中
取样位置对分析结果的影响	上部取样含水偏低，底部取样含水偏高，可能全为水	上部取样比泡状流时困难，含水偏低；底部取样含水偏高，可能全为水	上部不能连续取到液样，含水偏低；底部取样含水偏高，可能全为水	上部难以取到液样，底部取样含水偏高，可能全为水	管线中间难以取到液样，底部取样含水偏高，可能全为水	无影响

注：井口采气树至地面管线的倾斜管取样时，管内流体可以用倾斜管气液两相流流型分析。

93

第四章 雅克拉凝析气田均衡开发实践

3. 改进后的井口取样方法

通过对凝析气井含水异常的研判，主要做了三点改进：①将取样位置设计为距离油嘴1m左右。在油嘴节流及射流混合作用下，分层流动还没有完全呈现出来，对取样影响小。②利用液相在重力作用下，流动速度快、不易分层流动、液面厚度小的特点，尽量多采用立管取样。③为确保能取到液样，立管取样位置统一设计在管线底部。雾状流和泡状流两个阶段，立管流态分布均匀，取样位置不影响化验结果，常规取样考克即可。开发中期的过渡流阶段，管线中间的气柱与液滴、管壁的液膜，三者间持续发生变化，为获取较准确的取样结果，取样考克需增加中心引管，长度为1/5~1/3的管径并有斜口（图4-6）。

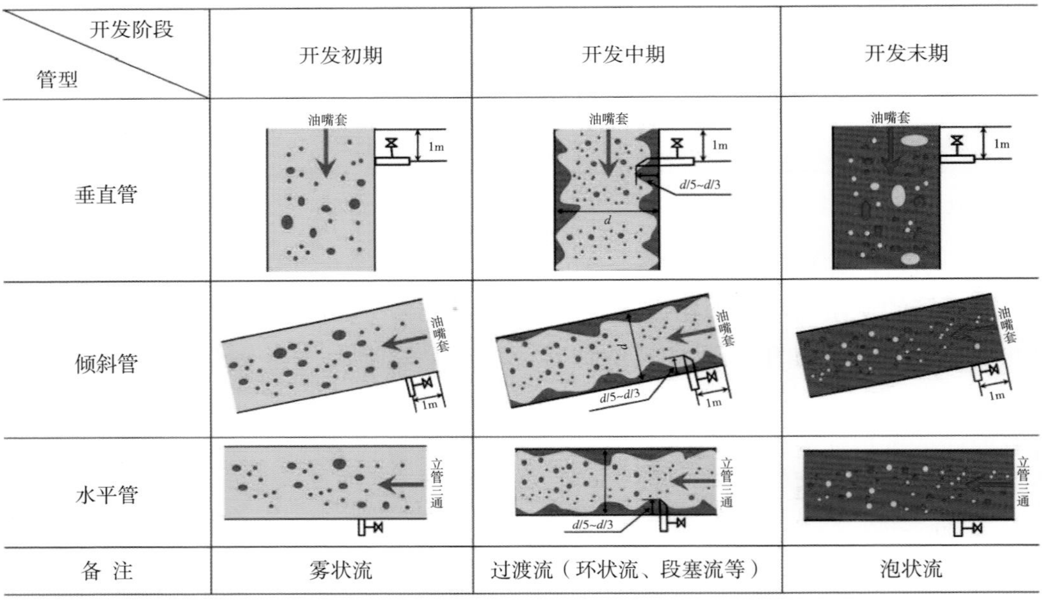

开发阶段 / 管型	开发初期	开发中期	开发末期
垂直管			
倾斜管			
水平管			
备 注	雾状流	过渡流（环状流、段塞流等）	泡状流

图4-6 现场取样方法示意图

4. 改进后的含水计算方法

矿场实际含水率计算方法主要通过取样蒸馏法求取，不考虑天然气含水，在凝析气藏实际开采过程中，水蒸气含量不可忽视，压力温度变化对水蒸气的液化、汽化影响较大。因此，现场取的油样化验含水不能反映实际产水情况，需考虑天然气中的含水量。

在地层流体定容衰竭实验中，YK1井凝析水随压力降低而逐渐上升，并且有加速上升趋势。压力由50MPa下降到10MPa时（代表取样状态），气态水含量由85.6m³/10⁴m³（换算含水率为2.6%）上升至184.3 m³/10⁴m³（换算含水率为5.6%），上升幅度为98.7 m³/10⁴m³（换算含水率为上升3%）（表4-7）。在天然气低温处理时（计量状态下），此部分凝析水将再次析出，这是计量产水比取样化验含水高的主要原因。为此，改进含水计算方法为：

实际含水率=（凝析油含水量+天然气内含水量）/产液量；

凝析油含水量：现场取样后通过蒸馏实验求取；

天然气内含水：采用高精度的湿度测量仪器测试得到。

该计算方法有效消除常规含水计算方法带来的误差，结果更加接近实际产水的数值。如雅克拉集气处理站2013年12月30日分别通过测定凝析油含水率、天然气内含水量求得当日产水255m³（其中，天然气内含水量达到25m³，不可忽略），与站内实际计量产水（263m³）接近。

表4-7　YK1井定容衰竭过程采出流体中气态水含量变化表

压力/ MPa	井流物中气态水量/ （m³/10⁴m³）	天然气中气态水量/ （m³/10⁴m³）	天然气中液态水量/ （m³/10⁴m³）
58.72	55	56.9	0.046
50	87	85.6	0.069
40	104	106.3	0.085
30	132	124.7	0.100
20	150	151.8	0.122
10	182	184.3	0.148

注：地层温度T_{fi}=136.5℃，地层压力P_{fi}=58.72MPa。

通过不断摸索完善井口取样方法、创新改进含水计算方法，雅克拉凝析气田化验产水与实际产水的月度偏差已由开发初期最高的85.6%降低至目前的5%左右（图4-7），取得了非常好的效果。

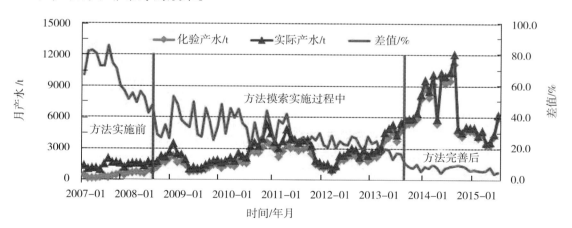

图4-7　雅克拉凝析气田化验产水与实际产水对比图

（二）创造性提出低含水阶段"以水化水"的化验检测方法

凝析气井投产初期，含水主要来自天然气的凝析水，受乳化作用影响，直接取到游离水难度很大。针对低含凝析水乳状混合样不易直接化验含水的实际情况，胡文革等人创造性提出"以水化水"的化验方法，在实际应用中取得非常好的效果。其原理是将不易分离的乳状样，加入适量已知水样搅拌，打破乳化格局，再分析鉴定分离出的水样，之后扣除加入已知水的含量，即可求出乳状样的含水及其特征离子含量。方法步骤如下：

（1）外来水的选择及用量：选取矿化度低、氯离子含量极低（接近0mg/L）的蒸馏水，用量固定为5mL/次。

（2）乳状混合样含水测定：加入5mL蒸馏水并搅拌均匀后，添加200号空白汽油作为溶剂并测出混合样的质量，用蒸馏法测出接受器内水的质量，乳状混合样含水用式（4–1）计算：

$$K=(m_1-m_2)/m_3 \times 100\% \tag{4-1}$$

式中　K——乳状混合样含水率，%；

　　　m_1——接受器内水的质量，g；

　　　m_2——蒸馏水的质量，g；

　　　m_3——混合样质量，g。

（3）凝析水氯根的测定：先根据蒸馏水的氯根计算出5mL蒸馏水氯离子总量，然后测定接受器内混合水的体积及氯根，凝析水氯根用式（4–2）计算：

$$R=(R_2 \times V_1 - R_1 \times 5)/(V_1-5) \tag{4-2}$$

式中　R——乳状混合样中水的氯根，mg/L；

　　　V_1——接受器内水的体积，mL；

　　　R_1——蒸馏水的氯根，mg/L，此处取0；

　　　R_2——接受器内水的氯根，mg/L。

（4）实际应用：以YK5H井为例，2005~2007年气藏产能建设时期，凝析气井处于低含凝析水产出阶段，采用常规的油井取样化验方法获取含水值较为困难，化验含水间断性表现为零，导致动态含水与处理站内实际产水存在较大误差。通过使用"以水化水"的分析方法，不仅准确掌握了凝析气井的真实含水值，还解决了无明水样品氯根检测难的问题（图4–8）。

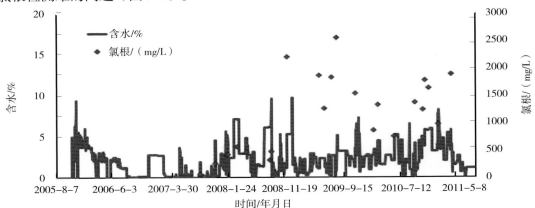

图4-8　YK5H井历史化验含水与氯根统计图

雅克拉凝析气田在开发管理实践中，通过该化验检测方法进行低含凝析水化验检测1200余次，成功解决了低含凝析水阶段的含水和氯根化验问题，为准确判断凝析气井出水阶段提供依据。

（三）创新建立束缚水氯根化验检测方法

为研究束缚水产出对混合水产出阶段流体氯根化验的影响，进一步明确混合水的产出机理，特设计束缚水氯根化验检测方法如下：

（1）取YK16井亚格列木组岩心一块，清洗岩心表面以排除钻井液的影响；

（2）晾干岩心，并称重、测密度；测取实验用蒸馏水的氯根（接近0mg/L，对实验结果影响很小，可不考虑）；

（3）将晾干的岩心敲成粉末，取干净的可密闭瓶，放入40mL蒸馏水和4g混合均匀的粉末状岩心，每半个月进行一次氯根化验检测。

束缚水氯根的计算公式：

$$R= [R_2 \times （40+4/\rho_{岩心} \times \phi_{岩心} \times S_{wi}）-R_1 \times 40] / （4/\rho_{岩心} \times \phi_{岩心} \times S_{wi}） \qquad （4-3）$$

式中　　R——岩心中束缚水的氯根，mg/L；

R_1——蒸馏水的氯根，mg/L，此处取0；

R_2——化验氯根，mg/L；

$\rho_{岩心}$——岩心密度，g/cm^3，此处取2.3；

$\phi_{岩心}$——岩心孔隙度，f，此处取0.12；

S_{wi}——束缚水饱和度，f，此处取0.4。

通过YK16井亚格列木组岩心氯根化验检测发现，雅克拉区块亚格列木组束缚水氯根在68042~73792mg/L，与边底水的氯根基本一致（表4-8）。

表4-8　雅克拉凝析气田岩心氯根实验数据表（YK16井）

化验日期	岩心质量/g	岩石视密度/（g/cm^3）	岩心体积/cm^3	孔隙度/f	孔隙体积/cm^3	束缚水饱和度/%	束缚水体积/cm^3	蒸馏水体积/cm^3	化验氯根/（mg/L）	折算束缚水氯根/（mg/L）
2011-5-25	4	2.3	1.74	0.12	0.209	0.4	0.083	40	142	68042
2011-6-2	4	2.3	1.74	0.12	0.209	0.4	0.083	40	154	73792
2011-6-17	4	2.3	1.74	0.12	0.209	0.4	0.083	40	149	71396
2011-7-2	4	2.3	1.74	0.12	0.209	0.4	0.083	40	146	69958

（四）建立以氯根为核心的水性判别方法

采用氯离子、含水率指标将产出水划分为三类：凝析水、混合水和边底水。其中，氯离子含量作为主控指标，含水率作为辅助指标进行判别。凝析水的氯根含量很小，一般小于800mg/L，边底水的氯根含量都较大，介于（1~10）×10^{4}mg/L，混合水的氯根含量介于凝析水和边底水之间。

（五）建立规范化的油气水组分监测制度

凝析气藏在生产过程中最典型的特点是，当地层压力降到露点压力后继续下降时，储层凝析气中凝析油含量会逐渐减少，单井产能也由于井底附近反凝析液的影响而降低，使气油比显著增加，并伴随着采出天然气、凝析油的组分变化、密度降低等现象。因此，井流物中的油气水组分监测可以直观反映生产井的动态特征变化，判断地层流体相态变化和渗流特征变化，指导现场生产。

1. 天然气组分分析

天然气中的C_1+C_2、C_5^+等变化是直观表征反凝析或反蒸发现象的特征参数。通常，单井天然气全分析监测频次为1次/季度。为获取天然气组分本底样，气井投产初期必须取准全分析样。正常生产后，每3天测定一次天然气中的C_1含量，每季度取一次天然气组分全分析样品，出现异常则加密取样。当地层压力高于露点压力时，天然气全分析按标准取样即可；地层压力低于或接近露点压力后，井流物发生较大变化，天然气全分析样可每月取一次，持续监测半年。

2. 凝析油全分析

凝析油的密度、黏度、含蜡、含硫等参数直接影响气井的配套生产设施，其组分变化直接反映气藏开发过程中的反凝析、水侵变化。凝析油取样频次的设计基本同于天然气，但分析化验时，侧重于凝析油密度、含硫等参数的化验，组分分析以天然气为主。因此，结合化验成本和技术装备现状，凝析油全分析监测频次为1次/季度。为获取凝析油组分本底样，气井投产即安排取全分析样化验；生产正常后，每季度取一次凝析油组分全分析样品，出现异常时按需求加密。

3. 水全分析

雅克拉凝析气藏虽然水体倍数大，但气藏高度高（80~100m），构造幅度较陡，避水高度高（10~50m）。因此，水体推进至井筒附近需要的时间相对较长。按照凝析气井产水量、产水性质、含水率变化，考虑化验成本和技术装备现状，水全分析取样频次按不同产水阶段设计。即正常生产井，每3天测定一次水的氯根、密度，每季度取一次水全分析样品，异常时按需求加密。低含水阶段，含水及氯根监测频次固定为3天/次，水全分析监测频次固定为1季度/次；混合水阶段，按需求加密监测含水、氯根变化，氯根每天取样化验，水全分析每月一次；边底水产出阶段，由于水型已经确定，含水、氯根监测频次固定为3天/次，水全分析监测频次固定为1季度/次。

综合考虑采油气管理区化验室、研究院地质实验中心等执行单位的监测能力，结合设计监测频次，优化建立了操作性强、多级联动、特点鲜明的规范化的油气水组分监测制度（表4–9）。

表4-9 雅克拉凝析气田油气水组分监测制度

化验制度 分析项目	采油气管理区		研究院地质实验中心		其他相关单位	
	分析项目	频次	分析项目	频次	分析项目	频次
天然气组分分析	C_1	3天/次	组分全分析	每季度	地化参数	依托项目研究
凝析油全分析	含水率	3天/次	组分全分析	每季度	地化参数	依托项目研究
水全分析	氯根、密度	3天/次	组分全分析	每季度	地化参数	依托项目研究

注：1 以上取样频次针对正常生产的单井；
　　2 出现产量、含水率、气油比等参数变化较大时，及时安排取样监测；
　　3 修井过程中发生大量外来流体漏失时，及时安排水全分析。

三、地层流体相态监测方法

凝析气的相态研究是凝析气藏开发的基础。与油气水组分监测间接评价相态变化相比，地层流体相态监测是最直观，也是最有说服力的反凝析评价方法。一方面它可以通过测定凝析气的反凝析液量、凝析油采收率及天然气累计采出量指标，最终定量评价地层反凝析范围及程度；另一方面通过比较目前地层流体相态与原始地层流体相态，就可以计算出滞留在地层中的反凝析油量。

针对雅克拉凝析气田多层、多井型的特点，建立并实施重点突出、特色鲜明的流体相态监测规范显得尤为关键。具体做法如下（表4-10）：

（1）优选主构造不同层位、不同井型的重点井建立定点定期监测制度。

（2）同层位凝析气井生产差异较大及新井投产时需及时进行监测。

（3）综合考虑开发中后期边底水入侵和反凝析油析出后油-气-水三相体系共存的情况，开展油-气-水三相体系相态研究。

表4-10 雅克拉凝析气田流体相态监测规范

流体相态	监测井	监测时机	监测频次	监测参数	监测目的
油气两相体系	重点层位重点井	开发全过程	2年/次	包络线、露点压力、临界点、凝析油含量、反凝析液量	了解地层流体相态变化规律，指导现场生产
	不同区块生产差异大的井	开发全过程	灵活安排		
	同层位生产差异大的井	开发全过程	灵活安排		
油气水三相体系	代表性井，如YK1井	开发中晚期	1次	包络线、露点压力、临界点、凝析油含量、反凝析液量	研究油-气-水三相体系共存条件下的相态变化规律，与油气两相体系进行对比

（一）相态定点定期监测

凝析气藏开发相态变化过程相对复杂，为更好地了解地层流体相态变化规律，指导现场生产，采取优选重点层位、重要部位、具代表性的生产井进行定点定期的连续监测机制，如上气层YK5H井，下气层YK6H井。监测方式为现场取样，化验室配样后开展PVT实验，监测频次1次/2年，时间上基本固定在10~11月。生产异常时灵活安排加密取样监测，如2011~2012年因地层压力接近并逐步低于露点压力，此时启用了加密分析化验制度。同时，利用新井投产、静压、压恢、压降、二流量测试等时机，安排加密监测。

在实际分析应用中，一般依据PVT包络线、露点压力、临界点、凝析油含量、反凝析液量的变化，结合油气组分、气油比的变化规律，综合判断气藏开发状况。如YK5H、YK6H井分别作为雅克拉上、下气层的定点监测井。其连续监测结果显示：凝析油含量分布范围168~234g/m³，地露压差保持在2MPa以内，最大反凝析液饱和度2.81%~7.08%，结合气油比、组分等参数变化看，气藏反凝析不严重（表4-11）。从相图上看，2011年以前，受重力分异作用影响，采出组分逐渐变重，包络线外移，反凝析液量增大；之后地层压力低于露点压力，形成少量凝析油，并以雾状流态溶解于气相中，受高速气流携带，快速产出，难以形成连续液相，反凝析油的损失有限。

表4-11 雅克拉主构造PVT测试井各参数统计

层系	监测井	取样时间	拟组分			地层压力/MPa	露点压力/MPa	气油比/（m³/m³）	凝析油含量/（g/m³）	油罐油密度/（g/cm³）	最大反凝析液量/%
			C_1+N_2	$C_{2-6}+CO_2$	C_7^+						
上气层	YK2	2004-6-15	88.19	9.74	2.07	56.11	49.75	3804	206.47	0.7854	4.1
	YK5H	2005-11-16	87.17	10.61	2.22	55.69	53.66	4418	189.7	0.7824	3.49
		2007-11-6	86.75	10.24	3.01	53.85	52.26	3748	211.87	0.7941	5.11
		2009-11-5	88.55	9.22	2.23	50.62	50.9	4069	168.6	0.7926	3.76
		2011-10-28	86.55	10.65	2.82	47.47	47.47	4086	187.8	0.791	2.81
		2012-10-30	86.84	10.23	2.93	47.35	47.84	4190	180.32	0.793	4.07
		2014-9-6	87.2	10.2	2.6	45.77	48.26	3886	190.59	0.796	4.55
下气层	YK2	2003-8-5	87.17	9.59	3.24	56.48	54.76	3367	234.48	0.7895	7.08
	YK6H	2005-9-16	86.13	10.6	3.27	56.33	56.18	3708	227.79	0.7973	6.95
		2007-11-19	86.78	10.31	2.91	53.66	54.19	3850	214.12	0.7875	6.21
		2012-12-7	86.58	10.27	3.15	47	48.89	3849	206.17	0.7969	5.37
		2013-9-20	87.53	10.83	1.64	46.92	45.02	7128	111.2	0.7923	1.26

从YK5H、YK6H井的PVT实验数据、包络线及反凝析液量历史变化看，受重力分析作用影响，上、下气层地层流体组分存在差异。且雅克拉采用先下后上的开发思路，下气层压降速度高于上气层，生产过程中下气层相态表现为反凝析强于上气层（图4-9、图4-10）。从井型来看，YK1、YK2井的中间烃组分、气油比低于YK5H、YK6H等水平井，开发初期，凝析油含量、最大反凝析液量略高于水平井，间接反映水平井在控制储层反凝析优于直井。

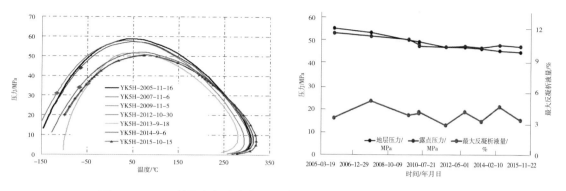

图4-9　YK5H井历年相态变化、露点压力及最大反凝析液量变化曲线

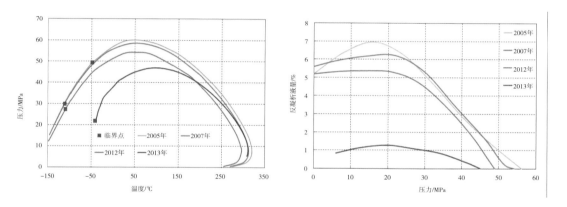

图4-10　主构造下气层YK6H井包络线及反凝析液量变化图

（二）异常井及时监测

如发现气油比等生产参数异常变化时，及时启动异常井监测机制，进行加密监测，了解地层流体变化规律。如构造高部位的YK12井，于2011年5月转上气层生产，投产时气油比不到3000m³/t，与同层位的YK5H井（气油比5000m³/t）、YK15井（气油比4500m³/t）差异非常大。半年后气油比突升至4800m³/t左右（图4-11），井口压力上升，油产量下降，密度变小。

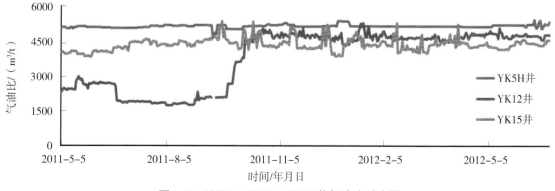

图4-11　YK5H、YK12、YK15井气油比对比图

通过地层流体相态的及时监测，YK12井流体组分、凝析油含量173.413g/m³，均符合中含液烃的凝析气藏特征（图4-12）。其气油比异常变化是受井周围聚集大量反凝析液所致。距离该井243m的S15井于1991年5月投产，试采至1994年10月，累计产气3.6×10^8m³，累计产凝析油9.2×10^4m³。之后井喷77d，井喷时日产气达到108.7×10^4m³，造成压降漏斗内压力快速下降，近井地带一定范围内出现反凝析。根据李传亮压降漏斗半径理论公式：

$$L = 1.5 \sqrt{\eta t} \qquad\qquad (4-4)$$

式中　L——压降漏斗半径，m；

　　　η——导压系数，m²/s；

　　　t——生产时间，s。

计算S15井的压降漏斗半径为1350m，因此YK12井位于S15井压降漏斗范围内。YK12井投产初期受高速流体携带作用，部分凝析油被带出，导致气油比偏低，放大压差生产后，井周反凝析得到改善，气油比恢复正常。

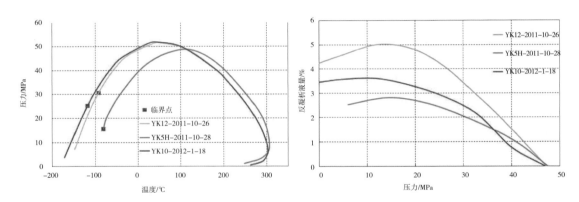

图4-12　YK5H、YK10、YK12井包络线及反凝析液量变化图

（三）油-气-水三相体系相态研究

由于地层中总是存在地层共存水、边水或底水，高温高压条件下，凝析气藏气态烃中溶有相当含量的气态地层水（地层水的蒸汽），这部分气态水随井流物采出，会在井筒和地面分离器中再凝结为液态水。如果地层温度较高，烃类体系中含有的水蒸气就会影响体系的相态，常规烃类体系相态测试结果和热力学性质不再适应富含气态凝析水的凝析气藏的开发分析要求。因此，开展富含气态凝析水的相态测试、研究水气对凝析气体系相态特征的影响具有重要意义。

考虑雅克拉凝析气田为高温高压凝析气藏，开发中后期存在边底水侵入和反凝析油析出后油-气-水三相体系共存现象。选取了YK1/YK6H两口代表性井的地层凝析油、气、水样品，进行含水与不含水凝析气体系PVT相态实验测试。拟通过PVT实验过程的相态数值模拟计算，分析富含气态凝析液（凝析油和凝析水）PVT相态特征，研究地层流体降压过程中析出液量（凝析油和凝析水）与压力的变化关系。最终确定初始凝析压力、最大凝析压力、最大反凝析油和凝析水量，获取富含气态凝析水凝析油气体系的临界温度和临界凝析温度等特征参数。

采用的实验设备主要由注入泵系统、*PVT*筒、闪蒸分离器、温控系统、油/气相色谱和电子天平等组成（图4-13）。其核心是加拿大DBR公司研制和生产的JEFRI全观测无汞高温高压多功能地层流体分析仪，该装置自带150mL 整体可视高温高压*PVT*室，温度范围：–30～2000℃，测试精度为0.1℃；压力范围：0.1～70MPa，测试精度为0.01MPa。实验过程包括凝析气地层流体样品的配制和富含气态地层水的凝析气样品配制、单次闪蒸测试、露点压力的测定、含气态地层水与不含气态地层水凝析气体系CCE和CVD实验测试。

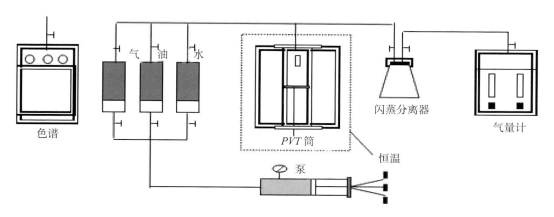

图4-13　含水/不含水凝析油气体系相态实验流程图

两组实验得出三个认识：①水气的存在会对凝析气体系的相态特征产生较大影响，水气会使凝析气体系的露点压力升高。②水气的存在对凝析气体系的反凝析区间发生移动，反凝析提前，加速凝析气体系中重质烃类的析出，反凝析液饱和度升高，降低凝析油采出程度。③凝析水将加剧近井地带凝析油饱和度的聚集作用，近井地带可能会形成反渗析液锁，影响气井产能。

以YK1井实验为例，富含气态地层水凝析气体系的相图更高、更宽（图4-14），富含气态地层水体系临界凝析温度为368℃，不含水体系临界凝析温度为361℃，相差7℃；富含气态地层水体系临界凝析压力为58.8MPa，不含气态地层水体系临界凝析压力为56.3MPa，相差2.5MPa（图4-14）。在相同温度，富含气态地层水的地层流体露点压力要比不含气态地层水的地层流体露点压力高2MPa左右（表4-12）。说明地层水气的存在无形中使得体系组分变得更重，引起露点压力升高，促使体系提前反凝析，相图也变得更宽、更高。

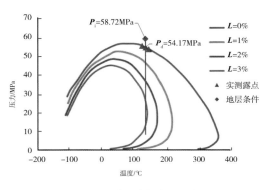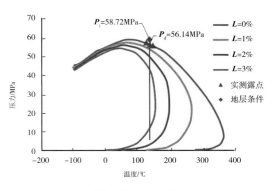

（a）YK1井不含气态地层水相图　　　　　　　（b）YK1井富含气态地层水相图

图4-14　YK1井富含/不含气态地层水流体相图对比

表4-12　富含/不含气态地层水体系露点压力测试数据

温度/℃	富含水/MPa	不含水/MPa
126.5	57.24	55.17
136.5（地层温度）	56.14	54.17
146.5	55.52	53.31

在地层温度和地层压力条件下，凝析气中气态地层水的存在加剧了以气态形式存在的重烃组分的反凝析，使得最大反凝析压力升高[图4-15（a）]。不含气态地层水的最大反凝析压力约22MPa，而富含气态地层水的最大反凝析压力约37MPa，增加了近15MPa。在达到最大反凝析压力之前，富含气态地层水的反凝析液饱和度增加幅度高于不含气态地层水的反凝析液饱和度的增加幅度，含量也高于不含气态地层水的反凝析液饱和度。

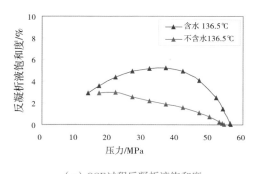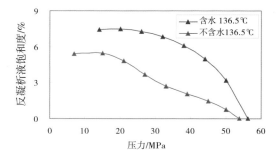

（a）CCE过程反凝析液饱和度　　　　　　　　（b）CVD过程反凝析液饱和度

图4-15　不含/富含气态地层水体系反凝析液饱和度曲线

定容衰竭过程中，随着压力降低，地层凝析气中轻质组分不断膨胀，井流物中气态地层水含量逐渐上升，导致气态地层水含量不断增加，凝析气中重质组分更多地析

雅克拉凝析气田高效开发技术与实践

出，加剧了地层凝析油的损失，因此富含气态地层水的凝析气样的反凝析液量大于不含气态地层水的凝析气样[图4-15（b）]。在衰竭开采过程中，由于反凝析液饱和度较小，在地层中可能达不到流动饱和度，凝析油大部分损失在地层中难以采出，凝析油采出程度降低（图4-16）。

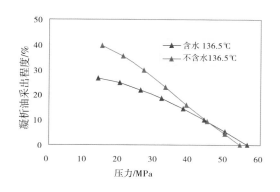
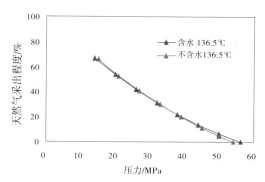

图4-16 CVD过程凝析油、天然气采出程度曲线

四、井筒与地层压力连续监测体系

（一）气藏压力监测

压力是凝析气藏开发的灵魂。流静压监测贯穿油气藏开发的全过程，它能够直接反映油气井的生产变化，也是制定合理压差、计算合理产能、诊断井筒积液、判断反凝析、研究水侵规律的重要参数，能为凝析气藏开发管理提供翔实的依据。在雅克拉凝析气田的开发实践过程中，摸索建立了一套规范化、有特色的压力监测体系（表4-13），创造性地开展多项创新成果的应用。

表4-13 雅克拉凝析气田压力监测体系

监测项目	监测井	监测时机	监测频次	监测参数	监测目的
流压	未积液井	正常生产	1季度/次	压力、压力梯度	井筒流型变化；结合地层压力判断生产压差
	积液井	生产	积液初期、中期适当加密，严重积液时取消测试		
静压	停喷井	长时间关井	半年/次	压力、压力梯度	地层压力、生产压差、井筒相态变化
	未积液井	短期关井	1年/次		
	积液井	长期关井	灵活安排		
压恢	未积液井	雅站检修	灵活安排	井储系数、表皮系数、渗透率、边界	外推地层压力、反凝析、边界
二流量	未积液井	正常生产	1年/次	井储系数、表皮系数、渗透率、边界	外推地层压力、反凝析、边界

1. 流压监测

流压是气田最常规的动态监测项目，直接反映气井的生产动态变化。①利用流压资料了解井筒中相态的分布情况，并结合地层压力资料、*PVT*资料、生产压差、地露压差变化，综合判断反凝析；②利用流压梯度曲线，分析井筒流动形态，间接预测凝析气井水侵及井筒积液状况。

为及时掌握气井生产状况，一般气井投产即要求录取流压资料，工作制度调整前后也需要录取资料分析生产变化。正常生产井的监测频次为1季度1次；气井积液初期，为及时识别井筒流型的变化以更好指导现场生产，适当增加监测频次；在积液后期，由于气井连续携液能力逐渐减弱，流压监测易造成井筒流体扰动而导致气井停喷，故原则上不安排测试。

2. 静压监测

通过静压测试可以及时了解关井后地层压力的恢复情况，及时衡量气藏能量，监测井筒及地层流体相态变化，为确定合理的工作制度提供依据。鉴于凝析气井开关井会造成井周气液相重新分布，气相渗透率变化会严重影响凝析气井产能。

凝析气藏静压监测方法、频次、时机和选井显得尤为重要。静压测试要求：①尽可能避免主动关井测静压，主要利用处理站检修期间集中关井时机整体监测；②分类建立监测频次，正常生产井1次/年，停喷监测井1次/半年，定点监测井1次/季度，异常生产井可灵活加密；③利用其他监测技术获取静压数据，如压恢、压降、二流量、永久式压力计等；④利用气藏工程方法计算求取，如流动物质平衡法、产能方程反算法、关井折算法、流压–产量外推法、物质平衡方程和气井产能方程结合法等。

3. 压恢试井

压恢试井可以求取外推地层压力，比静压资料更能代表真实的地层压力，求取表皮系数、渗透率、边界等参数，分析判断气井生产状况，为下步生产提供依据。一般根据生产的需要灵活安排，大多利用检修关井时机安排测试。

4. 二流量试井

二流量试井是在不关井的条件下求取外推地层压力，测试时间短，不影响气井产能，还能够获取丰富的表皮系数、渗透率、边界参数等信息，是代替压恢压降试井的创造性应用。针对缺少地层压力资料的区块、层位监测频次为1次/年；同时根据生产的需要，可利用工作制度调整时机加密测试。

（二）利用流静压监测把控井筒流型及相态变化

流静压资料在生产中的常规应用包括表征气藏特征、计算单井控制储量和预测气藏未来的动态特性、监测油气井生产变化等。在雅克拉气田开发中，进一步把流静压资料延伸至把控井筒流型和表征气藏相态变化中去。

1. 流静压资料常规应用

（1）利用静压资料分析气藏地层压力变化。截至2015年12月月底，雅克拉主构造白垩系上气层地层压力为43.50MPa，下气层地层压力为48.71MPa，上、下气层地层压力差异较大，均已远低于露点压力（图4-17）。目前，上气层水侵相对较弱，局部压降较大；下气层由于均衡水侵后边水能量传递增强，地层压力不断上升。

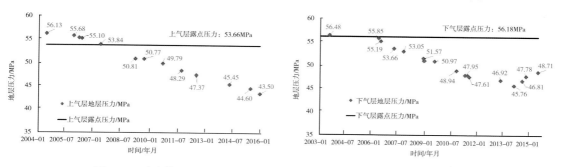

图4-17 雅克拉主构造白垩系上（左）、下（右）气层地层压力变化图

（2）利用异常井的流压资料指导现场生产。YK9X井2005年9月9日投产，2007年9月见地层水，见水后通过连续流压监测发现该井井筒流型由雾状流向段塞流转化，监测水侵逐步加剧，气井有积液的风险。见水初期，缩嘴控水有较好效果，随着边水的进一步推进，井筒流压梯度上升到0.66MPa/100m，积液严重，放大工作制度排液采气，有效延长了气井自喷期（图4-18）。

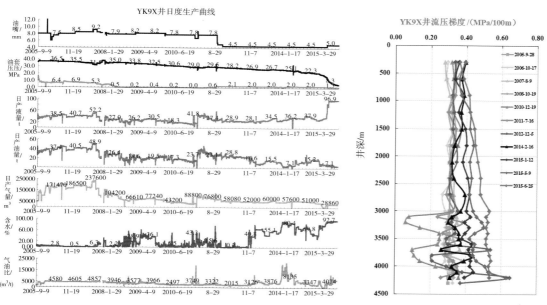

图4-18 YK9X井日度生产曲线及流压梯度变化图

2. 流静压资料拓展应用

凝析气井由于其独特的相态变化，导致井筒压力梯度分布与干气井、油井有着显著的差异。连续的流静压监测不但可以及时掌握地层压力和生产压差变化，还可以把控井筒流型及相态变化情况，其作用主要体现在以下三个方面：

（1）利用压力梯度的井筒流型变化，建立不同积液阶段的判别标准和技术对策（表4-14）。①生产早期由于地层渗流条件较好，产气量大、持气率高，井筒流型为雾状流，井筒未积液，控制生产压差；②当地层出现反凝析或地层见水后，由于气相渗透率降低，造成气井产气量、气液比下降，井筒流型逐渐向环状流转变，压力梯度增加，井筒开始出现积液，适当放大压差温和排液；③当产气量下降到一定程度时，井筒流型转变为段塞流，积液进一步加剧，需引进排液采气技术；④当产气量小于临界携液气量后，井筒自底部往上可依次出现泡状流、段塞流等多种流型，此阶段易造成气井停喷，需助排技术。

表4-14 凝析气井井筒积液判别标准及对策

项目	未积液	积液初期	积液中期	积液后期
流压梯度	<0.4，直线	0.4~0.6，底部段塞	0.6~0.8，右偏	0.8~1，明显三段式
油压、产量	平稳	突然降低	持续降低	井口出液不连续
含水率/%	平稳	0~40波动	高含水（60~80）稳定阶段后波动下降	有气无液
与临界携液气量比值	>1		<1	
典型图例				
对策	合理压差	温和排液	涡流排液或降回压	气举或强排

（2）利用停喷井静压连续监测分析井筒相态变化，评估气井复产潜力。下面借鉴典型的S3-1井进行分析：该井因高含水停喷关井，期间连续静压监测，利用液面及梯度分析井筒相态变化，间接判断地层油气水分异及供给状况，关井20个月后开井恢复自喷生产[图4-19（b）]。从井筒梯度看，停喷初期，井筒基本为气水两相；关井一段时间后，地层流体（以水为主）仍然在向井筒流动，气水界面上升，井筒顶部气体逐渐变干，相当于续流段或变井储段。随着油气水重力分异，井周气相渗流条件改善，井间水封或水锁的剩余气可携带部分凝析油突破水脊并向井筒扩散，聚集到井筒中形成油气水三相，此时顶部干气和凝析油不断发生传质作用而形成湿气，井口油压也逐渐上升，井筒中的水被缓慢压回地层中。随着关井时间的延长，井筒中的水不断反渗吸至较远端的地层，使得井周气相渗流条件得到进一步改善，当开井激动可以使井间剩余气形成连续相流动时，气井恢复自喷。

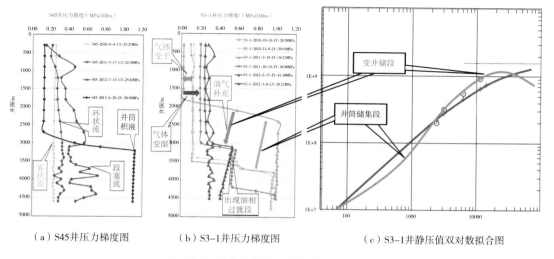

图4-19 凝析气井流静压监测结果及应用实例

（3）利用连续静压监测资料进行凝析气藏研究。连续的静压测试相当于长期的压恢试井，利用静压资料录取的时间和数值建立双对数曲线进行井筒储集段和变井储过程的拟合。由[图4-19（c）]可以看出，双对数曲线中的井筒储集段和变井储段与静压梯度曲线拟合较好，可进行凝析气藏储层物性的定性评价。

（三）整体压力监测分析压力保持情况及井间、层间、块间差异

凝析气井由于存在反凝析及关井后的反渗吸，易造成储层污染和水锁伤害，影响气井的产能恢复。因此，静压测试安排较为谨慎，一般是利用集气处理站的检修或下游用户设备故障限气时机，进行全气藏整体关井压力监测。在特殊关井条件下，受关井时间短、测试设备、测试成本的影响，需要建立规范的监测制度，并在源头上进行严格把控。

雅克拉凝析气田整体压力监测规范主要考虑以下5个因素（表4-15）：①对于生产压差大、地层已见水的凝析气井，压恢测试难以探测到径向流段，压恢试井意义不大，故设计静压测试；②对于生产压差小、产能高等的凝析气井，由于关井压力恢复快，测试所需时间较短，故尽量安排压恢测试；③压恢与静压尽量在井间、层间、块间内均匀分布；④探边需求的凝析气井安排压恢测试；⑤为减少系统误差，同一区块相同层位的井由同一测试单位进行施工，并使用相同型号的压力计。

表4-15 雅克拉凝析气田整体压力监测规范

监测类型	监测井	监测参数	监测目的	关井时间
静压	生产压差大、地层见水的井：YK2、YK8井等	静压、压力梯度	地层压力	缩短关井时间，3~5d
	地层未见水的井：YK10井等	静压、压力梯度	地层压力	尽量延长关井时间，5~7d

监测类型	监测井	监测参数	监测目的	关井时间
压恢	探边需求的井：YK6H井	井储系数、表皮系数、渗透率、边界	外推地层压力、反凝析状况、边界	适当延长关井时间，15~20d
	生产压差小、产能较高的井：YK5H、YK13井等	井储系数、表皮系数、渗透率、边界	外推地层压力、反凝析状况、边界	尽量延长关井时间，10~15d

注：1 考虑水锁地层伤害，高含水井尽量缩短关井时间；

2 为方便对比分析，静压、压恢测试时兼顾井间、层间、块间均匀分布；

3 为减少系统误差，由同一测试单位进行施工，并使用相同型号的压力计。

通过2011年9月和2014年4月两次整体压力监测，取得以下认识：

（1）经过2年半时间，气藏整体压力下降1.5~2MPa。2011年9月，整体压力监测结果表明上、下气层地层压力非常接近，最高为47.93MPa，最低为47.16MPa，相差不到1MPa，均衡采气使得区块内单井压降比较一致；2014年4月，整体压力监测结果显示井间、层间、块间均存在较大差异，需加强地质认识和生产动态分析[图4-20（a）、图4-20（b）]。

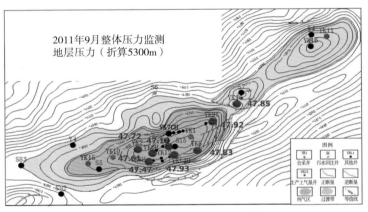

（a）雅克拉白垩系地层压力分布图（2011-9）

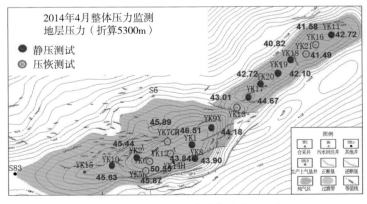

（b）雅克拉白垩系地层压力分布图（2014-4）

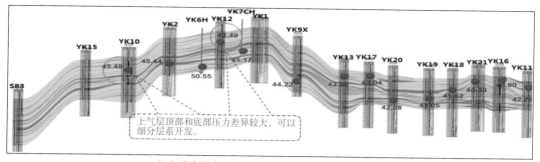

（c）雅克拉白垩系地层压力纵向分布图（2014-4）

图4-20 雅克拉凝析气田地层压力平面及纵向分布图

（2）2014年整体压力监测结果有以下三个特征：①多口井证实上气层顶部和底部压力差异达到2MPa，表明可能有隔层隔开，有进一步细分层系的潜力；②下气层由于储层孔渗性好、强水淹，水平井YK6H井静压50.55MPa，比2011年压力上升3MPa，代表边水突破后压力传递增强的地层压力[图4-17、图4-20（c）]；③压恢试井双对数曲线型态特征差异明显，表明井间、层间、块间生产差异大。主构造上气层YK5H井由于未见地层水，双对数曲线有明显的径向流动特征段；下气层YK6H井由于高含水，造成双对数曲线无明显的径向流动特征段（图4-21）。

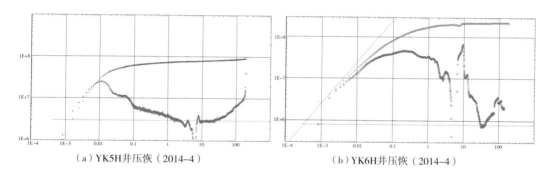

（a）YK5H井压恢（2014-4）　　　（b）YK6H井压恢（2014-4）

图4-21 雅克拉凝析气井压恢试井双对数曲线（2014-4）

（四）二流量试井代替压恢，拓展为监测水侵的手段

1. 二流量试井原理

根据渗流力学原理,当一口井的工作制度改变时，在井底及地层中都会形成不稳定的流动过程，探测半径范围内任意一点的压力变化都反映出地层和流体的性质以及井的边界条件，即可以利用多流量试井曲线求地层和油气井参数。二流量试井是在不关井状态下，通过改变油气井工作制度（即产量），录取第一个稳定工作制度到第二个稳定工作制度之间不同时间点的压力数据，求取地层压力、有效渗透率、表皮系数、流动系数、边界等地层参数信息。

与气藏相比，凝析气藏由于存在一个由气层气和凝析液组成的两组流体系统，因而具有更复杂的流动特性。当凝析气藏井底压力低于露点压力时，井周会出现凝析液，形成三个性质不同的渗流区域。无限大三区复合凝析气藏解释模型可分为7个区（图4-22）：①井筒储集影响期；②过渡期，反映井筒与I区间的过渡流段情况；③水平线，收敛于无限作用径向流，主要反映I区径向流动情况；④过渡段，反映Ⅰ区与Ⅱ区过渡流段情况；⑤水平线，主要反映Ⅱ区径向流动情况；⑥过渡段，反映Ⅱ区与Ⅲ区过渡流段情况；⑦水平线，反映外边界为无穷大时Ⅲ区达到无限径向流。目前，凝析气藏试井解释有修正方法（折算近似方法）、两相拟压力方法等多种方法，由于雅克拉气田反凝析液量较低，常规的拟压力法即满足解释要求。

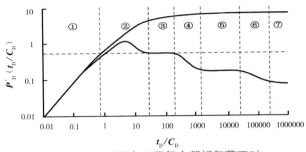

图4-22 无限大三区复合凝析气藏双对数曲线示意图（詹静，2005年）

2. 二流量试井优点

二流量试井优点：①可以避免关井对凝析气井产能及渗流条件的影响；②可以减弱续流影响，使储层径向流动的时间提前，缩短测试时间。

3. 二流量试井适用性评价

二流量试井的关键是两级流量及压力变化幅度较大，才能充分获取储层信息。雅克拉凝析气田由于单井无阻流量高、渗流条件好、生产稳定，适合二流量试井。因缩小工作制度后，产量下降会造成井筒相重新分布加剧，早期段的试井解释难度加大，所以实际应用过程中一般采用产量增加型（压力降落型）进行二流量试井。根据渗流力学理论，激动量变大，压力变化幅度、探测范围就相应增大，为满足矿场需求，雅克拉二流量试井激动量一般大于10%。在工作制度改变初期，一般加密录取数据，5s1点取值，其余段10s1点取值；开发早期由于产能高、渗流条件好，测试时间6~10d能满足测试需要；开发中后期由于储层反凝析、相态变化、水侵等因素的影响，导致双对数拟压力导数曲线变化加剧，表皮系数变大，需适当延长测试时间至15d左右（表4-16）。

表4-16 YK5H井历次不稳定试井解释结果统计

测试时间	测试天数	测试类型	激动量/%	有效渗透率/$10^{-3}\mu m^2$	表皮系数无因次	边界/m	无阻流量/（$10^4 m^3/d$）	地层压力/MPa	备注
2006-8-31~9-6	6	二流量	32.5	50.0	2.6		255	56.25	产量增加型
2008-7-14~7-25	11	二流量	23.3	43.2	6.9	310	220	54.35	产量增加型
2009-1-22~2-8	17	二流量	54.6	36.8	6.6	270	205	53.72	产量增加型
2010-9-14~9-26	12	二流量	9.7	35.3	9.7	254	152	49.79	产量增加型
2012-6-13~6-27	14	二流量	9.5	38.5	1.7	210	212	47.35	产量增加型
2014-4-12~4-30	18	压恢	–	34.6	3.7	152	198	45.77	产量减少型

二流量试井外推地层压力与静压测试折算压力相比，二者相差小于1%，具有很高的可信度（表4-17）。与压恢（或压降）试井相比，二流量试井解释的表皮系数、渗透率等地层参数也完全满足测试要求（表4-16）。

113

表4-17　二流量试井外推地层压力与静压折算压力对比

井号	层位	静压			二流量			误差/%
		日期	折算压力/MPa	压降速度/（MPa/a）	日期	压力/MPa	外推压力/MPa	
YK2	K1y上下	2009-9-6	50.62	1.585	2010-4-11	49.82	49.68	0.29
YK5H	K1y上	2011-9-15	47.47	0.603	2012-6-13	47.35	47.02	0.70

4. 二流量试井资料拓展应用到水侵监测

常用的生产动态法、视地层压力法、水侵体积系数法等水侵识别方法要求气藏有较长的生产时间和采出程度，不利于水侵的早期识别。水侵早期识别主要依靠动态监测资料，其中不稳定试井涵盖了丰富的气藏动静态信息。从试井理论看，静态地质因素在不稳定试井信息中的反映不会随时间而改变，而相态变化或水侵边界却会因时间的推移而发生变化。因此，可利用不同时期的试井资料进行追踪对比，来判断气藏水侵的强弱和快慢。

在不稳定试井过程中，压力导数后期上翘是边水推进在双对数曲线上的流动特征反映，边水离气井越近，边水压力传导到井筒的时间越短，压力导数上翘时间越早。因此，通过不同时期的试井资料,分析压力导数出现上翘的时间便可计算不同时期边水推进的距离（图4-23）。

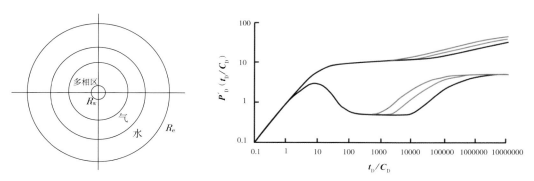

图4-23　复合边水驱凝析气藏渗流物理模型、压力及压力导数曲线示意图（李晓平，2009年）

试井曲线水侵识别应用时，首先分析压力导数上翘时间，如果出现提前现象，拟合基本能确定边水推进距离；其次对比不同时期压力导数上翘趋势特征，如果上翘趋势平缓且不同时期上翘的压力导数曲线平行，则预示边水通过孔隙介质均匀推进；如果上翘趋势出现"分岔"现象，即后期压力导数曲线上翘更明显，则预示气井已被侵

第四章　雅克拉凝析气田均衡开发实践

入的水包围；如果不同时期上翘的压力导数曲线平行，并且上翘趋势较陡，预示原始气水边界离气井较近。

YK5H井是雅克拉试井监测定点井，二流测试基本1年1次，资料丰富，可对比性强。该井压力导数上翘特征明显，出现时间相对较晚，反映距离边水有一定距离。后期出现上翘，且上翘时间不断提前，反映水侵前缘不断向井筒推进，基本是均匀推进的变化过程（图4-24）。根据2008年7月水侵前缘距离310m，2014年4月缩短为152.3m，初步计算推进速度为25.6m/年，与数值模拟的水侵预测和物质平衡方程水侵速度的计算基本一致。

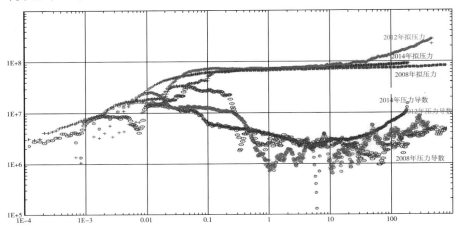

图4-24 YK5H井历次不稳定试井双对数曲线

五、生产测井技术的拓展应用

目前，生产测井主要有生产动态测井、储层评价测井、工程技术测井三大类，其中生产动态测井包括产出剖面测井、注入剖面测井；储层评价测井主要包括电法测井、核测井，目前电法测井主要是过套管电阻率测井（CHFR、ECOS等），核测井包括中子寿命测井、PND、PNN、RMT等多种测井技术；工程技术测井包括油（套）管质量检查、酸压评价、胶结面评价3个小类（表4-18）。

表4-18 生产测井技术分类表

生产测井大类	小类划分	测井方法及原理	主要应用
生产动态测井	产出剖面测井	通过磁定位、自然伽马、井温、压力、持水率计、流体密度、涡轮流量（或示踪流量）组合仪器记录数据，通过滑脱模型	划分产出或吸入流体的层位；判别产出或吸入流体的性质；计算产出或吸入流体的流量；评价油气层的生产性质
	注入剖面测井		

生产测井大类	小类划分	测井方法及原理	主要应用
储层评价测井	电法测井（CHFR、ECOS等）	测量过套管地层电阻率，与裸眼井电阻率测井对比计算含油气饱和度	计算目前地层含油气饱和度；判断水淹层、未动用层；指导小层划分对比
	核测井（PNN、RMT等）	测量剩余热中子、俘获伽马、非弹性伽马能谱等，通过不同的测量模式，利用地层体积模型计算含油气饱和度	
工程技术测井	油套管质量检查（多臂井径、电磁探伤等）	多臂井径通过记录套管内井径，并与套管公称内径对比或进行成像分析确定油套损伤；电磁探伤利用电磁感应原理，测量并记录套管（或油管）内部感生电动势大小，得到油套管壁厚，从而判断油套损伤	评价油套管损伤
	酸压评价（井温测井）	酸化后测流动井温：正异常显示酸化层；压裂后测恢复井温：负异常显示压裂层	评价酸压效果
	胶结面评价（CBL、VDL等）	利用声幅曲线（CBL）评价第一界面胶结质量；声波变密度（VDL）评价第二界面胶结质量	评价胶结质量

（一）相互验证，筛选最优，建立雅克拉生产测井制度

为及时了解凝析气井生产状况，做好井间、层间、块间调整，经过多年的引进和相互校验，建立了雅克拉常态化的生产测井制度：①井筒满足测试条件的井，定期进行产出剖面测井，生产出现异常时，进行饱和度测井验证；②生产过程中不满足测试条件的，利用气井停产、停喷作业时机，以PNN测试为主，TNIS、RMT等测井验证比对；③选择代表性井定期定点监测，形成了时间推移测井，为了解水淹和剩余油变化提供了强有力的依据。

目前，普遍应用的剩余油饱和度测井技术以核测井为主、电法测井为辅，基本上形成了以中子寿命测井、PNN测井、碳氧比测井、过套管电阻率测井等为代表的多种测井系列（表4-19）。雅克拉凝析气田开发早期，以中子寿命测井或PNN测井为主，2012年引进TNIS测井技术，2014年引进RMT测井技术。从YK1、YK21井TNIS测井看，取得非常好的效果，其中YK21井TNIS测井与PNN测井解释结果总体一致，但解释精细化程度有所提升（图4-25）。YK21井TNIS测井解释剩余油饱和度在5324m、5325m处存在明显变化，而前期PNN测井解释则未揭示出这一变化。2012年8月下返至该井5331~5333.4m求产，措施后3.5mm油嘴，油压28.8MPa，日产油18.2t，日产气$4.68 \times 10^4 m^3$，含水0.22%，措施效果明显。

表4-19　套管井剩余油饱和度测井方法适应条件及方法特点

测井方法	适用条件及方法特点	应用井次
中子寿命测井	特别适用于高矿化度地层。不足之处：测井资料解释时需要计算τ和Σ两个参数，使问题复杂化；下井仪器使用中子发生器、结构复杂且稳定性差，价格昂贵，致使测井成本高。而中子伽马测井在这些方面显示出它的优越性，易于推广应用	2
中子寿命测井	满足低矿化度地层；俘获截面大，解释精度高。其不足之处在于对压井、洗井作业的要求较高	1
钆中子寿命测井	中子俘获截面大、精确度高，注钆示踪剂的计数率比注硼的计数率高50%，提高了中子寿命的测量精度；用量少、成本低，施工方便，最大限度地减少了对地层的污染；钆的溶解性比硼好，可进行低温配制	–
PNN测井	在低孔、低矿化度地层仍适用。利用两个探测器(即长、短源距探测器)记录从快中子束发射30μs后的1800μs时间的热中子记数率，计数率高，根据各道记录的热中子数据可以有效地求取地层的宏观俘获截面	15
TNIS测井	在低孔、低矿化度地层仍适用。利用两个探测器(即长、短源距探测器)记录从快中子束发射15μs后的2700μs时间的热中子记数率，计数率高，根据各道记录的中子数据可以有效地求取地层的宏观俘获截面。与PNN测井相比，采样数据更多，解释精度有所提升	3
碳氧比测井	不受地层水矿化度变化的影响，尤其是在注入水和地层水矿化度不同的情况下，碳氧比具有其独特的优点；对高孔隙度（>15%）地层能取得良好效果。其不足之处是探测深度浅、受侵入的泥浆滤液、井眼尺寸、井中流体矿化度、俘获本底值、中子脉冲周期及中子管等因素的影响	1
碳氧比能谱测井	经济、有效、快捷、直观，且准确率较高。仅对地层孔隙度大于20%地层适用；纵向分层能力有限，对有效厚度0.8m以上的油层有较好的响应，薄、差层响应较差	–
脉冲中子衰减测井	受岩性影响较小；比早期的碳氧比测井速度快；适用于孔隙度大于10%的地层；能区别油和地矿化度的水层；对井筒要求不高，可过油管测量	
RMT测井	不受地层水矿化度变化的影响，具有C/O、中子寿命、氧活化3种测量模式，应用范围广	4
脉冲中子全谱饱和度测井仪	适用于孔隙度大于10%、矿化度大于10000mg/L的地层。集碳氧比能谱测井、碳氢比能谱测井、氯能谱测井、钆示踪能谱测井、中子寿命测井于一体，多种测井方法可交互使用，提升了仪器测量精度和解释符合率	–
过套管电阻率测井	探测深度深；测量时每点可多次测量；测量的动态范围较大，可探测地层电阻率范围是0～300Ω·m；地层分辨能力较强，围岩的影响相对较小	–

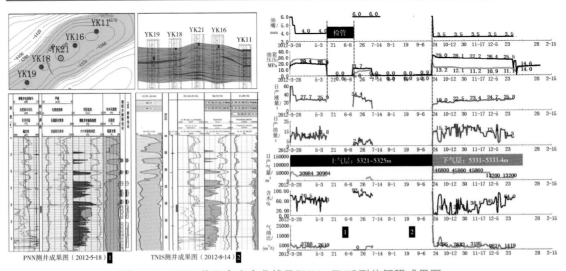

图4-25　YK21井日产生产曲线及PNN、TNIS测井解释成果图

通过多井次的校验对比，初步形成了雅克拉凝析气田生产测井监测体系。监测项目以产出剖面和剩余油饱和度为主，监测频次1年1次（表4-20），生产异常时及时加密监测。其中，产剖结果以判断产出量为主；剩余油测试为指导措施挖潜或地质研究提供依据。

表4-20　雅克拉凝析气田生产测井监测体系

监测项目	监测井	监测时机	监测频次	监测目的
产出剖面测井	合采井	定点定期监测	1年/次，生产变化大时加密为半年/次	了解生产层段产出状况；分析层间生产矛盾；储备和提升气藏认识
PNN测井	措施井	措施前	措施前实施1井次	了解剩余油分布，为措施挖潜提供依据
	生产井	生产发生较大变化时	1年/次	储备和提升气藏认识
	水平井	措施前	措施前实施1井次	了解剩余油分布，为措施挖潜提供依据
TNIS测井	生产井	前期资料有疑问，需要资料对比时	择机选取	与前期资料进行对比研究，落实剩余油分布

（二）定点监测、判断动用，研判水侵和剩余油气分布规律

多层合采井以连续开展产出剖面测井为主、PNN测井为辅的生产测井，以点带面，及时发现层间、平面、层内开发矛盾，了解剩余油气分布规律。典型井如YK1、YK2井定点连续监测，YK14H、YK6H井水侵规律及剩余油分布研究等。

1.案例一：YK1井多种手段监测判断水淹状况

雅克拉凝析气井大多沿气藏顶部射开单层，仅有YK1、YK2、YK10等少数井同时打开2~3套层合采。合采井的水淹状况可以通过产出剖面测井资料判断，单层井则采用剩余油饱和度测井资料判断。以YK1井为例，该井位于雅克拉凝析气田构造高点，上、下气层合采，投产时间早、累产高，2010年开始作为定点监测井连续开展产出剖面测井和PNN测井。

历次测试资料反映了该井水侵变化规律。2010年8月产出剖面测井解释下气层产出少量凝析水，纯水界面在5280m。2012年4月见地层水（含水30%），5月份产出剖面显示下气层5275~5282m产水增加，7月份TNIS测井解释该层段剩余油饱和度大幅下降，为气水同层。2013年2月、9月连续两次产出剖面测井发现，该井下气层已全面水侵，且上气层生产井段开始产水，其中5261~5265m井段产水比例达到50%。2014年9月PNN测井表明上气层5261~5265m井段剩余油饱和度下降明显，为气水同层，为消除下气层出水对上气层的干扰，遂封堵了两个出水层段，补射5253~5257m。7mm油嘴生产，油压23.5MPa，日产气$12.6 \times 10^4 m^3$，日产油30t，含水2%（图4-26）。

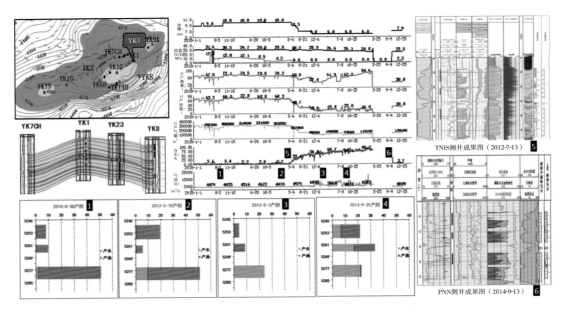

图4-26 YK1井日度生产曲线及产出剖面、PNN测井成果图

2.案例二：YK2井定点连续监测产出水规律

以YK2井为例，2008～2015年期间，累计进行产出剖面11井次，PNN测井3井次。该井2001年7月25日投产5264~5278m、5290~5296m、5299~5303m三段合采（图4-27）。

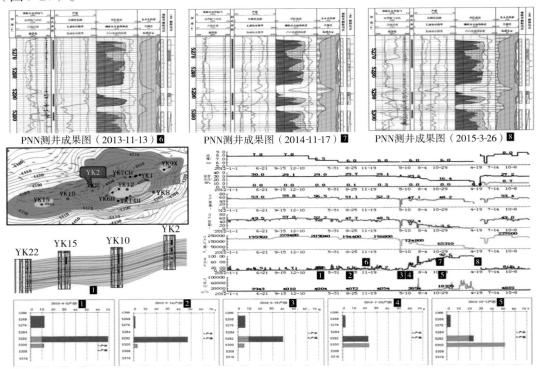

图4-27 YK2井日度生产曲线及产出剖面、PNN测井成果图

3.案例三：YK14H、YK6H水平井水侵规律研究

雅克拉气田的水平井处于构造的较高位置或高渗区，具有控制半径长、泄油面积大、产能高、压差小的特点，其水淹模式或水侵规律较直井复杂。受井筒条件及水平井测试工艺的限制，生产期间判断其水淹段有难度。因此，一般仅能利用修井时机进行PNN饱和度测试，如YK14H、YK6H井。

2008年9月21日YK14H井投产中气层5361~5892.44m，2010年5月检管作业后含水升高，出现明显的台阶状，2010年年底高含水停喷。阶段累计产液15.12×10^4t，累计产油13.11×10^4t，累计产气5.11×10^8m^3（图4-28）。2013年6月该井PNN测井结果显示生产层段B端水淹严重，A端剩余油气富集，剩余油分布与储层孔渗无相关性。结合气藏特征及邻井水淹状况，判断水侵方向为YK8井南部水体，A段具有挖潜潜力，间接反映该层系动用不均，未能实现均衡采气。

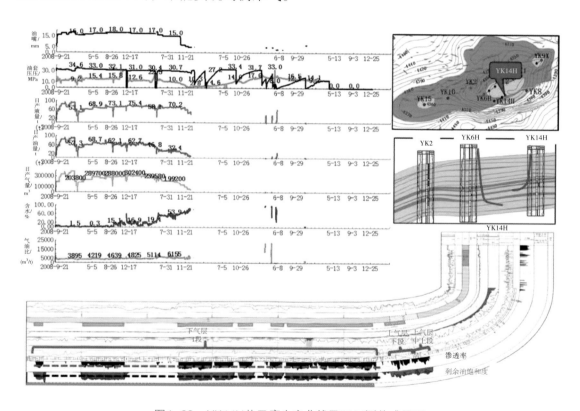

图4-28 YK14H井日度生产曲线及PNN测井成果图

2005年8月6日YK6H井投产下气层5491.06~5892.50m，2013年3月见地层水，见水后含水较均匀地上升，无明显的台阶状，2014年9月2日高含水停喷。阶段累计产液37.06×10^4t，累计产油31.82×10^4t，累计产气15.93×10^8m^3。2015年5月PNN测井解释生产层段剩余油分布较一致，均为强水淹。间接反映该井边水均匀推进，气井动用程度较一致，基本实现了均衡采气（图4-29）。

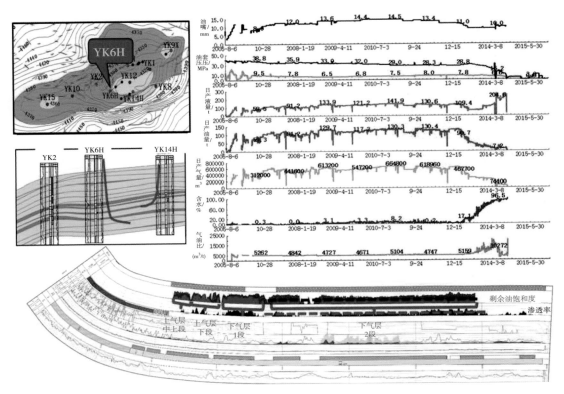

图4-29　YK6H井日度生产曲线及PNN测井成果图

（三）拓展应用，深化认识，指导油气藏精细描述及剩余油研究

1. 生产测井反映储层特征

储层孔隙度、渗透率是决定油气井生产特点的关键因素，而生产测井就是通过测量油气井的产出及剩余油分布状况，达到细化储层特征认识的目的。生产测井在进行储层特征识别时具有分辨率高、可靠性好的优势。

（1）产出剖面测井。

地层流体总是沿孔渗条件最好的层段，即产出点优先产出，而产出点位置可以通过产出剖面测井中的温度曲线识别，温度曲线发生突变的点即为产出点。通过产出点在储层中的分布位置可以判断储层韵律性。

（2）剩余油饱和度测井。

层内韵律性是影响剩余油分布的主要控制因素，正韵律层由于底部驱油效率高于上部，容易形成顶部剩余油，反韵律层则相反。因此，可以通过剩余油饱和度测井判断储层韵律性。

2. 拓展应用到油气藏精细描述及剩余油研究

通过剩余油饱和度测井资料直接识别出韵律层，将YK1、YK2井由地质上划分的5小层分别精细到11小层，在此基础上进行新一轮油气藏精细描述、开发层系划分和剩余油分布模式研究，详细描述见第四章第一节。

第三节 均衡开发实践效果

雅克拉凝析气田开发12年来，通过实践-认识-再实践-再认识不断总结均衡开发理论，以差异化配产为手段，实现了整个气藏的均衡压降、雾状反凝析和均衡水侵，获得较好的应用效果。

根据气田开采特征可分为三个开发时期（图4-30）：

（1）开发早期：此阶段包括1991年5月~2005年3月的试采阶段和2005年4月~2008年8月的开发方案实施阶段；

（2）开发中期：此阶段包括2008年9月~2011年4月的开发方案完善阶段和2011年5月~2013年年底的开发调整阶段。

（3）2014年前后进入开发中后期。

不同的开发时期对应着不同的配产方法，下面按开发早期、中期、中后期三个阶段对雅克拉凝析气田开发实践进行阐述。

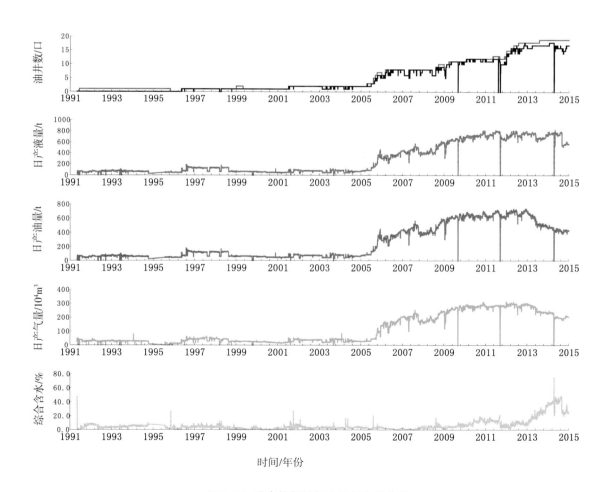

图4-30 雅克拉凝析气田历年生产曲线

一、开发早期以均衡采气为目标，严防局部反凝析

开发早期地层能量充足（高于露点压力），单井和气藏产能低于方案设计，气藏没有明显水侵，即气藏开发方面基本无问题。主要是在考虑下游用户需求的基础上，以下气层为主要开发对象，在均衡采气理念指导下进行差异化配产，严防局部反凝析。

（一）以差异化配产理论指导新井配产

开发早期由于没有足够的天然气用户，新投产开发井总体上根据井型、高低部位、储渗条件以及设计的合理产能低产低配（图4–31），区块整体产气量基本控制在（170～200）×10⁴m³/d，单井平均产量30×10⁴m³/d左右，气田采速控制在方案设计的3.5%以内。

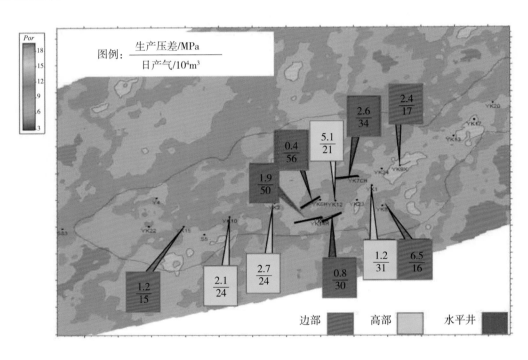

图4–31 雅克拉凝析气田渗透率分布及单井合理产能叠合图

（1）水平井配产。

新投产水平井都处于构造高部轴部，生产压差控制在1.0MPa左右，方案设计50×10⁴m³/d，实际储渗条件较好的上气层YK5H井低配为45×10⁴m³/d，储渗条件好的下气层YK6H井低配至（48~50）×10⁴m³/d；边部、储渗条件相对差的YK7CH、YK14H井配产（30～34）×10⁴m³/d。

（2）直井配产。

生产压差控制在1.8MPa左右，高部位直井YK1、YK2、YK10井处于高部位，储渗条件好、打开程度高，产量维持试采时的（24～31）×10⁴m³/d；边部YK8、YK9X直

井，差异化低配为（15~17）×10⁴m³/d。

具体合理产量计算则由无阻流量法、一点法扩展到采气指示曲线法、临界产量法、IPR法、无阻流量法、经验配产法和数值模拟法等，根据不同方法对储层孔渗、地层压力、边底水能量、相态特征等因素加权平均综合取值（表4-21）。

表4-21 雅克拉凝析气田差异化配产统计表

开发阶段	阶段目标	配产方法	物性参数	含气饱和度	构造位置	气水界面	井型	沉积相	配产范围/(10⁴m³/d)	相关井	采气速度/%
开发早期	均衡采气，区块日产（170~200）×10⁴m³，采速3.5%以内	限产	K、ϕ高	高	高	高	水平井	主河道	45~50	YK5H、YK6H	3.24~3.60
		合理产能	K、ϕ高	高	高	高	直井	主河道	18~20	YK1、YK2	3.20~3.64
			K、ϕ低	低	边部	低	直井	水下分流河道	15	YK8、YK9X、YK10	3.25~3.52
开发中期	提产阶段	高配	K、ϕ高	高	高	高	水平井	主河道	58~62	YK5H、YK6H	4.03~4.18
均衡采气、均衡水侵			K、ϕ高	高	高	高	水平井	主河道	35	YK7CH	3.98
			K、ϕ高	高	边部	低	水平井	主河道	20	YK14H	3.98
			K、ϕ高	高	高	高	直井	主河道	23~25	YK1、YK2	4.01~4.18
			K、ϕ低	低	边部	低	直井	水下分流河道	12~13	YK8、YK15	4.24~4.37
		控水	K、ϕ高	高	边部	低	直井	水下分流河道	10	YK9X、YK10	3.25
	均衡调整	上返，合理产能	K、ϕ高	高	高	高	直井	主河道	20	YK12	3.44
			K、ϕ高	高	边部	低	直井	水下分流河道	15	YK10	3.52
			K、ϕ高	高	高	高	水平井	主河道	55	YK6H	3.58
		控水	K、ϕ高	高	高	高	水平井	主河道	25	YK7CH	3.32
			K、ϕ低	低	边部	低	斜井	水下分流河道	9	YK9X	3.20
	压产	针对下气层	K、ϕ高	高	高	高	水平井	主河道	20	YK7CH	2.65
			K、ϕ高	高	高	高	水平井	主河道	30	YK6H	2.27
			K、ϕ高	高	高	高	直井	主河道	18	YK2	2.56
开发晚期	精细开发、工艺增产										

（二）边部气井见水后及时进行优化调整

2007年10月，构造低部的YK9X井见地层水，为了让边水均匀水侵，避免局部舌进现象，对各单井产量实施了优化调整（图4-32）。构造低部的YK9X井日产气下调到10×10⁴m³，累计带水生产8年；构造低部的YK10井和构造中部的YK2井日产气下调到（18~20）×10⁴m³；构造高部的YK1井日产气下调到27×10⁴m³，YK5H和YK6H井日产气下调到44×10⁴m³。气藏日产气量下调到164×10⁴m³，上、下气层水侵速度基本稳定，延长了气井的无水采气期（图4-33）。

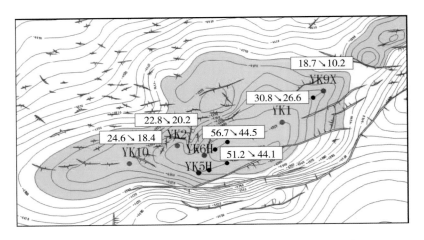

图4-32 开发早期单井产量调整示意图（2007-10）

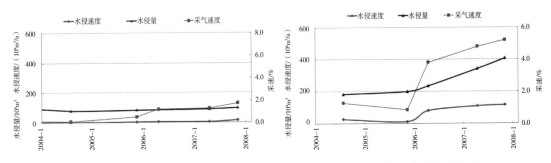

图4-33 上气层（左）、下气层（右）开发早期水侵量及水侵速度变化曲线

（三）早期开发以下气层为主，实现了均衡采气

开发早期以下气层为主的均衡采气取得较好效果，为后期高效开发奠定了坚实基础。截至2015年年底，下气层日产油水平48.5t，日产气水平$18.3 \times 10^4 m^3$，凝析油采速1.08%，天然气采速0.74%，凝析油采出程度67.85%，远高于标定采收率（41.5%），天然气采出程度54.18%，接近标定采收率（60%），生产过程基本无反凝析问题。

二、开发中期以均衡调整为手段，实现均衡反凝析和均衡水侵

雅克拉凝析气田开发中期主要是根据下游需求和高效开发需要逐渐完善开发方案，提高气藏产能并保持稳产，其开发特征是地层能量仍然较充足，产量总体稳定，尽管气藏发生一定反凝析，气藏边部存在一定水侵，均在可控范围之内。该时期是以高速高效→上下东西均衡调整→整体优化为特色的5年高速开发阶段，按照"稳（高部位高渗维持不变）、放（高部位低渗放大油嘴）、控（低部位高渗缩嘴控制）"差异化调整，实现了气藏开发中期均衡采气和均衡水侵。这种方法实际上是时间均衡与层内均衡的有机结合。

2008年3月新增西气东输天然气用户，日输气设计为$120 \times 10^4 m^3$，实际运行中高峰期达到$(160 \sim 180) \times 10^4 m^3$。与此同时，大涝坝气田产量自2009年开始逐年递减，由此

雅克拉凝析气田进入高速高效开发阶段，下面分四个阶段进行阐述。

（一）2008～2009年，坚持"差异化提产"，实现均衡反凝析控制

凝析气藏开发过程中，地层压力低于露点压力初期，临界流动饱和度很低，反凝析油呈雾状均匀分布在气态中，如果气相始终处于高速流动状态，凝析油滴随时析出随时被高速气流夹带产出，从而达到控制反凝析的目的。因此，在生产过程中坚持"差异化提产"的原则，气藏日产气量逐渐从2008年9月的$204 \times 10^4 m^3$上升到2009年7月的$260 \times 10^4 m^3$，之后稳定在$(270 \sim 280) \times 10^4 m^3$，达到方案设计要求。

（1）正常生产井平面差异化提产，具体调整包括：高部位水平井YK5H、YK6H井由$(45 \sim 50) \times 10^4 m^3/d$提升到$(58 \sim 62) \times 10^4 m^3/d$，高部位、物性好的YK1、YK2等井由$(18 \sim 20) \times 10^4 m^3/d$提升到$(28 \sim 30) \times 10^4 m^3/d$，构造边部、物性差、有见水风险的YK9X、YK10井由$(15 \sim 20) \times 10^4 m^3/d$下调到$10 \times 10^4 m^3/d$以下生产（图4-34），尽量实现层内高低均衡生产。

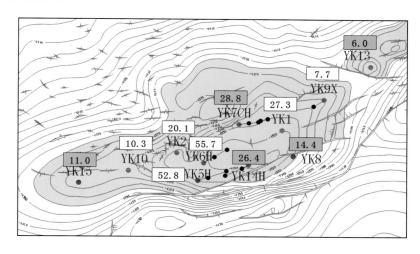

图4-34　雅克拉凝析气田2008年提速提产后单井产量示意图

（2）古生界试采井上返归位，主体区YK15和YK8井试采侏罗系效果后分别于2009年2月和2009年5月上返到白垩系上气层生产，增加了上气层的储量动用，提升了上气层采速。同时，雅东区块的YK11和YK13井分别于2008年8月和2008年11月上返到白垩系生产，一定程度上减轻了主体区块的产量压力，开始考虑了东西区块间的均衡开发。

（3）为满足西气东输用气量的要求，进一步完善开发方案，下气层部署2口水平井YK14H和YK7CH井，分别于2008年9月和2009年1月投产，产气能力分别为$20 \times 10^4 m^3/d$和$30 \times 10^4 m^3/d$。

该阶段在天然气用户增加的情况下迅速提升气田产量，实现高速高效开发，同时配产上考虑平面、层内、区块间的均衡。下气层采速从4.13%上升到7.0%，气油比基本稳定在4100~4400m³/t；上气层采速从1.65%上升到2.60%，气油比基本稳定在

4500~4700m³/t，没有出现明显反凝析现象（图4-35、图4-36），说明在提速生产过程中，反凝析油呈雾状被高速气流带出，实现了均衡反凝析。

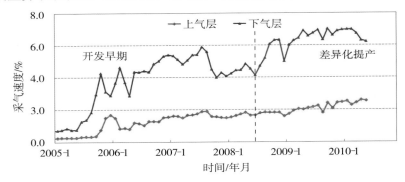

图4-35 上、下气层提速生产阶段采速变化曲线

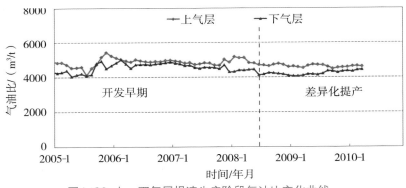

图4-36 上、下气层提速生产阶段气油比变化曲线

（二）2010年6月～2012年12月，上下、东西调整,改善下气层水侵状况

经过差异化提速生产之后，基本实现了雾状反凝析控制，但由于雅克拉气田执行的是先下后上，逐层上返的开发政策，逐渐形成下气层井网完善，上气层井网控制储量低的失衡局面。特别是在2010年年初，下气层采气速度最高达到6.9%，是方案设计的1.82倍，而上气层采气速度始终在2.0%～2.5%。因此，以上下气层调整、东西区块调整为主线，以水体能量的利用与控制为目标，进行开发调整。采取了"稳、放、控"差异化治理，即以采出程度均衡为目标，针对不同物性，不同剩余储量基数，不同水侵程度井进行差异化调整。对高部位高渗井维持工作制度不变，稳定生产，对有一定剩余储量基数的低渗井适当增加压降，放大压差提产，对边部见水井严格控制工作制度缩嘴控水，三种做法联动实现气藏开发中期均衡采气和均衡水侵。

（1）2010年6月~2012年5月，上、下层系调整，延缓下气层水侵速度。

由于下气层采速高、采出程度大（表4-22），2010年下半年开发矛盾逐渐显现，导致下气层边水推进较上气层快，边部YK9X、YK10、YK14H井先后见地层水，其中高产水平井YK14H井因见地层水于2010年12月停喷。为了延缓下气层水侵速度，开始实施开发调整。

表4-22 雅克拉凝析气田调整前上、下气层开发数据表（2011年4月）

气层	采气速度/%	采出程度/%	综合含水/%
上气层	2.55	14.67	2.96
下气层	6.09	39.05	19.82

第一，继续增加上气层生产井，其中古生界试采的YK12井和下气层水淹的YK10井直接上返白垩系上气层生产，设计产能分别为$20×10^4m^3/d$和$15×10^4m^3/d$。

第二，下气层产量逐步差异化控制，由$170×10^4m^3/d$逐步调整到$110×10^4m^3/d$。前期主要是对见水井YK14H、YK10井、YK9X井进行连续控水调整12井次。YK12和YK10井转层投产后对高部位累产高的YK6H井、边部见水的YK9X井、边部见水风险大的YK8井和YK7CH井进行了6井次缩嘴，调减产量$23×10^4m^3/d$（表4-23、图4-37），而对高部位YK5H井进行适当放产。

表4-23 雅克拉凝析气田层间调整实施情况表

井号	投产时间	投产层位	日产气/10^4m^3	井号	调整时间	调整工作制度/mm	调整气量/10^4m^3
YK12	2011-5-5	K_1y上	21	YK6H	2011-5-6	14.5/13.5	11
				YK9X	2011-9-23/30	7.8/5.5/5.0	2
				YK8	2011-8-19/31	8.0/7.5/7.0	5
YK10	2012-1-1	K_1y上	16	YK7CH	2012-1-5	10.0/9.0	5
合计			37				23

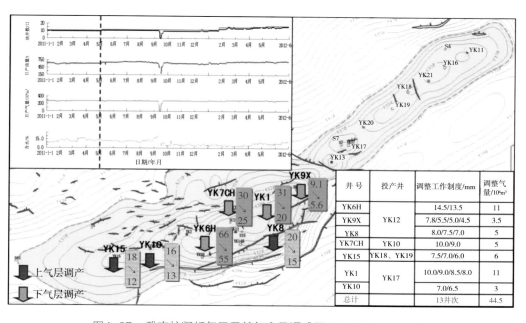

图4-37 雅克拉凝析气田天然气产量调减图(2011-5~2012-6)

（2）2011年11月~2012年年底，东、西区块调整，实现区块均衡开发。

雅东区块单井逐步投产实现部分产能接替，重点对主体区块进行二批次调整。

第一批次：2011年11月 ~ 2012年6月，在YK17、YK18、YK19井3口井投产情况下，以主体区下气层为目标，对见水井YK9X和YK1井、边部见水风险井YK15井以及YK10井进行了共7井次调整，调减产量21.5×10⁴m³/d（表4-24、图4-37）。经过调整，区块产量整体稳定，上、下气层采速趋于均衡，下气层开采强度降低，压力下降幅度变缓，高部位气体膨胀，向低部位井区的回流，减缓了边水推进速度。与2011年4月（调整前）相比，下气层采速由5.64%下降至5.09%，含水由20.55%下降至7.68%；上气层采速由2.86%上升至3.05%，含水稳定在5%以内。

表4-24　雅克拉凝析气田东、西调整实施情况

井号	投产时间	投产层位	日产气/10⁴m³	井号	调整时间	调整工作制度/mm	调整气量/10⁴m³
YK18	2011-11-24	K₁y下	6	YK9X	2011-11-30	5.0/4.5	1.5
				YK15	2011-11-24	7.5/7.0	2
YK19	2011-12-15	K₁y下	6	YK15	2011-12-23	7.0/6.0	4
YK17	2012-5-9	K₁y上	14	YK1	2012-5-12/6-16/27	10.0/9.0/8.5/8.0	11
				YK10	2012-5-12	7.0/6.5	3
合计			26				21.5

第二批次：2012年7月 ~ 2012年年底，在YK20、YK21井以及外围区块4口井投产情况下，以主体区下气层为主兼顾上气层，差异化调整4井次，调减产量19×10⁴m³/d（图4-38）。

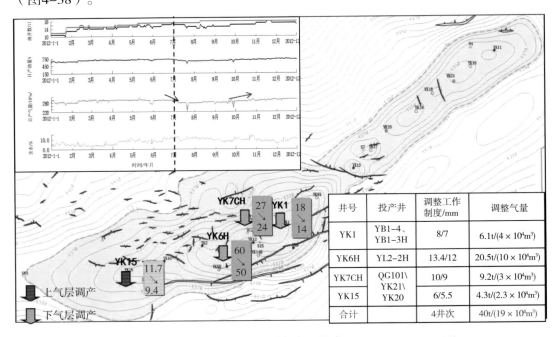

图4-38　雅克拉凝析气田天然气产量调减图(2012-7~2012-12)

（三）2013年1～6月，整体优化调整，延缓边水推进

在天然气产能建设接替阵地塔河9区投产及大化检修造成下游需要气量减少的情况下，雅克拉凝析气田迎来了整体优化调整机会，调整目标从高峰时$310 \times 10^4 \mathrm{m}^3/\mathrm{d}$回归到方案设计的$260 \times 10^4 \mathrm{m}^3/\mathrm{d}$水平。具体调整思路：①优先调整下气层，控制边水推进速度；②适当调整上气层高产井和见水风险井；③对地质条件差的雅东区块进行适当调整。本次共调整工作量25井次，调减气量$78.2 \times 10^4 \mathrm{m}^3/\mathrm{d}$、调减油量201.8 t/d（表4-25、图4-39）。

表4-25 雅克拉凝析气田整体优化调整实施情况表

序号	层位	井号	日期	调整前				调整后				调整前后差值			
				油嘴/mm	日产油/t	日产气/$10^4\mathrm{m}^3$	含水/%	油嘴/mm	日产油/t	日产气/$10^4\mathrm{m}^3$	含水/%	油嘴/mm	日产油/t	日产气/$10^4\mathrm{m}^3$	含水/%
1	主动调整	YK5H	2013-1-4	16	105.8	56.5	5.3	15.6	99.3	54.3	9.3	-0.4	-6.5	-2.2	4.0
2		YK17	2013-1-4	7.8	53.7	19.0	1.5	7.5	41	15.7	11.0	-0.3	-12.4	-3.3	9.5
3		YK18	2013-1-12	5.5	23.1	9.5	27.5	4.5	15	6.5	38.2	-1.0	-8.5	-3.0	10.7
4		YK2	2013-1-30	7.8	55.3	23.5	10.2	7	53.3	21.9	4.7	-0.8	-2.0	-1.6	-5.4
5		YK1	2013-2-5	7	26.6	13.3	54.0	6	14.9	9.7	62.7	-1.0	-11.7	-3.6	6.2
6		YK2	2013-3-5	7	50.1	21.8	12.6	6.5	43.4	20.4	23.8	-0.5	-6.7	-1.4	11.3
7		YK7CH	2013-3-7	9.0	57.1	24.0	5.3	8.5	54	23.0	8.9	-0.5	-3.2	-1.0	3.6
8		YK19	2013-3-7	5.2	21.1	6.7	1.6	5.0	18	5.8	1.2	-0.2	-3.6	-1.0	-0.4
9		YK20	2013-3-7	6.2	27.4	8.4	0.5	6	26	7.9	0.7	-0.2	-1.8	-0.5	0.2
10		YK6H	2013-3-11	12	124.0	59.6	4.1	11.5	113	51.1	2.4	-0.5	-10.8	-8.5	-1.7
11		YK5H	2013-5-22	15.6	102	54.3	6.3	15	92.3	50.0	8.2	-0.6	-9.7	-4.3	1.9
12		YK7CH	2013-5-27	8.5	51.7	21.8	9.1	8	50.7	20.2	3.4	-0.5	-1.0	-1.6	-5.8
13		YK8	2013-5-27	7	38.3	15.9	5.8	6.5	33.9	13.7	2.6	-0.5	-4.4	-2.2	-3.2
14		YK10	2013-6-21	6.5	34.6	15.8	6.5	6	33.3	14.4	3.23	-0.5	-1.3	-1.4	-3.3
		小计											-83.6	-35.5	
15	控水调整	YK6H	2013-4-10	11.5	99.2	51.1	17.0	11	91	46.8	16.7	-0.5	-8.1	-4.3	-0.3
16		YK6H	2013-4-15	11	87.8	46.8	20.4	10.5	80	41.4	19.6	-0.5	-8.2	-5.4	-0.8
17		YK6H	2013-5-14	10.5	79.3	42.4	19.9	10	63.8	38.6	19.2	-0.5	-15.5	-3.8	-0.8
18		YK6H	2013-6-4	10	76.6	38.5	14.2	9	54.2	29.3	11.6	-1.0	-22.4	-9.3	-2.6
19		YK2	2013-6-21	6.5	51.7	21.5	7.25	6	39	18.32	20.02	-0.5	-12.7	-3.2	12.8
		小计											-66.9	-25.9	
20	补充调整	YK15	2013-5-27	5.5	23.87	11.57	4.71	5	9.02	9.19	27.42	-0.5	-14.9	-2.4	22.7
21		YK12	2013-6-6	7	45.5	21.4	7.4	6.7	39.7	19.0	6.6	-0.3	-5.8	-2.4	-0.8
22		YK13	2013-6-6	5.5	37.4	13.7	13.3	5	30.5	11.0	9.6	-0.5	-6.9	-2.7	-3.7
23		YK5H	2013-6-22	15	90.5	49.92	0.79	14.5	79.8	46.64	7.6	-0.5	-10.7	-3.3	6.8
24		YK21	2013-6-22	5	19.1	8.4	2.45	4.5	17.15	7.59	2.73	-0.5	-2.0	-0.8	0.3
25		YK7CH	2013-6-23	8	50	20.4	6.15	7	38.82	15.12	6.13	-1.0	-11.2	-5.3	0.0
		小计											-51.4	-16.8	
		合计											-202	-78	

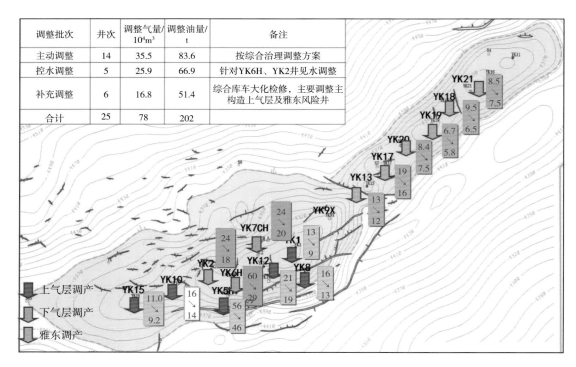

调整批次	井次	调整气量/10^4m^3	调整油量/t	备注
主动调整	14	35.5	83.6	按综合治理调整方案
控水调整	5	25.9	66.9	针对YK6H、YK2井见水调整
补充调整	6	16.8	51.4	综合库车大化检修，主要调整主构造上气层及雅东风险井
合计	25	78	202	

图4-39　雅克拉凝析气田天然气产量调减图(2013-1~2013-6)

其中，下气层调整的目标是降速控水，通过阶段采出程度影响的主控因素分析，YK2、YK6H、YK7CH井累产高，剩余储量丰度减小，同时位于主河道上，属于水侵的主方向，风险高。此次对这3口井共计调减11井次，下调天然气量44.4×10^4m^3，下调凝析油量101.8t。调整后下气层采气速度由4.87%调整至2.98%，下气层水侵重新分布，逐步回归到均衡水侵，典型井YK2、YK9X井在本次调整后边水得到明显控制，高部位YK6H井见水后含水上升速度得到延缓。

上气层调整的重点是位于构造边部的YK5H、YK10、YK12和YK15井，共计调减8井次，下调天然气量21.7×10^4m^3，下调凝析油量65t；上气层采速由2.82%调整至2.58%，含水基本稳定，采速和水侵都趋于均衡。

从平面均衡采气出发，雅东区块各井基本都进行了调减，共计调减6井次，下调天然气量11.2×10^4m^3，下调凝析油量35.1t，保障了雅东区块3年以上生产基本稳定。

（四）单井"稳、放、控"差异化调控实例

（1）单井调整实例1：YK9X井位于雅克拉构造边部，生产白垩系下气层，避水高度较低，只有17.89 m，是气田第一口见地层水的气井，也是气油比（反凝析）、含水（水侵）控制效果好的一口典型井。2007年9月29日气井开始见水并呈快速上升趋势，2007年11月5日~2007年12月12日进行关井控水，开井后初期含水较高，此后含水下降至1.8%，此次关井控水维持时间约8个月（图4-40），关井控水效果较好。2010年12月9日含水上升到60%左右，逐步进行缩嘴控水，油嘴由7.8mm调整到

4.5mm，控水效果明显，有效延长了气井自喷期50个月。

　　YK9X井关井压锥和缩嘴控水效果较好，主要原因是：①下气层整体开采强度下降，高部位气体向低部位井区回流，有效延缓了边水侵入；②气水密度差大，YK9X井区位于构造北东坡，构造位置较陡，水体受重力作用影响，当生产压差低于该段地层水重力时，地层水会自动下沉，抑制边水锥进（图4-40）。

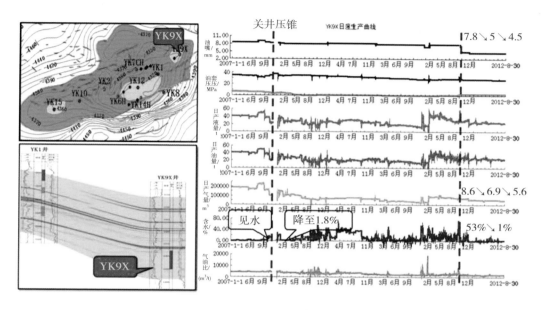

图4-40 YK9X井日度生产曲线

　　（2）单井调整实例2： YK2井位于雅克拉构造中西部，是一口上、下气层合采井（产剖显示上气层贡献很少），避水高度40.29m。2013年1月YK2井氯根上升到14000mg/L，有见地层水迹象，之后连续进行3次缩嘴控水，含水稳定在8%以下。对比2013年4月与2013年9月的产剖解释结果，经过气田的大规模工作制度调整，下气层5290~5296m井段产水得到控制，说明气藏整体控水后，单井控水取得一定效果。2014年4月见地层水，氯根化验为66995mg/L，含水快速上升，由PNN结果解释下气层已基本水淹，生产后期为边水均衡推进的结果。2015年1月含水达95%以上，2015年5月封堵出水段，补射5264~5278m、5280~5285m，7.5mm油嘴，油压28MPa，日产油47t，日产气18.63×10⁴m³，含水5%以下，取得非常好的措施效果（图4-27）。

　　（五）开发中期调整效果评价

　　通过层系优化、东西接替和整体优化等开发调整，雅克拉凝析气田顺利实现了由下气层到上气层的层间接替和雅东的滚动接替（图4-41）。下气层天然气采速由6.09%调整至2.98%，采出程度由39.08%上升到50.1%，气油比稳定，含水得到一定控制（图4-42~图4-44），水侵速度由189×10⁴m³/a降至161×10⁴m³/a。上气层采气速度由2.55%调整至2.58%，采出程度由14.67%上升为20.88%，气油比基本稳定，含水基本稳定（图4-42~图4-44），水侵速度在$130 \times 10^4 m^3/a$保持稳定。截至2015年12月，上气层水侵量为$713 \times 10^4 m^3$，水侵体积系数0.134，水淹面积3.92km²，气水界面上升高度5~8m；下气层水侵量为$1464 \times 10^4 m^3$，水侵体积系数0.50，水淹面积10.33km²，气水界面上升高度20~30m，基本实现均衡水侵（图4-45、图4-46）。

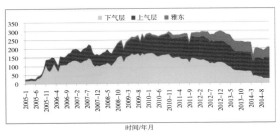

图4-41 雅克拉凝析气田分气层产气量构成图

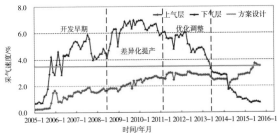

图4-42 雅克拉凝析气田上、下气层采速变化曲线

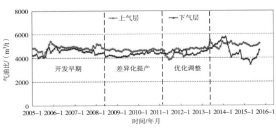

图4-43 雅克拉凝析气田上、下气层气油比变化曲线

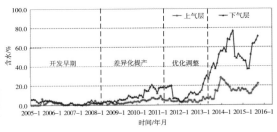

图4-44 雅克拉凝析气田上、下气层含水变化曲线

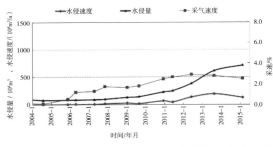

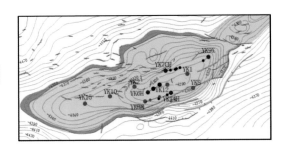

图4-45 上气层水侵量变化曲线及水侵图（2015-12）

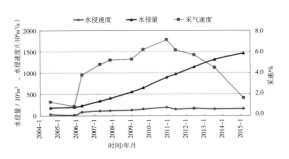

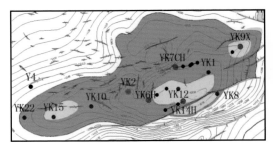

图4-46 下气层水侵量变化曲线及水侵图（2015-12）

三、开发中后期以排水采气和剩余油挖潜为手段，夯实稳产基础

边水凝析气藏开发中后期的特征是随采出程度的增加，气藏严重水侵，产能持续下降。雅克拉凝析气田主构造下气层已进入开发中后期。主要以精细挖潜、整体控水延长稳产期为特色，致力于动用程度低的层内剩余油挖潜和动用程度高的井排水采气延长稳产期。

2014年以后主要采取"压（高部位高渗压产）、稳（高部位低渗维持不变）、排（低部位高渗排水采气）"配产。下气层YK1、YK2、YK6H等高部位高产井因边水抬升逐渐见水停产，气田日产气量下降到$210 \times 10^4 m^3$左右，部分井日产气量下降至临界携液气量以下，出现井筒积液现象。通过排水采气、细分开发层系、精细挖潜等多种手段，使雅克拉凝析气田日产气重上$240 \times 10^4 m^3$，向稳产15年、油气采收率79%的目标迈进。

（一）排水采气技术

凝析气井见水之后，面临的最大问题是地层压力下降，井筒压降增大，井口压力下降，最终导致气井停喷。针对此问题，逐渐探索出提液排水采气、撬装增压生产、涡流排液采气等开发技术。

（1）自喷井提液排水采气。

YK6H井是雅克拉构造中部的一口水平井，2005年8月6日投产下气层5491.06~5892.50m，通过"压、稳、排"控制模式取得良好效果。该井2012年3月见地层水，首先进行压产，工作制度由12mm油嘴调整为9mm油嘴，日产气由$63 \times 10^4 m^3$调整到$29 \times 10^4 m^3$，含水上升速度得到控制。在经历一段时间的稳产后，该井进入见水中期，含水快速上升，边水均衡推进到井底。2014年5月停喷后，经过129h的气举恢复生产，之后开展自喷排水采气来动用水锁的剩余油气，含水稳定在90%左右，延长生产122d，期间累计产油1884t，累计产气$820.7 \times 10^4 m^3$。该井累计产液$37.06 \times 10^4 t$，累计产油$31.82 \times 10^4 t$，累计产气$15.93 \times 10^8 m^3$（图4-29），2015年5月PNN测井解释生产层段剩余油分布较一致，均为强水淹，间接反映该井边水均匀推进，基本实现了均衡采气。

（2）井筒-地面一体化排液采气。

生产井后期由于地层能量降低、井筒积液等原因导致气井油压过低，而集气站回压高，无法满足生产要求。此时，采用井筒涡流排液、地面低压排液等组合手段，延长气井自喷期。

因地层能量下降、含水上升，YK11井无法正常生产，于2014年1月1日倒低压生产，天然气通过撬装增压回收，2014年11月投用涡流工具进行井筒排液，2015年6月27日进站内二闪生产，进一步降低回压，目前该井油压2.68MPa，日产油1.5t，日产气$0.7 \times 10^4 m^3$，含水89.2%，累计延长自喷期556d，增油1632t，增气$881 \times 10^4 m^3$，有效动用了水淹剩余油气（图4-47）。

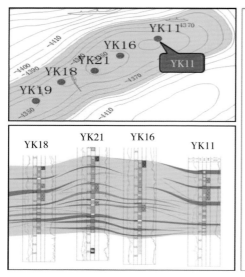
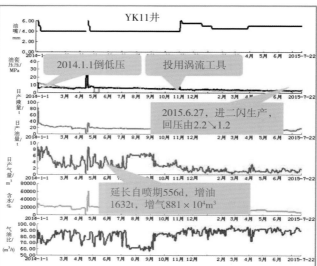

图4-47　YK11井井筒-地面一体化排液采气生产曲线

（二）剩余油气精细挖潜技术

雅克拉凝析气田通过细分层系，小层由5层划分为16层，总结出4种剩余油气分布模式，剩余油、气地质储量分别为69.3×10⁴t和35.8×10⁸m³，提出错层开发的新理念，为措施挖潜奠定了坚实的基础。

2014年4月，高含水井YK1和YK6H井检修关井未恢复，区块日产气下降至180×10⁴m³。通过实施精细开发，区块天然气产量在2015年6月重新到240×10⁴m³/d，并一直保持稳定（图4-48）。

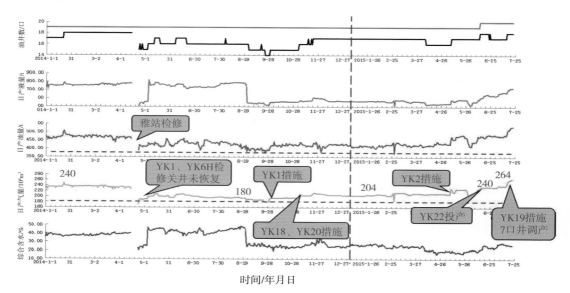

图4-48　雅克拉精细开发后生产曲线

其中，YK10、YK22井生产上气层底部，和邻井YK15井实现错层开发；YK2井生产上返上气层底部，和邻井YK12井实现错层开发；累计实施4井次，日增油127t，日增气$55 \times 10^4 m^3$，措施效果良好（图4-49）。

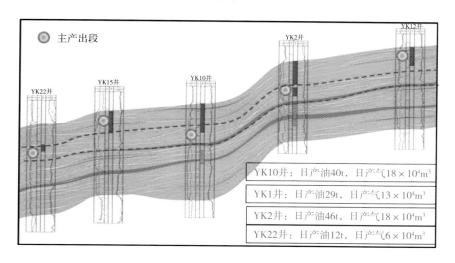

图4-49 雅克拉上气层错层开发示意图

四、气田均衡开发效果评价

雅克拉凝析气田开发12年来，针对开发过程中的反凝析、水侵和井筒积液三大难题，通过差异化提产、均衡调整、排水采气和精细挖潜等手段，基本实现了整个气藏的均衡压降、均衡反凝析和均衡水侵，实现气藏提高采收率和效益最大化的目标。

（一）差异化配产实现均衡压降

雅克拉凝析气田通过实施差异化配产，基本实现了均衡压降。2011年9月平均地层压力为47.6MPa，2014年4月平均地层压力为45.0MPa（图4-50），气井压力基本一致，实现了天然气的均衡采出，避免了局部大量反凝析油堆积，整个气藏的气水边界推进也比较均匀，宏观上为均衡反凝析和均衡水侵奠定了基础。

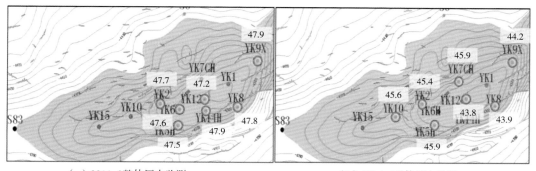

（a）2011-9整体压力监测　　　　　　（b）2014-4整体压力监测

图4-50 雅克拉凝析气田平面压力分布图

（二）均衡反凝析效果

雅克拉气田通过采取高速开发、合理井网井距、均衡压降等反凝析控制技术，在地层压力低于露点压力14MPa情况下，整个气田、层系、层内始终没有发生严重的反凝析，气油比稳定在4800～5000m³/t之间，相当于延长雾状流压差窗口达14MPa，其中下气层凝析油采出程度高达67.8%，创造了凝析气藏衰竭式高速高效开发的指标记录。

（1）较高采速下生产气油比无明显变化。

开发方案设计采气速度为3.5%，利用高速合理的采气速度控制雾状反凝析理论，实际采速达到5%~7%，高速开发带出地层内的反凝析油，在下气层大规模见水之前，气油比基本无变化，较好地控制了反凝析（图4-51）。

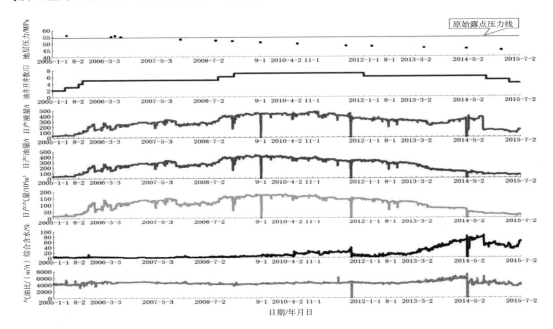

图4-51 雅克拉白垩系下气层单元日度生产曲线图

（2）合理井网井距。

通过合理井网井距控制技术：①根据雅克拉构造为东西向长轴背斜构造的特点，采用不规则布井方式，在构造长轴方向布规则线性井网，在高点上面积布井，水平井水平段沿长轴方向，井距为1200~1400m，各井控制范围交叉重叠，基本上没有不流动区；②水平井开发有效增大波及面积、降低了凝析油在井筒附近堆积，很好地控制了反凝析（图4-52）。

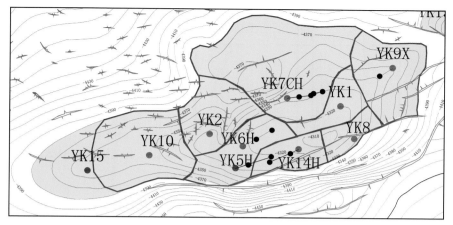

图4-52 雅克拉气田下气层储量控制图

（3）相态、井流物。

单井上，YK5H井历年PVT相态变化表明（图4-9、图4-53），2009年以后开始出现反凝析，但是反凝析阶段相图基本未出现较大变化，最大反凝析液量、重质组分含量及凝析油密度基本保持稳定，$C_2 \sim C_6$中间烃组分甚至略有上升，说明地层流体相态较为稳定，反凝析油持续被采出，未出现重质组分滞留地下的现象。

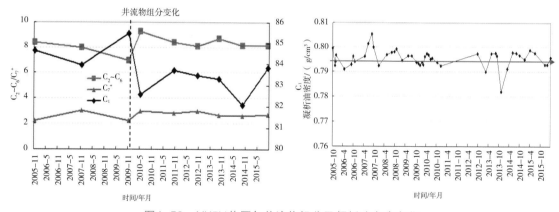

图4-53 YK5H井历年井流物组分及凝析油密度变化

（4）检查井情况。

选用2016年检查井YK23井和投产初期老井YK1井纯气层同一小层原始测井资料进行对比发现（表4-26、图4-54），气田经过10年高速开发后，气层的电阻率曲线差异很小、含水饱和度曲线基本重合，含气饱和度基本一致，说明流体在目前地层条件下仍保持气态，基本没有反凝析。

表4-26 YK23、YK1井纯气层测井资料对比

井名	RLID/$\Omega \cdot m$	RILM/$\Omega \cdot m$	测井含水饱和度/%	测井含气饱和度/%	岩心含水饱和度/%
YK1	4.2~5.5	4.5~6.3	27~42	58~73	20~29
YK23	4.2~7.0	4.7~8.3	31~43	57~69	无

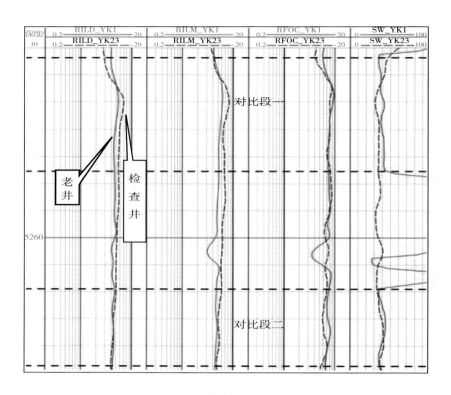

图4-54 YK23、YK1井纯气层测井曲线对比图

（三）均衡水侵效果

雅克拉凝析气田通过高部高丰度高产、边部高渗低采控流、边部低渗高采引流，使气藏最大程度地实现了均衡水侵。其中，开发历史最长、采出程度最高的下气层调整井的动态监测、生产动态实践证明，气藏基本实现均衡水侵状态。其中，YK6H井水淹停喷后PNN测井资料显示，生产井段含水饱和度70%~84%，含气饱和度16%~30%，基本接近相渗实验的残余气饱和度20%（图3-13），且含水饱和度分布较一致，均为强水淹，①间接反映该井边水均匀推进，②说明基本无反凝析油存在。

选用2016年检查井YK23井下气层水淹层和投产初期老井Y4井纯水层同一小层测井资料进行对比发现（表4-27、图4-55），YK23井水淹层电阻率较Y4井纯水层电阻率高1.0Ω·m，远低于气层电阻率4.2~5.5Ω·m；YK23井水淹层含水饱和度为58%~76%，含气饱和度24%~42%，也基本接近残余气饱和度20%，且整个水淹层电阻率、含水饱和度基本一致，实现了下气层的均衡水侵。

表4-27　YK23井水淹层和Y4井纯水层测井资料对比

井名	RLID/Ω·m	RILM/Ω·m	测井含水饱和度/%	测井含气饱和度/%	岩心含水饱和度/%
Y4	0.7~1.3	1~1.9	100	0	64~72
YK23	1.4~2.3	1.6~3.4	58~76	24~42	无

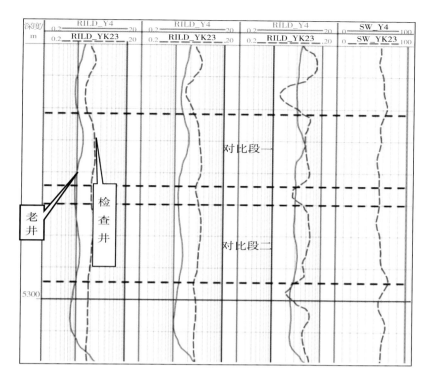

图4-55　YK23井水淹层和YK1井纯水层测井曲线对比图

目前，下气层剩余油气只是在局部YK9X、YK15（未打开）、YK8（未打开）等部位存在零星水封气区域（图4-56、图4-57）。

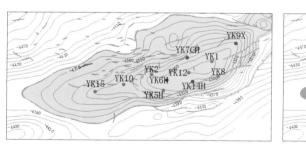

（a）上气层水侵图（2007–11）

（b）上气层水侵图（2010–12）

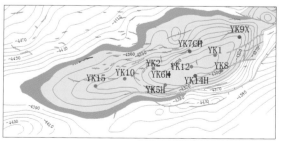

（c）上气层水侵图（2013–09）

（d）上气层水侵图（2015–03）

图4-56　雅克拉凝析气田上气层各阶段水侵图

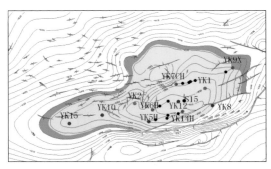

（a）下气层水侵图（2007-11）

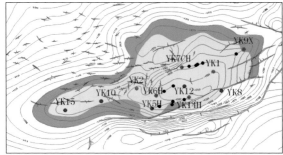

（b）下气层水侵图（2010-12）

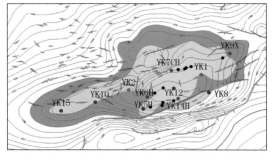

（c）下气层水侵图（2013-09）

（d）下气层水侵图（2015-03）

图4-57 雅克拉凝析气田下气层各阶段水侵图

（四）开发指标评价

截至2015年12月，下气层日产油48t，日产气$18 \times 10^4 m^3$，累计产油$110.7 \times 10^4 t$，累计产气$49.1 \times 10^8 m^3$，油采出程度67.8%（高于国外最高采收率4.6%，高于国内最高采收率14.4%），气采出程度54.2%，综合气油比3771m³/t，水体体积系数0.50，凝析油预测采收率70.2%，高于方案设计28.7%。上气层日产油310t，日产气$158 \times 10^4 m^3$，累计产油$92.1 \times 10^4 t$，累计产气$43.3 \times 10^8 m^3$，油采出程度33.0%，气采出程度27.9%，综合气油比5089m³/t，水体体积系数0.134，凝析油预测采收率70.0%，高于方案设计28.5%（表4-28）。

表4-28 雅克拉凝析气田上、下气层开发指标统计

层系	日产水平		采速		累产		采出程度		气油比（m³/t）	含水 %	标定采收率		预测采收率	
	凝析油/t	天然气/$10^4 m^3$	凝析油 %	天然气 %	凝析油/$10^4 t$	天然气/$10^8 m^3$	凝析油 %	天然气 %			凝析油 %	天然气 %	凝析油 %	天然气 %
上气层	310	158	4.1	3.7	92.1	43.3	33.0	27.9	5089	23.9	41.5	60.0	70.0	57.6
下气层	48	18	1.1	0.7	110.7	49.1	67.8	54.2	3771	71.3	41.5	60.0	70.2	56.3

在本书成稿时，新布调整井YK23、YK24井顺利完井，通过两井测试情况，对下气层均衡水侵提供又一佐证。通过两口井资料对比论证，目前雅克拉凝析气田下气层

剩余油气仅在局部构造高点及岩性遮挡处可能存在剩余气，中气层剩余油气主要分布在构造北东部岩性圈闭中，局部构造高点可能存在水封气（图4-58~图4-60）。

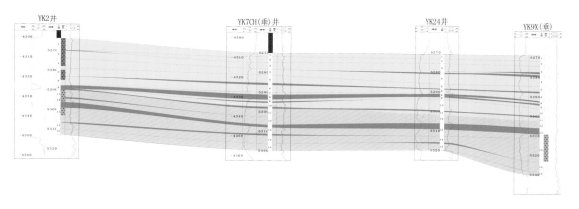

图4-58　YK2-YK7CH-YK24-YK9X井连井剖面图

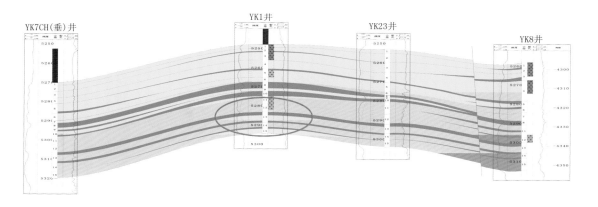

图4-59　YK7CH-YK1-YK23-YK8井连井剖面图

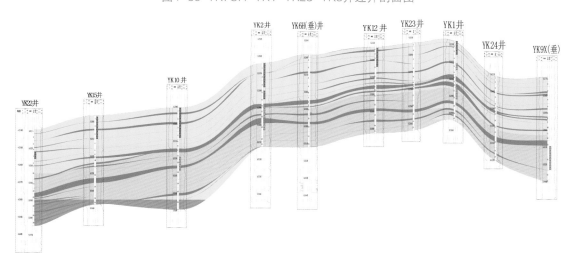

图4-60　雅克拉凝析气田主构造东西剖面图

第五章 高压凝析油气集输处理技术

针对凝析气田高产、高压、高温、高CO_2、强冲刷的特点，在总结试采过程的认识和吸收国内外先进技术设计的基础上，通过自主创新和集成应用的技改完善，形成"高压集输+深冷处理+全自动监控"的高压凝析气集输处理关键技术路线，充分利用地层能量，降低能耗；同时，建立了以提高丙烷收率和降低能耗为目标的最佳工艺操作参数，实施后实现了C_3平均收率92.43%、C_3^+平均收率94.12%，保障了资源效益最大化。

第一节 气田地面工程方案概况

雅克拉凝析气田从1984年至2005年的近20年试采期间，所产天然气输送至原雅克拉液化气厂处理（2005年停运）。2005年，雅克拉凝析气田大开发的地面配套工程建设投运，包括：在雅克拉气田建$260 \times 10^4 m^3/d$集气处理站1座，气田集输工艺采用一级布站方式，集气站处理后的干气一部分向西外输库车大化等用户，一部分向东外输西气东输轮南首站。最终的地面工程建设方案历经数次优化后，不仅在供气方案、站场选址、布站方式等方面作了许多优化调整，在地面处理工艺方面也更加突出了以安全环保、高效低耗为中心，采用成熟、先进可靠的技术和装备，做到了技术先进，又经济合理，建成了集油气集输、天然气处理、凝析油稳定为一体的综合性天然气处理装置，是中国石化处理量最大、自动化程度最高的整装凝析气田天然气集气处理站，也是第一个中国石化西北天然气集散地；其地面工艺水平超过同类气田的先进水平，为后期气田的高效开发和地面配套高压凝析气集输处理系统的高效稳定运行奠定了坚实基础（表5-1）。

表5-1 初期方案与最终设计对比表

名 称	初期方案	设计方案
布站方式	二级布站	一级布站
布站方案	705集中处理站+雅克拉低温集气站	雅克拉集气处理站
处理规模	气（200~250）$\times 10^4 Nm^3/d$	气$260 \times 10^4 Nm^3/d$
脱水方式	乙二醇脱水	分子筛脱水
制冷方式	气波机膨胀制冷	透平膨胀机制冷
制冷温度	705站-50℃，雅克拉站-20℃	最低-80℃

名 称	初期方案	设计方案
轻烃回收	单塔工艺：脱乙烷塔	DHX双塔工艺：脱乙烷塔+重接触塔
设计C₃收率	50%~60%	86.10%
轻烃外运	采用汽车拉运	汽车拉运+管输至雅末/火车外运
气源	雅克拉气田+大涝坝气田	雅克拉为主，大涝坝为辅，塔河气补充
用户	库车大化等本地用户为主	库车大化等本地用户+西气东输
西气东输	8.5MPa高压浅冷处理后，自压外输至轮南首站	深冷回收轻烃后，再由2.8MPa增压至8MPa，就近接入英买力至轮南管线，再输往西气东输

第二节 高压集输工艺技术

根据雅克拉凝析气田所处戈壁荒漠环境及井口压力高等特点，采用一级布站、高压油气混输、站内计量工艺，简化流程，便于管理，还为天然气处理装置充分利用高压气井压力能、降油气处理能耗创造了条件。

一、一级布站高压集输工艺

综合考虑天然气处理站进站压力的要求和高压集输管道工程造价等因素，经比选后确定集输进站压力为8~9.1MPa；为防止高压集输水合物冻堵，根据各井口压力和集输半径不同（集输半径最小0.6km，最大超10km）等，差异化应用了不保温、不加热、井口加热（应用最多）、回流伴热、二级节流、井下节流、中途二次加热等多种集输工艺。较典型集输工艺流程主要有：

（一）井口不加热集输工艺流程

对于井口产量高、温度高，集输管道末端温度高于水合物形成温度（20℃）的高压气井，通常采用井口不加热集输工艺流程，油气生产介质经井口采气树节流后，通过保温集气管道输往雅克拉站（图5-1）。

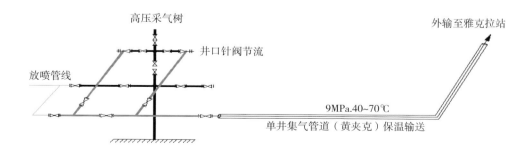

图5-1 保温输送示意图

（二）井口加热集输工艺流程

对于集输管道末端温度不能满足水合物形成温度（20℃）要求的高压气井，通常采用井口加热集输工艺流程，油气生产介质经井口采气树节流后，再经井口加热炉升温，再通过保温集气管道输往雅克拉站（图5-2）。

图5-2　井口加热输送示意图

（三）井口加热炉后二级节流工艺

对于采气树与井口加热炉之间管段易发生冻堵的高压气井，通常采用井口加热炉后二级节流工艺。生产油气介质先在井口经采气树节流至16MPa左右，经井口加热炉升温至60℃左右后，再经加热炉后角阀二级节流至9MPa左右后，输往雅克拉站处理；另外，部分气井还需通过回流伴热流程对采气树至井口加热炉管段进行伴热保温，以消减水合物冻堵问题（图5-3）。

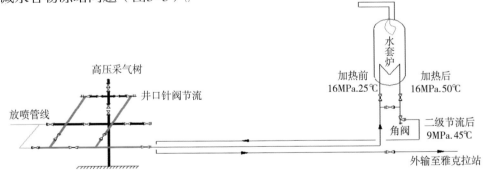

图5-3　二级节流+回流伴热工艺输送示意图

二、高、低压分离计量工艺

（一）高压气井进高压阀组计量

高压凝析气井经油气混输后直接进站轮井计量，分离后的天然气经调压后由9.0MPa降为6.0MPa后，进入高压凝析气处理系统，分离后的凝析油经节流后进入凝析油稳定系统稳定和脱水。其中，计量阀组的设计进站压力最高为9.0MPa，后期为满足部分中低压井顺利进站，高压阀组最低进站压力可降至6.0MPa生产，从而实现井口压力能的梯级高效利用（图5-4）。

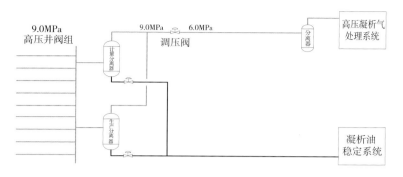

图5-4　高压进站阀组流程示意图

（二）低压气井进低压阀组计量

随着气田逐年开发，部分凝析气井含水上升、油压下降，已无法满足6.0MPa最低进站压力要求。为保障低压凝析气井的正常生产，雅克拉站后续将扩建低压进站阀组，将进站压力降至1.6MPa左右（最低0.15~0.6MPa），从而大幅延长低压凝析气井的自喷生产周期，保障低压气井的正常生产。

低压井进站流程为低压井油气混输井站后进行轮井计量，分离后的低压天然气经天然气压缩机增压至6.0MPa，再经冷却和分离后进入高压凝析气处理系统处理，分离后的凝析油进入低压凝析油稳定系统处理（图5-5）。

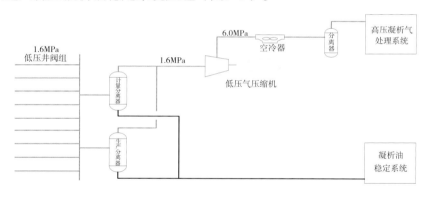

图5-5　低压进站阀组流程示意图

第三节　集气管道防腐与材质优选

集气管道为气、油、水多相流动介质，集输压力8.5~9.5MPa、温度60~75℃、气液混合流速3.5~8.5m/s，流态以冲击流为主，运行工况具有"高温、高压、强冲刷"的特点；CO_2含量2.31%~6.27%，H_2S含量0.0003%~0.0289%，Cl^-含量74000~100000 mg/L、pH值6.0~6.3，腐蚀介质具有"高CO_2、低H_2S、高Cl^-、低pH值"的特点。

针对集高温、高压、强冲刷的"两高一强"多种形式腐蚀于一体的苛刻腐蚀环境，借鉴气田试采阶段采气管柱出现的腐蚀问题，深入系统地研究了腐蚀机理与腐蚀规律，形成了集气管线防腐技术，实现了集气管道腐蚀控制在中度腐蚀程度以下，腐蚀速率≤0.125mm/a，点腐蚀速率≤0.20mm/a，为同类气田开发防腐蚀提供了技术借鉴。

一、气田试采腐蚀概况

气田凝析气中伴有CO_2，由于对CO_2腐蚀性认识不清，在20年的试采阶段中，试采生产井下油、套管及生产流程不断出现P110材质的腐蚀问题，甚至出现多次因CO_2腐蚀导致较严重的井口失控事故（图5-6）。

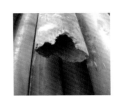

图5-6　雅克拉气田试采阶段油管腐蚀形貌

SC2井采用Φ177.8mm套管自喷试采8年后修井，31.37m油管腐蚀断裂落在井内。从打捞出的油管发现，在1000m以下井段腐蚀程度严重，油管被腐蚀得千疮百孔，多处发生断裂，因套管也已出现严重腐蚀，安全生产隐患很大，最终于1997年5月封井。

S15井1990年5月完钻，1992年10月12日多层套管破裂，油、气泄漏，地表崩裂着火，采油树烧毁，井口全面失控，酿成恶性事故，该井被迫报废。

S7井1996年7月在开井11个月后，起出管柱发现管柱内腐蚀严重，并有明显的冲蚀道纹，腐蚀深度0.5～1.0mm，点蚀深度达2mm，有的部位已经穿孔，腐蚀面积占油管内表面积的80%以上。

YK1井1995年10月投产、YK2井2000年12月投产，相继在3年之后均出现因套压上升而修井的问题，起出油管发现油管内壁有明显蜂窝状腐蚀，穿孔孔径2cm×0.9cm不等，内壁均可见到腐蚀冲刷迹象，油管外壁未见明显腐蚀现象。

二、气田开发管道选材方案

油田开发方案设计阶段开展了管道CO_2腐蚀防护选材评价研究，结合其工况条件，对22Cr双相不锈钢、铁素体13Cr不锈钢、16MnRE、20#内涂层四种选材方案，从抗CO_2局部腐蚀能力，可焊接性能、管材价格等方面进行了技术、经济综合比选，在咨询、参考中海油"番禺30-1气田开发项目"针对CO_2腐蚀问题模拟实验的基础上，16MnRE在强CO_2腐蚀环境下材质均匀腐蚀速率≤0.825mm/a，未见局部腐蚀的研究结果。设计方案推荐集气管线采用16MnRE无缝钢管（GB/T 8163—1999），通过在16Mn材质中添加少量稀土合金元素RE（铼），提高其耐腐蚀性。

由于RE（铼）是稀土合金元素，罕见而昂贵，16MnRE管材在气田高CO_2腐蚀环境中没有使用案例，相邻的中国石油塔里木"牙哈凝析气田"，CO_2 腐蚀环境在用集气管线为16Mn无缝钢管，壁厚检测腐蚀情况较轻。而雅克拉气田天然气 CO_2 含量1.3%，CO_2 分压0.124MPa；在0.021～0.21MPa之间的 CO_2 中等腐蚀区域，防腐措施的选择以满足技术性能、使用寿命、安全保障和经济性的综合评价为最佳，最终确定雅克拉气田集气管线材质为16Mn，直井集气管线管径为 $\Phi114.3\times8$，水平井集气管线管径为 $\Phi168.3\times11$，弯头为 $R=6D$、90° 热煨弯头，集输管线无内防腐设计，外防腐采用外防腐层及阴极保护技术。

三、气田开发初期腐蚀现状

集气系统于2005年11月25日建成投产，2007年3月在集气管线投产16个月后就出现腐蚀爆管、腐蚀穿孔、腐蚀减薄的一系列管道腐蚀问题，在集气管线长度区域内所遭受的腐蚀程度不尽相同，呈现出管道井口段大于进站段，弯头处大于直管处，管底部大于管顶部的规律性特征，腐蚀形状为沟槽状、蜂窝状、溃疡状、孔洞状。图5-7为集气管线服役16个月后的腐蚀图片。

  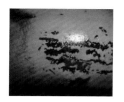 

图5-7　气田集气管线典型腐蚀图片

集气管线均匀腐蚀速率大于2.81mm/a，点蚀腐蚀速率大于5.75mm/a，按照NACE标准，为极严重腐蚀（表5-2）。

表5-2　NACE标准RP-0775-2005对腐蚀程度的规定

腐蚀程度	平均腐蚀速度		点蚀速度	
	mm/a	mpy	mm/a	mpy
轻度	<0.025	<1.0	<0.13	<5.0
中度	0.025~0.12	1.0~4.9	0.13~0.20	5.0~7.9
严重	0.13~0.25	5.0~10	0.21~0.38	8.0~15
极严重	>0.25	>10	>0.38	>15

四、气田集气管线腐蚀分析

（一）腐蚀环境分析

集气管线中为气、油、水多相流动介质，对比开发初期地面工程设计参数与实际运行参数，在产量、集输温度、流速、CO_2含量、H_2S含量、 Cl^-含量、矿化度存在差异（表5-3），这种差异的存在，形成"高CO_2、低H_2S 、高Cl^-、低pH值"两高两低的腐蚀介质条件，在CO_2-Cl^- "甜气"腐蚀环境下，腐蚀具有高温、高压、强冲刷的"两高一强"的特点。

表5-3 设计参数与运行参数对比

项目	设计参数	运行参数
天然气产量/（$10^4m^3/d$）	50（水平井）/20（直井）	65（水平井）/30（直井）
混合流速/（m/s）	3.5	3.5～8.5
压力/MPa	9.5	8.8～9.1
温度/℃	20～50	45～65
CO_2/%	1.3	2.31～6.27
H_2S/（mg/m^3）	3.3	32～44
pH值	6.1	6.0～6.3
Cl^-	66000～74000	74000～100000
矿化度	50000～120000	120000～180000
水型	$CaCl_2$	$CaCl_2$

（二）CO_2腐蚀影响因素分析

当CO_2与水形成碳酸，降低溶液的pH值和增加溶液的腐蚀性能，由于H_2CO_3是一个二元酸，在相同的pH值下，对钢铁的腐蚀比盐酸还要严重，腐蚀产物为$FeCO_3$。

影响CO_2腐蚀的因素主要有CO_2分压、温度、pH值、Cl^-含量、流态及流速、水蒸气冷凝率、材料的成分、材料的组织。

1. CO_2分压影响

CO_2分压增大，腐蚀速率随之增大；当分压>0.21MPa，为严重腐蚀；当分压在0.021~0.21MPa，为中等腐蚀；当分压<0.021MPa，不产生腐蚀。计算气田集气管线CO_2分压0.139～0.508MPa，属于CO_2中度-严重程度腐蚀区域；根据Waard公式对气田集气管线CO_2腐蚀速率预测计算为1.784mm/a。

2. 温度影响

温度从CO_2溶解度、反应进行速度、腐蚀产物成膜机理三个方面来影响腐蚀（图5-8），集气管线温度在45～65℃，属于低温-中温条件，腐蚀产物$FeCO_3$疏松无附着力于管壁表面，且产生的腐蚀产物很难在管壁上连续成膜，因此腐蚀产物不具备保护作用，表现形式为均匀腐蚀-局部点腐。

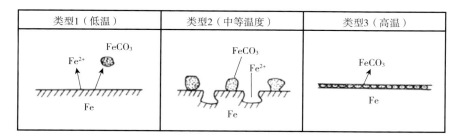

图5-8 不同温度区CO$_2$腐蚀机制示意图

3. Cl⁻浓度影响

Cl⁻本身不产生腐蚀，但Cl⁻半径小，极性强，是活性阴离子，迁移率高，易穿透腐蚀产物，在产物膜和金属界面富集，优先进入到点蚀和垢下缝隙形成闭塞电池。碳钢的腐蚀速度则随着Cl⁻含量增加而急剧增加，气田Cl⁻含量大于74000mg/L，Cl⁻特有的破钝作用，形成腐蚀小孔，在活化状态而发生腐蚀，形成FeCl$_2$，FeCl$_2$水解成酸性H⁻浓度增大，酸度增大，加快了金属溶解腐蚀，从而进一步加速腐蚀点（孔）蚀的形成（图5-9）。

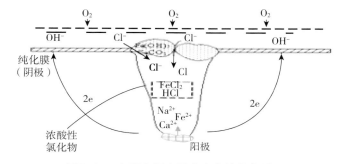

图5-9 金属在氯离子产生点蚀示意图

4. pH值影响

pH值是CO$_2$分压和温度的函数，pH在4~6区间时，CO$_2$对裸钢腐蚀起催化机制作用。气田pH值在6~6.3之间，影响FeCO$_3$的溶解度，接近钢表面的Fe^{2+}在局部pH下沉积的FeCO$_3$膜，促进沉积物下的局部腐蚀。

5. 流体流态影响

计算管道液相流速0.058~0.142m/s，气相流速2.13~8.5m/s，依据曼德汉（Mandan）流型图，集气管道内介质流态主要为冲击流及分层流。

在分层流的水平管路中，液相处于管道底部，气相处于管道顶部，管路无明显压力波动，流体冲击腐蚀较弱，管道腐蚀主要表现为水与腐蚀性介质的电化学腐蚀，分层流由地势低处向高处过渡时的上升倾斜管段，液体会在凹形弯处的上段一侧不断滞留引起管线栓塞，阻滞气流通过，产生段塞作用，腐蚀程度受段塞频率影响较大，段塞频率越大，则腐蚀速率越高。YK8、YK9、YK10、YK11井集气管线腐蚀失效件在管底呈现出孔洞状、溃疡状形貌，并沿管线的方向呈线形分布，验证了管底部位电化学腐蚀和极强段塞作用导致高腐蚀速率。

冲击流会产生较高的内在紊流，高速紊流造成管壁出现很高的剪切应力，在流动和剪切的共同作用下，冲蚀效应加剧了管壁表面膜被损坏剥落，冲击角达到90°时，冲击剪切力产生的腐蚀达到最大值。在井口直管段和弯头处由于携带地层砂的液体的高速气流对管壁产生极强的剪切力，使得$FeCO_3$腐蚀产物无法附着在管线内壁形成保护膜，新的金属基体裸露与腐蚀介质接触，急剧加速了电化学和物理腐蚀过程，YK1、YK2、YK6H、YK5H井、YK7CH集气管道腐蚀失效件，其腐蚀形貌在管底呈现出蜂窝状、管壁上形成较深的沟槽，并

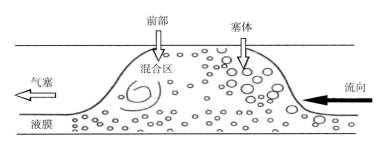

图5-10　冲击流腐蚀示意图

沿管线的方向呈线形分布（图5-10），验证了极强的冲击力和剪切力导致流动腐蚀。

　　空泡腐蚀机理同汽蚀，是电化学和高速流体产生的涡流所夹带的汽泡破灭冲击波对金属的作用，气泡的冲击作用可使管壁产生缓蚀剂膜和腐蚀沉积物的剥落，加剧流动腐蚀。空泡腐蚀极易发生在弯头处（图5-11）。气田集气管道弯头底部整体均匀减薄，弯头"肘"部出现沟槽状和蜂窝状腐蚀，弯头在肘部处呈现出爆管，验

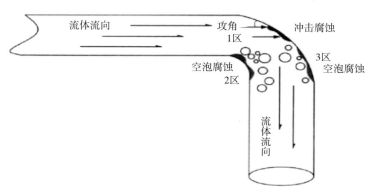

图5-11　空泡流腐蚀示意图

证了空泡腐蚀极强的冲击力和剪切力导致了强腐蚀。

6. 水蒸气冷凝率影响

　　在井场地面集气管线顶部的腐蚀，为水蒸气冷凝率较大所致，其原因：①采气树针阀节流膨胀效应；②井口集气管道未埋地，虽有保温层，但沙漠地带季节环境和昼夜温度差较大，冬季和夜晚温度低，水蒸气易冷凝成水膜，侵润管壁表面产生腐蚀，强冲刷导致$FeCO_3$腐蚀产物膜破裂加剧腐蚀，由于井口段管道大量的过饱和水已析出，进站段管线虽然也有少量管道暴露在地面上，但已很难再形成冷凝水，因此，进站段管线顶部腐蚀较轻。

7. 材料因素影响

　　研究成果表明，普通碳钢管材在CO_2-Cl^-组成的甜气腐蚀环境中不适应，16Mn为含碳量0.16%，锰、硅、钒等合金含量小于1.5%的低合金钢，耐CO_2腐蚀性能差，集气管线为16Mn管材耐蚀性差，腐蚀问题突出。

综上所述：从集气管线发生腐蚀现象和腐蚀分析可知，CO_2分压、温度是造成腐蚀严重的重要因素，高Cl^-作为催化剂加速腐蚀点（孔）蚀的成因，冲击流对腐蚀的影响最大，产生流体促进腐蚀，引发冲击腐蚀；同时，凝析气的饱和水蒸气在温度作用下冷凝析出，冷凝率增大，促进顶部腐蚀速率增大。

五、气田开发阶段防腐对策

气田针对严重的内腐蚀采取腐蚀监测、定点壁厚检测，缓蚀剂加注，耐蚀材质和特殊结构弯头实验应用评价等一系列腐蚀防治工作。

（一）腐蚀监检测与剩余强度分析技术

根据气田生产及产出液的性质，采用失重法和探针监测技术相结合开展腐蚀监测，配套定点定期壁厚检测，及时掌握管线壁厚减薄动态，并建立了气田管道最小壁厚计算、弯头最小壁厚计算、使用寿命计算模型，预测管道安全使用寿命。例如，YK6H井定点测厚与腐蚀监测计算结果显示，井口管线平均腐蚀速率直管段2.81mm/a，弯头段4.24mm/a，点腐蚀速率2.88mm/a，最大点腐蚀速率5.79mm/a；进站管线平均腐蚀速率直管段0.55mm/a，弯头段0.79mm/a；对集气管线腐蚀监测数据结果开展剩余强度评价分析，依据《含缺陷油气输送管道剩余强度评价方法》（SY/T 6477）标准确定集气管线各管段在工作压力下的局部腐蚀缺陷的临界极限缺陷尺寸，以缺陷长度和深度为坐标的检测点位于图中"安全区"内，缺陷可以接受，管道可在目前工作条件下继续安全运行，检测点位于图中"非安全区"内，表明所检测的缺陷在工作条件下不可接受，采取及时更换壁厚较薄管段的方式，有效避免了腐蚀穿孔事件的发生概率，防止爆管事件发生。图5-12～图5-16表示生产井腐蚀监测与剩余强度评估。

图5-12　失重法腐蚀监测装置

图5-13　电阻探针腐蚀监测装置

图5-14　超声波测厚仪

图5-15　壁厚检测现场

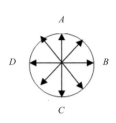
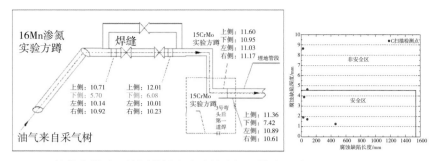

图5-16　管线定期壁厚检测数据和腐蚀缺陷极限缺陷尺寸图

（二）缓蚀剂防护应用技术

2007年7月集气管线开始加注缓蚀剂（图5-17），选用长链胺类和阳离子表面活性剂等复合而成的水溶性缓蚀剂，其中有桥联的官能团，将长链结合成网状结构，可吸附在金属表面，形成一层致密的保护膜，将金属与腐蚀介质阻断开，从而对金属管线起到很好的保护作用，采取每年缓蚀剂室内评价筛选、现场放大样实验，最终优选确定缓蚀剂型号和加注量的方式，目前气田选用SWPC-6-1和CT/TP2-19两种型号的缓蚀剂，采用间歇加注（加1天，停3天）与连续加注两种方式，加注浓度80~100ppm，缓蚀率大于85%，集气管线缓蚀剂药剂、加注周期和加注浓度、腐蚀速率见表5-4。从腐蚀监测数据可以看出，通过缓蚀剂加注，腐蚀速率明显降低，缓蚀剂加注效果明显。

图5-17　井口缓蚀剂加注撬块

表5-4　气田集气管线缓蚀剂加注表

加药点名称	药剂型号	加药方式	加药浓度/10^{-6}	腐蚀速率/（mm/a）
生产井	SWPC-6-1	连续	80	0.0176
生产井	CT/TP2-19	间歇	100	0.0149

（三）耐蚀材质优选应用技术

气田集气管线如何根据介质环境，材料性能选择既安全可靠又经济实用的材料，显得尤为重要，气田集气管线工作压力高，选材在考虑承受较高工作压力的同时，不仅要考虑CO_2、Cl^-的腐蚀，还要考虑冲击腐蚀因素。通过开展腐蚀机理与集气管材优选研究，其结论如下：

（1）从各类耐腐蚀合金对材料的腐蚀情况可知，镍基合金和22Cr耐蚀性能最好，但非常不经济。

（2）单从CO_2、Cl^-、环境温度三个方面分析选材，13Cr（马氏体）完全可以满足其耐蚀性能要求，但13Cr材料由于在有NaCl、$CaCl_2$、$MgCl_2$介质存在时，Cl^-引起的局部点蚀抵抗力较差，随着气田开发，含水不断上升，Cl^-点蚀问题将日趋严重，因此不适合。

（3）室内实验分析评价材质抗腐性能强弱排序为：316L、22Cr、高压玻璃钢＞13Cr、06Cr13、1Cr13＞3Cr、L360、16Mn，其中8种材质化学成分见表5-5。

表5-5　实验评价8种材质化学成分表

材质	C/%	Mn/%	Si/%	P/%	S/%	Cr/%	Mo/%	Ni/%	V/%	Ti/%	Cu/%
1Cr13	0.12	0.48	0.38	0.031	0.021	11.74	0.063	0.15	0.04	0.006	0.1
06Cr13	0.044	0.48	0.32	0.034	0.017	12	0.043	0.25	0.081	0.007	0.12
13Cr	0.19	0.45	0.36	0.016	0.0015	12.98	0.001	0.11	0.046	0.0013	0.013
22Cr	0.01	1.47	0.43	0.0083	0.002	23	2.9	5.56	0.016	0.0025	0.017
316L	0.012	1.21	0.44	0.031	0.0072	16.29	2.02	10.06	—	—	0.63
L360	0.083	1.38	0.23	0.013	0.0039	0.026	0.001	0.011	0.0045	0.013	0.028
3Cr	0.27	0.55	0.29	0.009	0.003	2.95	0.14	0.05	0.01	0.002	0.09
16Mn	0.17	1.59	0.27	0.022	0.009	0.071	0.024	0.031	0.005	0.006	0.12

（4）从316L、高压玻璃钢材料耐蚀的可靠性、经济性分析，这两种材料较为合适，316L材料中有钼元素存在，玻璃钢为环氧树脂材料，二者对非氧化性介质抗蚀能力提高，从性价比分析最为合适的材料应该是玻璃钢，其次是316L。

（四）高压直角弯头应用技术

传统圆管煨制弯头由于冲蚀使弯头管壁内部遭受机械力破坏，发生局部变薄，在一定压力下导致泄漏或爆裂，选用合适的弯头，采取相应防冲蚀措施，提高材料表面抗冲蚀磨损能力，可避免传统弯头高流速冲刷导致的冲刷腐蚀。

（1）通过锻造工艺，选用一种不改变流体走向，并具备一定壁厚，材质还具有耐CO_2腐蚀特点，能够耐高压冲刷破坏的直弯头，解决管道拐弯处"肘"部流态产生冲刷磨损，导致材料表面破坏的问题。

（2）高压直角弯头口径同原来管线一致，壁厚是圆管煨制弯头的2.5倍，其内壁制成阶梯式形状，使弯管内部的流体流向、流速发生改变，改变输送气流撞击角大小，避开气流冲击角90°时垂直撞击管壁冲刷磨损最严重区域，使弯管的内外弧冲击得到缓解，以延长弯头寿命（图5-18、图5-19）。

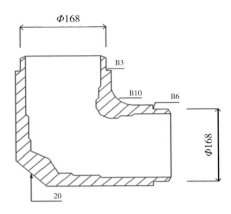

图5-18 弯管内部采用阶梯式 　　　图5-19 弯管内部结构图

（3）高压直角弯头外侧颈部加长形成短圆管，通过焊接配对的凹凸面对焊钢质管法兰，并与原集气管线法兰连接，避免动火施工，安装方便。

（4）室内实验分析评价材质抗腐性能强弱排序为1Cr13 > 16Mn渗氮 > 15CrMo。

六、防腐技术应用效果

2008年5月选用基材为20#，衬材为316L的双金属复合管，在YK5H井开展防腐实验；2008年8月选用0.5mm厚富含环氧树脂内衬的高压玻璃钢管，在YK6H井开展防腐实验，2008年10月选用06Cr13材质管，在YK14H井开展防腐实验。3种材质实验检测平均腐蚀速率为0.84~0.85mm/a，现场实验材质抗蚀性能强弱排序为：高压玻璃钢、316L > 13Cr > 06Cr13 > 16Mn。

2008年3月选用锻造工艺1Cr13、16Mn渗氮、15CrMo高压直角弯头现场应用防腐实验，从现场实验腐蚀数据可以看出，高压直角方墩弯头较16Mn、$R=6D$、90°热煨弯头，其腐蚀速率1Cr13降低5.7445mm/a，16Mn渗氮降低5.0796mm/a，15CrMo降低4.9375mm/a。现场实验材质抗蚀性能强弱排序为：1Cr13 > 16Mn渗氮 > 15CrMo > 16Mn。

2009年针对气田典型腐蚀问题，依据研究成果和实验结论，选择高压玻璃钢和20+316L双金属复合管作为气田集气管材。高压玻璃钢选用AMERON公司产品，设计压力12.5MPa，设计温度93℃，采用芳胺固化玻璃钢管材，达到长期工作温度85℃要求；管线壁厚12mm，其中0.5mm富含环氧树脂内衬，解决管道内壁冲刷腐蚀问题，采用135°大曲率半径弯头，"肘"部作加厚处理，解决管道弯头严重腐蚀问题，非金属本体之间采用承插连接，与金属管之间采用范斯通转换法兰连接，增加连接强度与气密性，同时在制管中添加炭黑填料，配套安装绝缘短节，消除静电腐蚀。双金属复合管选用西安向阳航天材料股份有限公司产品，衬管为316L耐蚀合金材料，以保证良好的耐腐蚀性能；基管为20#碳钢管，以保证优异的机械力学性能，20#+316L管材规格为8mm+2mm，采用机械复合封焊工艺接头，管线坡口形式做成35° V形坡口，现场组对时保证对口间隙在2~2.5mm，GTAW(钨极氩弧焊)打底+SMAW（手工电弧焊）焊接技术，避免复合管接头不同材质对焊过程中产生晶间腐蚀，配套1Cr13、16Mn渗氮高压直角弯头，解决传统弯头冲刷腐蚀问题（图5-20~图5-22）。

从2009年起，通过对雅克拉气田集气管线腐蚀问题采取一系列防腐技术措施，使腐蚀穿孔问题得到了有效的控制，均匀腐蚀速率 $\leq 0.125mm/a$，点腐蚀速率 $\leq 0.20mm/a$，腐蚀程度由开发初期极严重腐蚀转变为中度腐蚀，满足气田开发中安全生产需求。

通过玻璃管管材、双金属复合管（基材20#，衬材316L）、高压直角弯头在雅克拉凝析气田的成功应用，从管线材质上摸索出解决腐蚀的新思路，一方面解决了雅克拉集气管线的腐蚀问题，节约了大量的投资，另一方面也为类似凝析气田高CO_2区块的开发提供了很好的经验借鉴和技术支持。

图5-20　高压玻璃钢内衬、大曲率半径弯头及承插连接、范斯通法兰连接

图5-21　机械复合封焊工艺接头　　　　　　图5-22　井口高压直角弯头

第四节　高压凝析气处理工艺

雅克拉集气处理站于2005年11月29日建成投运，设计日处理天然气$260 \times 10^4 m^3$，年产凝析油$17 \times 10^4 t$，年产液化气$5.2 \times 10^4 t$、轻油$4.9 \times 10^4 t$，设计C_3收率86.1%，是一座集凝析气处理、凝析油稳定、轻烃回收、产品外输、西气东输为一体的大型高压集气处理站。雅克拉气田的H_2S含量较低，CO_2含量低于3%，并含有微量汞，处理站工艺相对较为简洁。总体工艺为：各气井高压混输进站后先在计量单元进行油气计量和气液分离，液相进入凝析油稳定单元脱水和稳定，气相则进入凝析气处理系统脱水、脱汞和脱烃处理。主要工艺技术介绍如下：

一、大型高压分子筛脱水工艺

天然气脱水是天然气净化处理的必要步骤，也是保障后续天然气冷凝回收轻烃流程安全运行（不发生冻堵）的必要条件。国内外大型高压天然气处理装置脱水工艺，通常以采用三甘醇脱水较多（例如牙哈、克拉2等），而小型低压天然气处理装置则以固体吸附法较多（例如分子筛吸附法等）。

雅克拉集气处理站设计有以回收C_3^+为主的轻烃回收装置，在5.9MPa条件下的最低制冷温度为$-80℃$，为满足装置轻烃回收过程中的制冷和防冻堵需求，经工艺比选后采用高压分子筛脱水工艺。该站的大型高压分子筛脱水工艺是国内最大、最先进的高压天然气分子筛脱水装置（设计处理规模$260×10^4m^3/d$，设计压力6.0MPa）之一。工艺上采用双塔+轨道球阀+差压再生+高压冲泄压安全保护等复合工艺，较三塔流程工艺简单、投资更省；自控上采用压差报警+温度报警+开关指示报警+时序连锁控制等多重安全保护，实现全自动控制，工艺+自控的有机结合，并连续10年安全、平稳、高效运行。

（一）分子筛脱水流程

雅克拉站采用的是两塔差压再生高压分子筛脱水工艺流程，吸附压力5.9 MPa，再生压力2.8 MPa，流程（图5-23）运行切换主要由再生→冷吹→升压→并流→切换→泄压→再生几个步骤进行循环。

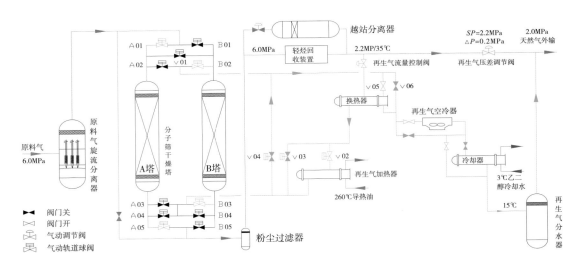

图5-23　雅克拉站差压再生分子筛脱水工艺图

该脱水工艺结合新疆气候及轻烃回收装置自身工艺特点，具体优化如下：

（1）关键阀门保障：高压（5.9MPa）、高温（最高280℃）和高压差（2.8MPa）状态下，各切换阀门气密性和可靠性直接关系到系统正常运行。故采用进口ORBIT专用轨道球阀作为切换阀，减少了阀门故障或内漏而导致装置故障率。

（2）冷吹气空冷：后期还通过技改在再生气加热器前增设了冷吹气空冷器及变频和温控系统，以解决由于冷吹气温度偏高造成冷吹时间过长的问题。

（3）再生气辅冷：冬季采用空冷器冷却，夏季采用空冷器+冷却器冷却（站内设有乙二醇冷水机组），以确保再生气冷却系统全年稳定运行。

（4）换热器回收热量：热吹时采用换热器回收热量达60%左右。

（5）合理设置旁通应急流程：将越站分离器与轻烃回收装置并联设计，并增加了干燥塔旁通流程，在装置或干燥塔临时检修期间能向下游用户临时供气。

（二）效果与认识

该装置建成投运后已平稳运行12年，系统采用全自动控制，运行非常稳定。经过长期跟踪对比，该站的大型高压分子筛工艺主要具有以下特点和优势：

（1）两塔流程较三塔流程投资更省。对比图5-23和图5-24，三塔流程不仅多一个干燥塔，且所需的关键切换球阀也较两塔流程多9~12个（两塔流程13~15个阀，三塔流程24~25个阀），即球阀+执行机构的费用较两塔流程要多40%左右。阀门越多，故障的概率越高；塔越多，相应流程越复杂，越难运行操作。虽然三塔流程相对能耗更低，但两塔流程投资更省30%，优势明显。

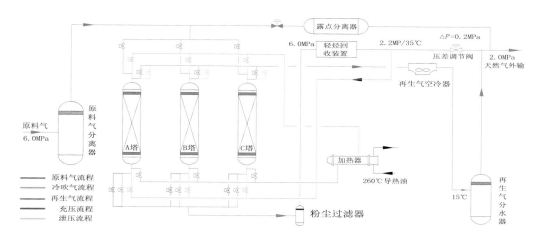

图5-24 分子筛三塔差压再生流程图

（2）差压再生较同压再生效果更优。相对于差压再生，同压再生流程干燥塔的吸附压力与再生压力基本相同（图5-25），不需要充压和泄压流程，对切换阀门的密封性要求也更低，投资更省。其主要缺点：①同压再生采用未脱水且含有大量轻烃的原料气（湿气）作为再生气气源，再生效果差（水露点较差压再生高20℃左右，深冷要求无法满足），且能耗较高。②用湿气进行冷吹将使分子筛的吸附容量减少（分子筛中若残留1%的水分，则其吸附容量就相应减少1%），将造成干燥塔的运行周期更短或需填充更多的分子筛，运行风险和投资成本高。

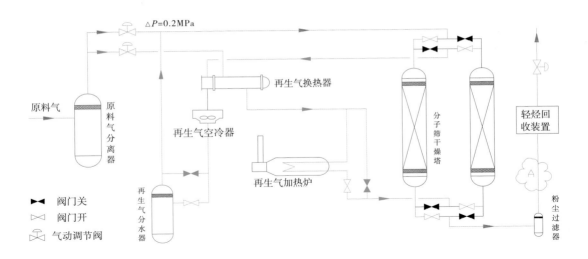

图5-25　同压再生分子筛脱水工艺流程示意图

（3）再生气差压回收工艺更实用。雅克拉站的分子筛干燥的再生气量约为$30 \times 10^4 m^3/d$，若采用压缩机增压回收工艺，则投资和运行维护成本将增加数百万，且设备运行维护困难。故该站采用通过再生气压差调节阀产生0.2MPa左右的压差，使再生气经过冷却和分离脱水后，能通过压差控制自动进入外输气管网回收。同时，站内加热炉用气也尽量使用再生气，尽量减少再生气回收量，既能确保外输气水露点达标，又能实现大量再生气的低成本自动回收，效果较好。

（4）各种保护措施是重要保障。①旋流分离器保护：在干燥塔前设置两台旋流分离器，使原料气进入分子筛前先高效脱除游离水和重烃，有效避免分子筛进油后发生中毒和结焦，能有效延长分子筛使用寿命和提高分子筛的吸附脱水效果。②压差保护：吸附与泄压过程均采用从上向下流动，以避免吸附床层动荡或翻动；还设置合理时间（25min），避免高压状态下充泄压过快而发生危险，并采用时序控制+压差连锁+阀位状态连锁保护，避免冲压或泄压不足、压差过高或切换过程阀位状态不正常而造成事故。③温差保护：干燥塔底部采用加厚瓷球垫层缓冲加热和冷吹时的温度冲击，避免分子筛大量破损；并采用时序控制+温差连锁+阀位状态连锁保护，既避免加热再生温度不够影响脱水效果，又防止冷吹温度不够造成制冷单元温度大幅波动而影响装置平稳运行和轻烃收率。

综上所述：雅克拉站的两塔差压再生高压分子筛脱水工艺具有规模大、压力高、工艺可靠、投资较少、运行成本低、自动化程度高、热能利用率高、脱水露点深度高、操作维护简单、再生气自动回收等优点，效果好，运行可靠。

二、浸渍硫活性炭脱汞工艺

2008年8月和2009年1月，投产仅3年的雅克拉站陆续发生数次冷箱刺漏事件，致使轻烃装置累计停产50d，经济损失巨大。历经波折和数次抢修后，最终发现为汞腐蚀所致，并于2009年9月建成中国石化首套、国内第二套天然气装置脱汞装置，也是国内最大的油田天然气脱汞工艺，天然气中汞含量脱除率达99%，彻底消除了轻烃装置的汞腐蚀风险，有力保障了气田的高效开发和处理装置的安全、平稳运行，为我国气田天然气脱汞积累了宝贵的经验。

（一）汞腐蚀案例

天然气脱汞是气田开发过程中容易被忽略的薄弱环节。天然气中的微量汞对轻烃装置的铝制换热器（简称：冷箱）具有极强腐蚀性，将造成冷箱腐蚀穿孔，引发气体泄漏，装置停产，造成巨大的经济损失和安全隐患，危害极大。

2008年8月6日，雅克拉站主冷箱物流一出口封头（运行工况：5.8MPa，-30℃）焊缝出现刺漏，经协调厂家到现场进行补焊和堆焊恢复生产，造成轻烃装置和西气东输供气被迫停运一周。由于未发现汞，当时厂家维修人员和现场技术人员均判断为冷箱封头制造工艺存在缺陷或封头母材存在夹层等缺陷所致。

2009年1月14日，大修投运刚5个月的主冷箱再次刺漏，在随后连续半月的抢修补焊和投运过程中，又连续发生十余次刺漏，最终在一次较大的刺漏抢险过程中，在裂缝附近获得193.94g固态汞块，由此揭开了冷箱频繁刺漏的神秘面纱。后经专业机构检测，雅克拉站原料气中汞含量为73.76 $\mu g/m^3$，分子筛脱水后的天然气汞含量为30.93 $\mu g/m^3$，其汞含量之高在国内极为罕见。

后经调研发现，在国内外也曾经发生数起类似事件。1973年12月，阿尔及利亚的斯基柯达（Skikda）液化天然气处理厂曾因铝制换热器汞腐蚀失效而发生灾难性事故，致使该液化系统停工14个月之久。2000年，埃及的塞拉姆（Salam）天然气处理厂检测出原料气的汞含量为75～175 $\mu g/m^3$，为防止冷箱（铝制）汞腐蚀，采用脱汞分子筛进行脱汞处理。国内海南海然高新能源有限公司的LNG装置也曾先后于2006年8月和2007年1月因主冷箱汞腐蚀刺漏而停产，并通过技改增设脱汞装置后，终将该腐蚀隐患消除。

（二）汞腐蚀机理

汞（Hg）是一种重金属元素，俗称水银，常温下呈液态，银白色，易流动，密度13.55g／cm^3（20℃），沸点356.58℃，凝点-38.87℃。汞能溶解多种金属（如金、银、钾、钠、锌等），溶解后生成的汞合金又称汞齐（Amalgam）。一般来说，与汞性质相近的金属易于被溶解，铊在汞中的溶解度最大，铁在汞中的溶解度最小。在20℃时，Al在汞中的溶解度约为2.3×10^{-3}%。汞在天然气中含量为28～3000000 $\mu g/m^3$。一旦轻烃装置的天然气中含汞，尽管其含量极微，在一定条件（压力、温度）下，天然气中的微量汞将会与轻烃一同被冷凝，并在冷箱的管束（集流汇管）底部或封头等部位不断聚集；然后与铝合金反应生成附着力很小的汞齐，使铝合金表面致密的氧化铝膜脱落，使其抗腐蚀性能不断下降。汞齐中的一小部分铝还能与天然气中微量的水反应生成

Al (OH)₃，生成的Al (OH)₃不溶解于汞而浮在汞表面。这样就会有新的（再下一层的）铝溶解于汞中,然后又与水反应生成Al(OH)₃。这样反复下去，汞不会减少，铝却不断与天然气中微量的水反应而不断变薄，直至腐蚀开裂。即：

$$Al+Hg \rightarrow Al\ Hg$$

$$2Al\ Hg+6H_2O \rightarrow 2Al(OH)_3+3H_2+2Hg$$

大量研究资料还表明，液体金属汞还能致使固体金属铝发生液体金属脆（断）现象，即固体金属和液体金属（如Hg、Ga）接触而引起强度和韧性降低或低应力脆断的现象，致使铝制换热器腐蚀开裂，发生刺漏。

（三）脱汞方案比选

目前，天然气脱汞工艺主要分为不可再生工艺和可再生工艺两大类。不可再生工艺以浸渍硫的活性炭脱汞为主，可再生工艺以脱汞型分子筛吸附脱汞为主。

雅克拉站天然气脱汞流程于2009年9月建成投运（图5-26），同年10月大涝坝站天然气脱汞流程也建成投运。天然气中汞含量脱除率约为99%，彻底消除了轻烃装置的汞腐蚀风险，冷箱再未发生汞腐蚀刺漏现象，有力保障了气田的高效开发和高压油气处理装置的安全、平稳运行。

图5-26　雅克拉站、大涝坝站脱汞工程

三、双膨胀机+DHX回收轻烃工艺

目前，轻烃回收方法大致可分为压缩法、油吸收法、吸附法和冷凝低温分离法四类。其中，膨胀机制冷法由于具有制冷效率高、制冷温度低、轻烃收率高、处理规模大、适应性强、稳定性好等优点应用最广。

雅克拉集气处理站首次在国内大型高压天然气处理装置采用了高压双膨胀机并联制冷+DHX（直接换热工艺）回收轻烃工艺技术，系统最低制冷温度为-80℃。核心技术包括：双膨胀机并联控制技术、紧急停车连锁保护技术、单机或双机+J-T阀运行技术等，雅克拉站轻烃装置设计C₃收率86.1%，实际C₃收率为95%左右。整体技术水平处于国内一流，世界前列。

（一）流程简介

雅克拉站采用了双膨胀机制冷+DHX工艺回收轻烃，设计原料气进站压力9.1MPa，原料气制冷前压力5.9MPa，处理规模260×10⁴m³/d，其处理规模和运行压力均创造了当时采用DHX工艺轻烃装置的国内之最。其中，2台膨胀机为美国MAFI-TRENCH公司产品[处理量：130×10⁴m³/（d·台）]，且为并联运行设计，可满足不同处理量的多种运行工况。其工艺流程示意图如图5-27所示。

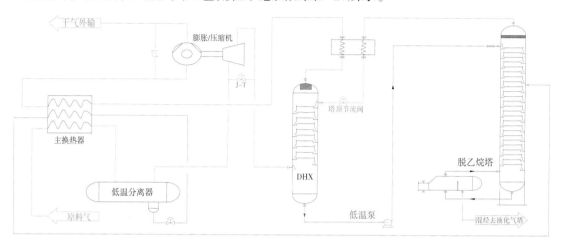

图5-27　DHX工艺流程示意图

（二）运行模式

雅克拉站设计处理规模为260×10⁴m³/d上下20%。若按单膨胀机模式设计，则需要1台处理量为260×10⁴m³/（d·台）的膨胀机；若按双膨胀机模式设计，则需要2台处理量为130×10⁴m³/（d·台）的膨胀机。由于透平膨胀机都有一个最佳负荷范围，负荷过低将可能造成转速过低或容易喘震等；负荷过高则可能造成转速过高或容易憋压等。若按膨胀机最低负荷为60%、最高负荷100%计算，在不同处理气量下，则有如表5-6的运行模式对比。

表5-6　不同气量下单/双膨胀机运行模式对比

序号	处理气量/（10⁴m³/d）	双膨胀机模式	单膨胀机模式	备注
1	<78	J-T阀		78=130×0.6
2	78~130	单膨胀机	J-T阀	
3	130~156	单膨胀机+J-T阀		
4	156~260	双膨胀机	膨胀机	156=260×0.6
5	260~312	双膨胀机+J-T阀	膨胀机+J-T阀	

对比两种膨胀机模式可知，当处理为（78～130）×10⁴m³/d和（130～156）×10⁴m³/d时，单膨胀机模式只能采用J-T阀运行，轻烃收率较低，双膨胀机模式下可采用单膨

胀机或单膨胀机+J-T阀高效运行，轻烃收率将大幅提高。特别适合气田开发初期处理气量较低和气田开发中后期气量不足时的高效运行。

2005年11月~2006年9月，雅克拉站采用J-T阀制冷模式运行（期间，从美国进口的膨胀机还未到货），系统最低制冷温度为-66℃，C_3收率仅为46%；2006年9月至今，雅克拉站一直采用双膨胀机模式运行，系统最低制冷温度为-80℃，C_3收率为95%，较设计值86.1%高出近9%。

对比同期投产的大涝坝站，雅克拉站膨胀机前后的压力跟大涝坝站基本相同，且雅克拉站原料气C_3^+体积含量较大涝坝站低3.99%，但由于雅克拉站采用DHX工艺，其C_3^+收率较大涝坝站高10%，万方气产液化气、轻烃量也高0.64 t/10^4m^3，效果十分显著。目前，该项技术已在塔河一、二、三号联轻烃站推广应用，相同工况下，轻烃收率能提高10%~20%，效果显著（表5-7）。

表5-7　雅克拉站与大涝坝站轻烃收率对比

名称	设计处理气量/（10^4m^3/d）	原料气C_3^+体积含量/%	外输干气C_3^+体积含量/%	C_3^+收率/%	万方气产液化气/轻烃/（t/10^4m^3）	备注
雅克拉站	260	2.18	0.13	95	0.99	膨胀机+DHX（重接触塔+脱乙烷塔）
大涝坝站	25	6.17	0.91	85	0.35	膨胀机+脱乙烷塔
差值	235	-3.99	-0.78	10	0.64	—

第五节　凝析油处理工艺

雅克拉凝析气田所产凝析油为淡黄-浅茶色、透明液体，平均密度0.795 g/cm^3，轻组分（$C_1 \sim C_5$）含量高达15%，具有"四低"（密度、黏度、凝固点和初馏点低）、"四少"（含盐量、含硫量、含蜡量及沥青质含量少）等特点。

为降低凝析油在储运过程中的轻组分挥发损耗，实现轻烃组分的高效回收和凝析油稳定系统的高效平稳运行，该站综合采用了多级闪蒸+微正压精馏稳定、稳定气多级增压回收、稳定塔干气气提、两级水洗脱盐等工艺，具有稳定效率高、轻烃收率高、能耗低、系统运行稳定等优点，技术水平居国内先进行列。

一、多级闪蒸+微正压精馏稳定

结合雅克拉处理装置，根据油气处理和轻烃回收一体化设计的特点，为提高稳定效果，增加液化气、轻烃产量和经济效益，综合比选后，采用了多级闪蒸+微正压精馏的原油稳定工艺，以实现凝析油稳定所产的轻烃和低压稳定气能直接进入轻烃装置回收处理（图5-28）。

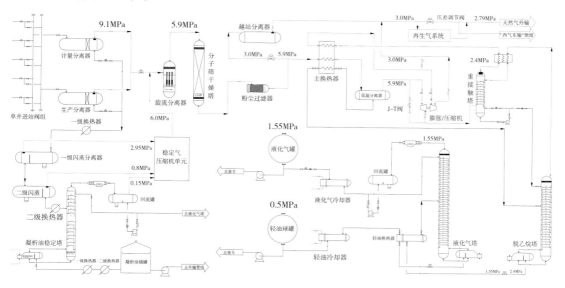

图5-28 雅克拉站工艺流程示意图

凝析油稳定的主要工艺流程为：计量分离器和生产分离器的凝析油经换热后依次进入一级闪蒸分离器（2.95MPa）、二级闪蒸分离器（0.80MPa）进行油、气、水分离（控制含水<0.5%），分离后的凝析油进稳定塔（0.25MPa/塔底180℃）稳定，并经两级换热后进入凝析油储罐。凝析油稳定所回收的混烃经稳定塔回流罐脱水后增压进入液化气塔回收，一级、二级闪蒸气和稳定塔的稳定气经稳定气压缩机三级压缩至6.0MPa后进入天然气处理装置回收轻烃。

在凝析油稳定过程中，通过多级闪蒸、逐级降压，既逐级最大限度地回收了稳定气，最终降低了稳定塔中的气量和负荷，提高了稳定效果，又逐级最大限度地保留了回收稳定气的余压，大幅节省稳定气，增加回收所需的能耗。

二、稳定塔干气气提工艺

雅克拉集气处理站地处新疆，冬季气温低（最低可达-30℃以下），且昼夜温差大，在冬季容易出现稳定塔空冷器即使处于电机全停状态下，仍然存在制冷量过大、塔顶气液化率过高，塔内不凝气量偏少，造成稳定塔塔压过低、后端压缩机进气压力频繁低压报警、甚至连锁停机等现象，严重影响凝析油稳定系统平稳运行。为此，该站于2009年年底通过技术改造，在稳定塔塔底增设了一条干气气提流程（图5-29），采用站内0.4MPa的燃料气作为气源，并根据最佳稳定塔压力需要自动控制补气的流量，既大幅提升了稳定塔的平稳运行能力，补充的干气还能起到气提气的作用，大幅提升凝析油稳定的轻烃产量。

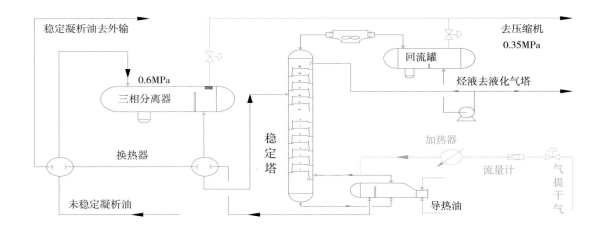

图5-29　气提工艺流程示意图

经过实验运行和对比表明，气提流程投运后具有以下显著作用：

（1）能保持稳定塔压力：以前稳定塔压力受气温波动大，装置负荷低或夜间气温低时，稳定塔压力非常低，容易造成稳定气压缩机连锁停机。通过气提流程补气，使稳定塔压力恒定保持在0.15MPa，保障了稳压机的平稳运行。

（2）降低了稳定气C_3^-组分含量：稳定塔塔顶气（稳定气）C_3^-组分含量高达50%，由于重组分含量高，造成稳压机入口缓冲罐轻烃凝液量较多，容易造成稳压机因高液位连锁停机，且这部分轻烃只能排往开式排放罐，绝大部分蒸发损耗掉。气提流程投运后，大幅稀释了稳定气，降低了稳定气中的重组分含量，降低稳压缩入口缓冲罐轻烃冷凝量，提高了机组运行的安全性，也能降低轻烃损耗量。

（3）能大幅提高稳定塔的轻烃产量：经稳定气的携带和降低轻烃组分分压作用，提高了稳定气中轻烃组分的总组分含量。通过优化塔顶空冷器后温度等措施，在塔底温度仅为130℃时，稳定塔回流罐轻烃液相调节阀采出由原3%~4%增至6%~7%，日增轻烃10t左右，效果十分显著。

三、稳定气多级增压回收技术

凝析油多级闪蒸和稳定过程中所产生的低压稳定气，含有大量的轻烃组分，需采用稳定气压缩机增加至高压天然气处理装置回收轻烃和干气，做到零排放。

雅克拉站凝析油稳定系统由于采用多级闪蒸+微正压精馏工艺，低压稳定气具有三个压力等级系统，即一级闪蒸气（2.98MPa）、二级闪蒸气（0.8MPa）和稳定塔回流罐的不凝气（0.25MPa）。若采用国内常规的单级进气、单级或多级压缩的增压回收工艺，不仅能耗高，且压缩机也更大、投资更高。

经过充分比选和论证后，该站稳定气回收选用3台美国库伯公司的3×CFA43型电驱压缩机（额定功率160kW，排量1752 m^3/h）（图5-30、表5-8），采用了先进的"三级进气+三级压缩"增压回收工艺，即稳定塔回流罐的不凝气（0.25MPa）经一级压缩后与二级闪蒸气（0.8MPa）混合，经二级压缩后又与一级闪蒸气（2.98MPa）混合，然后再经三级增压至6MPa后，进入气体处理装置回收轻烃，相对于常规的单级进气增压回收方式，各级气体能量均得到梯级利用，其压缩机功能更先进、结构更紧凑、体积更小巧、运行更低耗。

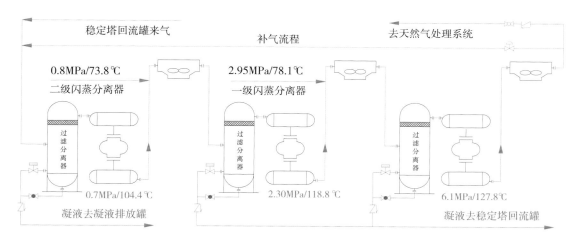

图5-30　3×CFA43型压缩机流程示意图

表5-8　3×CFA43型压缩机工艺参数

参数\级数	进气		排气		输入功率/kW
	压力/MPa（a）	温度/℃	压力/MPa（a）	排量/（Nm³/h）	
一级	0.20	50	0.7	490	17.8
二级	0.65	50	2.3	750	35.1
三级	2.25	50	6.1	2000	73.5

四、两级水洗脱盐工艺

雅克拉集输处理站凝析油稳定塔设计参数为0.25MPa/180℃，当运行温度超过130℃时，曾多次发生结盐堵塞重沸器和相关流程的问题，需停运系统或抽出重沸器管束进行洗盐处理，运行维护难度大，既影响稳定效果和轻烃收率，还存在安全隐患。大涝坝气田凝稳装置（设计0.35MPa/195℃）投运后，当运行温度为120℃时，盐堵周期为2d左右，当塔温降至90~100℃时，盐堵周期约为7d。轮南油田原稳装置1999年投运后，将温度升至115~120℃时，稳定塔和稳后泵过滤器每4~5d（严重时2d）就盐堵一次，每次洗盐解堵近20h。由此可见，采用100℃以上高温的稳定装置都因原油含水高矿化度出现了不同程度的盐堵问题，装置启停操作频繁，严重影响装置安全运行和轻烃收率。

为解决稳定塔高温运行盐堵问题，2009年通过技术改造，增设了两级水洗脱盐流程（图5-31），并新增一台洗盐分离器（兼三级闪蒸分离器）。工艺流程为：清水经喂水泵提升，与二级闪蒸分离器出口的凝析油混合后进入洗盐分离器，洗盐后的污水再经循环泵提升进入二级闪蒸分离器进行二级洗盐，洗盐后的凝析油再进入原稳装置进行加热稳定。从实验结果可知：雅克拉站的凝析油只需加入5%～10%的清水，即可达到含盐量低于50mg/L的技术指标。

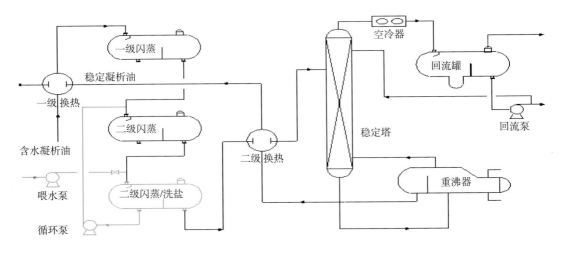

图5-31　雅克拉站凝析油稳定系统两级水洗脱盐工艺流程示意图

清水洗盐工艺虽效果好，但能耗、药耗和污水处理成本也相应增加，且加水后系统腐蚀风险（如暴氧腐蚀等）也较大（表5-9）。故当处理负荷高、稳定塔压力高于0.15~0.2MPa、需将温度升至130℃以上运行时，可加入适量清水洗盐，以防系统盐堵；当处理负荷不高、稳定塔压力为0.1~0.15MPa时，可将温度降低至120℃左右运行，也可起到相同稳定效果。这时不需加注清水，而将洗盐分离器作为三级闪蒸分离器进行脱水、脱盐，防止盐堵。

表5-9　水洗脱盐工艺用水量与效果

油量/ mL	处理温度/ ℃	沉降时间/ min	原油含盐/（mg/ L）NaCl	脱盐 用水	一级洗盐用水量/ mL	二级洗盐用水量/ mL	洗后油中含盐量/（mg/L）
200	74	15	110	清水	20	20	35.2
200	74	15	110	清水	10	10	46.5

实际运行效果：该洗盐流程自2009年10月投运后，初期运行按设计量加注清水，后期逐步优化参数和加水量，最终实现了长期不加清水运行，该装置也再未发生盐堵问题，效果较为显著，凝析稳定系统运行更为平稳、高效。

第六节 信息与自动化集成技术

雅克拉凝析气田地处大漠戈壁，自然环境恶劣，气田流体性质具有"两高一强"（高温、高压、强腐蚀）的特点，对气井和集气处理站的安全可靠性要求非常高。为了减少人工值守，提高安全风险管控水平，采气厂在地面设施设计上采用超前的设计理念，实现了井口资料自动采集，站内工艺流程高度自动化控制以及紧急状态下的井站安全连锁控制，在气田初始开发阶段就实现了全过程的自动化控制。随着生产过程的不断深入，采气厂不断完善井站自动化系统，通过信息化提升手段，使生产参数得到了有效监控，大大降低了运行成本，为智能气田建设打下了坚实的基础。

一、井站自动化技术

面对安全风险高、工艺流程复杂的现状，采气厂树立自控仪表系统"为安全服务"的理念，在地面工程配套技术上选择了先进的自动化控制系统和安全可靠的仪器仪表，有效削减了安全风险，提高了本质安全水平，保障了安全生产。

（一）生产监控与数据采集技术

雅克拉气田地面集输工程的自动控制系统采用以计算机为核心的监控和数据采集与监视控制（SCADA）系统（图5-32），全系统是基于霍尼韦尔公司的PKS系统设计的。从整个SCADA系统架构上来说，共分三大部分：过程控制系统（DCS）、紧急关断系统（ESD）以及中控室的中心数据处理系统。SCADA系统中DCS主要负责正常的工艺流程控制和监视；ESD则负责对超出DCS控制范围的工艺控制对象进行相应的联锁保护；中心数据处理系统主要负责工艺流程的动态显示，数据的采集归档、管理以及趋势图显示，生产统计报表的生成和打印等。雅克拉集气处理站中控室是整个系统的数据中心，同时其OPC服务器也是气田SCADA系统对外部系统的唯一数据接口。

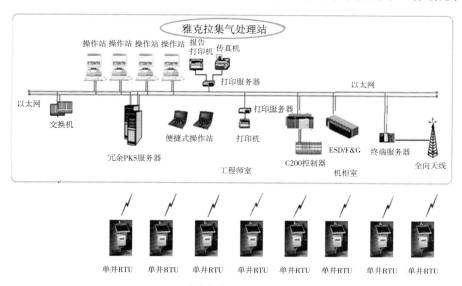

图5-32 雅克拉气田SCADA系统总貌

DCS选用霍尼韦尔公司的C200控制器1套，包括冗余的控制器、冗余的通信卡件、冗余的电源模块、I/O卡件。雅克拉集气处理站中控室配置一对冗余的DELL AS-PE2800 server计算机作为服务器。服务器配置软件包括：数据库基本软件包(EP-DBASE1)、冗余数据库软件 (EP-RBASE1)、5用户操作站软件许可证(EP-STAT05)、1用户开放数据库访问软件(EP-UODA1U)。配置的冗余数据库软件保证冗余服务器中的任何一个失败以后，另一个一直"热备"的服务器立即取代它的所有功能。

ESD系统选用霍尼韦尔公司的FSC控制器1套。包括冗余的控制器、冗余的通信卡件、冗余的电源模块、冗余的I/O卡件。霍尼韦尔的FSC系统是一个高度可靠和高度集成的安全系统，"故障安全"和"安全容错"（即单个故障不会影响系统的安全功能）。系统内部的诊断功能和表决功能决定系统最后的动作。

紧急关断系统（ESD）分为三级：一级关断（ESD-1）为全站关断。该级关断由处理厂的火灾或爆炸引起，该关断级别最高。终端设备除应急支持系统（延时关断）外全部关断并紧急放空。此级别关断手动启动。二级关断（ESD-2）为工艺关断。该关断由气体严重泄漏或关键工艺参数异常引起的全站停产的关断。它可由操作人员手动启动，也可自动启动。除能执行本级关断功能外，ESD-2级关断能触发ESD-3级关断。三级关断（ESD-3）为工艺段关断。该级关断由工艺段故障或生产系统的重要装置故障引起，可手动或自动启动。

（二）井口安全控保技术

雅克拉气田井口安全控保系统包括井场RTU和井口控制柜两部分。

1.井口RTU

RTU（Remote Terminal Unit）是一种远端测控单元装置，又称外围站点，经常采用微处理器或微型计算机构成独立运行智能测控模块，负责对现场信号、工业设备的监测和控制。雅克拉气田井口采用的RTU多为北京安控E16系列，该系列产品由硬件模块、配套件、机箱、内置软件、开发软件组成，它具有多种结构形式、多种配置和多种功能的选择，用户可根据实际需要进行定制、集成、开发和应用。RTU主要负责压力、温度等生产参数的数据采集，可远程关井的开关量信号控制。

2.井口控制柜

井口控制柜即液控柜是一种井口保护装置，回压气源通过气液转换器将气压信号转换为液压信号，当发现回压不在正常范围内时，经过高、低压传感阀和卸荷阀

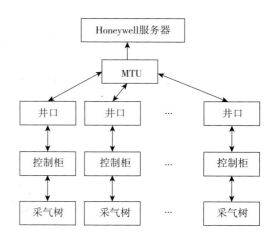

图5-33　雅克拉气田单井控保系统示意图

实现高低压保护，关闭地面安全阀，确保油气井生产安全。雅-大气田的特点是井口温度高、压力高、高含凝析油，井口腐蚀问题比较严重。这些特点决定了在单井生产中，井口控制柜将扮演重要的角色（图5-33）。设在处理站的MTU与设在各个单井的RTU通过通信介质（通信电台）将各单井的井口生产参数检测、处理、传输至中控室上位机并显示，并且能够通过井口控制柜执行必要的开关量动作，实现远程关井。

二、信息化建设

随着气田开发的不断深入和信息技术的飞速发展，原有自动化系统功能单一、监控覆盖率低、设施设备老化严重等问题逐渐凸显，造成单井用工总量高，简单重复性劳动多，职工劳动强度大，生产效率低等问题。由于雅克拉采气厂管辖的各个油气区块均具有自然环境差、管理战线长、安全风险高、治安环境杂等显著特点，为了提高工作效率，改善工作环境，减轻劳动强度，提升安全管理和生产经营管理水平，在采气厂开展信息化建设迫在眉睫。

（一）建设理念与方法

雅克拉采气厂通过梳理、分析油气生产业务和管理流程，与云计算、物联网、大数据等新技术相结合，总结国内外油气田信息化建设经验，提出"井站一体、分级管控"的建设方法。

以站点为中心辐射到井，构成基本生产单元。以基本生产单元过程控制为核心，站控中心实现对单井的远程管理，把没有围墙的油气田变成"有围墙"的工厂。以采气厂为生产管理单元，集成各个基本生产单元信息，实现集中管控。

井场和站点组成的基本生产单元是信息化建设过程中的中心和基础，建设坚持"两高、一低、三优化、两提升"的思路，实施过程中突出"三个结合"、注重"六统一"、推进"两个转变"。

两高：高标准、高效率。

一低：低成本。

三优化：优化工艺流程、优化地面设施、优化管理模式。

两提升：提升工艺过程的监控水平、提升生产管理过程的智能化水平。

六统一：统一规划、统一标准、统一设计、统一投资、统一建设、统一管理。

两个转变：思维方式的转变、工作方式的转变。

（二）建设情况

雅克拉采气厂自2011年逐步开展信息化建设工作，经过两年时间的建设，取得了良好的效果，实现了"生产现场可视化、采集控制自动化、动态分析及时化、调度指挥精准化、辅助决策智能化"。

信息化建设按照层次化结构进行设计，分三层结构：

（1）井场应用层：实现井场各类信息的采集，并能够接收站场指令，完成对井口控制柜的关井操作。

（2）站场应用层：对站场工艺流程及其所辖单井的实时监控。

（3）厂级应用层：负责全厂井、站生产运行的实时监控、统一调度运维人员；自动生成报表；为领导提供全天候、全方位的现场运行情况，辅助决策。

1.建设内容

1）井站硬件设施建设

安装智能检测仪表和RTU。检测仪表检测的参数包括：油压、油温、套压、回压、回温、水套炉进口压力、水套炉出口温度、地面安全阀压力、井下安全阀压力。各检测仪表通过仪表电缆将信号接入RTU柜（图5-34），RTU接收信号并处理之后通过光缆或无线网桥传送至队级监控室。

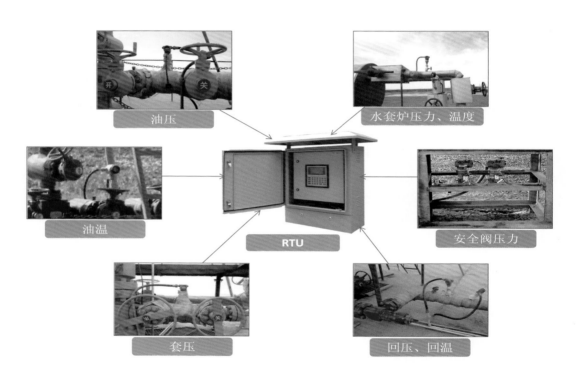

图5-34 井口数据采集系统

安装视频摄像头和扬声器。在井场立杆上安装摄像机、云台、扬声器，另外安装辅助照明灯，增加夜间视频监控照明效果。实现实时视频监控、远程喊话、闯入报警和图像抓拍功能（图5-35）。

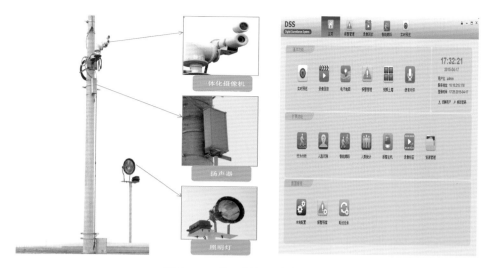

图5-35　井口视频、音频系统

　　加装液压控制柜，实现井口自动控制。在井口安装由采气厂自主研发设计的 "雅安特"（YAT）液压控制柜，实现井口自动控制（图5-36）。

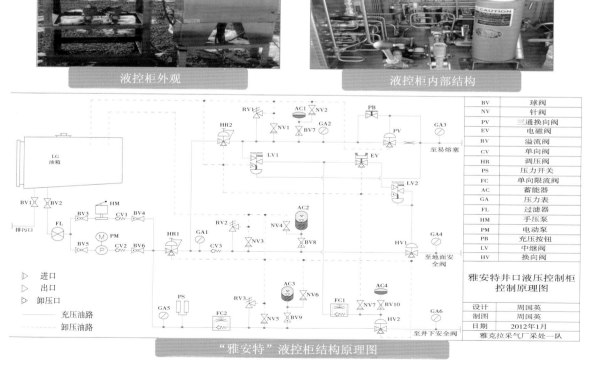

图5-36　井口液压控制系统

井口辅助平房建设。增加仪表间，房间内配备空调和电暖气，同时对井场进行了标准化平面布局，将井口自动化设施设备（RTU、液压控制柜、信号转接箱等）全部放在辅助平房内，设备的使用环境得到很好的改善，有效提高了恶劣天气条件下仪器仪表的稳定性，故障率大大降低（图5-37）。

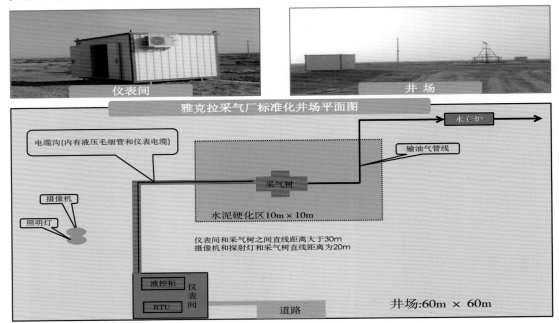

图5-37　标准化井口平面布局图

2）通信链路建设

（1）井-站之间通信。各个区块以各自集气处理站（队部）站控室为中心，采用光缆和无线网桥搭建通信网络（图5-38），实现各区块井、站之间的通信连接。井场RTU和站控室之间优先选用光缆进行通信，敷设光缆时与集气处理站至单井架空电力线同杆架设，没有电力线的单井采用光缆埋地敷设。井场距离站库较远且敷设光缆有困难时，采用点对点无线网桥方式通信，达到网络互补，投资合理的目的。

（a）架空光缆　　　　　　　　　　（b）无线网桥

图5-38　架空光缆和无线网桥

（2）站-厂之间通信。雅克拉、大涝坝、轮台沙三区块与厂部之间采用分公司已建光纤链路进行通信，远离厂部的巴什托、玉北、桥古区块与厂部之间采用租借公用链路的方式进行通信，建立了全厂范围内的数据通信链路。

3）监控中心建设

（1）站控中心建设。在站控中心安装与井场RTU同类型数字光端机组，接收各井场RTU传送来的信号，并将各路信号解析出来。视频信号进入硬盘录像机，直接与工业电视相连，实现视频画面监控（图5-39）。生产数据信号进入串口服务器，经过转换处理后存入数据服务器，数据监控计算机采用C/S架构，在操作站上通过组态软件实现数据的实时监控。生产数据和视频信息通过网络交换机可以上传至厂级调度指挥中心，实现厂级监控。在网络交换机与数据服务器之间设置安全网关，确保了站控系统与外界之间的物理隔离，实现数据单向访问（只读），从而保障了系统信息安全。

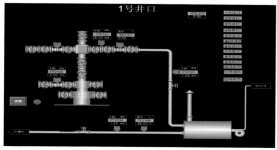
（a）单井监控

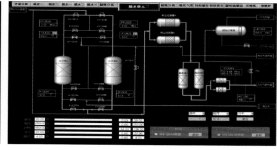
（b）集气处理站监控

图5-39　站控中心监控画面

（2）厂级监控中心建设。新建厂级监控中心，根据生产信息化建设需求开发一套生产运行管控平台（图5-40），实现了全厂生产参数和视频信息的集中监控与统一调度。油气井远程监控系统软件分为数据层、控制层和应用层。数据层软件实现系统所需的视频数据、自动化数据的采集及存储。控制层软件通过组态软件进行开发，实现对油气井控制、故障诊断服务、异常分析服务、报警服务等。

图5-40　厂级监控中心画面

2.实现的功能

单井应用层实现了四个方面的功能（图5-41）：①参数的自动采集。自动采集各项温度、压力参数并实时显示，同时实现了参数高、低限自动报警和历史趋势查询，有效掌握生产动态。②井口自动控制。实现了火灾自动关井、高低压自动关井和中控室远程关井三项功能，在异常情况下能够迅速关闭井口。③实现了井场的视频监控、实时监控，及时发现异常。④实现了井场的远程喊话，有效防止闲杂人员出入井场。

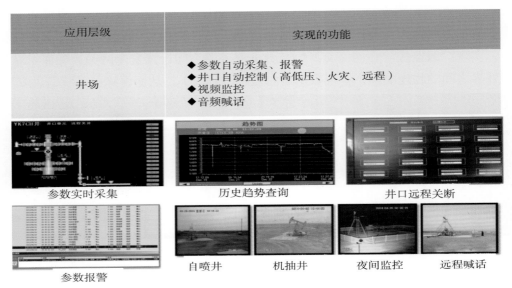

图5-41 单井层面实现的功能

站场应用层完善了两大功能：①在队级监控中心对其辖区范围内的井、站数据和视频进行集中监控。实现了从井口采出、集输、天然气处理、产品储运各个环节的生产参数自动采集和生产过程自动控制。②应用电子门禁系统，职工全部刷卡进出站区，闲杂人员禁止入内，实现了站区封闭化管理（图5-42）。

图5-42 站场层面实现的功能

厂级应用层建立了厂级生产调度指挥中心，架构了覆盖油气生产各个环节的信息化远程管控平台，做到了全厂信息共享、集中监控和调度指挥,统一调度运维人员，自动生成报表，为领导提供全天候、全方位的现场运行情况信息。

3.取得的成效

通过信息化建设，雅克拉采气厂不断深化管理，在经营管理、安全保卫、环境保护、生产运行和人力资源等方面取得了"三升三降"的良好成效。

（1）提升了生产运行效率，降低了劳动强度。

通过建立信息化远程管控平台，推行以远程监控、自动预警、机动巡护为主的"井站一体化"管理新模式（图5-43），做到组织指令统一下达，生产指令同步执行，提高生产效率，减少管理环节，优化用工结构，降低劳动强度。

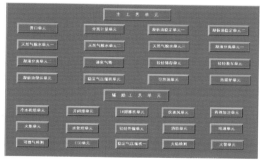

图5-43 井站一体化监控

提升了生产运行组织效率。以中控室为核心，实现"内操+外操"管理模式，内操在中控室及时发现、外操在现场解决问题。大大提升现场管理水平和生产效率，打破了专业界限，实现了以"普通巡检工向故障维护技师转变"的模式。

降低了劳动强度。由原来的定时定点巡检（每天4趟，每趟巡检时间为2h）变成了故障巡检，大大减少了简单重复劳动（图5-44）。

图5-44 巡检模式的转变

（2）提升了现场管控水平，降低了安全风险。

通过远程生产数据采集、远程实时视频监控、运行参数异常报警等功能，提高重点部位、重要生产环节的安全隐患发现速度，有效提升安全生产防控能力，降低安全风险，提高了油气井生产安全水平。井口具备超高压自动关井和生产异常预报警，当下游集气站场发生意外和失控时，能通过自动关井或远程关井快速截断井口气源，降低生产事故发生率，减少生产安全风险。

由于井底出砂，YK18井左翼固定式节流阀于2013年12月18日13:59:06发生刺漏（图5-45），视频监控软件发出画面移动侦测报警，中控室值班人员迅速汇报险情并果断采取远程关井措施，13:59:14启动远程关井程序，地面安全阀关闭切断井筒油气流。14:20:05值班人员赶到井场关闭回压管线阀门，更换固定式节流阀，重新开井生产。通过"视频监控+声光预警+远程关井+应急处置"一套"组合拳"，险情得到了有效控制，整个过程安全高效，险情处置过程中信息化系统起到了极为关键的作用。

图5-45　YK18井刺漏处理过程

降低油气井设备被破坏风险。通过参数监测、视频监控、音频预警、远程关井等功能，对生产现场实现全方位、全天候视频监控，第一时间发现井口异常，全年拦截闲杂人员进入井场82次（多发生在巴楚、玉北等偏远区块）；自动关井成功率100%；油田物资设备被盗事件、爆管等恶性安全事故为零。

（3）提升了经营管理水平，降低了生产成本。

通过信息化系统应用平台，采气厂及时把握和分析现场生产动态，提高精细化管理水平，降低生产成本，年累计创造效益达1047万元。

降低人工成本。通过信息化建设，巡检模式由常规巡检转变为故障巡检和重点区域巡检，偏远单井实现无人值守，大大减少人员用工及车辆使用情况，原巡检班的常规巡检工作由中控岗通过视频监控完成，在生产单元不断增加的情况下，实现了用工量的负增长，累计减少用工量80人次，占总人数的23.8%。

降低车辆运行费用。通过巡检制度优化，2014年外租车辆行驶公里数预计96.1×10^4km，比2013年150.3×10^4km减少了54.2×10^4km，实现了降本增效。

减少产量损失。通过现场运行参数的实时监控，能够及时发现生产中出现的问题（刺漏、爆管、井喷），可以对突发事故进行预警，通过井口实时监控系统，进行远程关断，现场处理时间由6h缩短到3h，环保污染治理费用大幅下降，比2013年减少凝析油损失20余吨。

（三）成果与认识

通过总结提升，雅克拉采气厂进一步完善管理制度，在技术和管理层面均取得了具有推广价值的经验。

（1）形成了适合分公司气井信息化建设的建设标准。雅克拉采气厂建立了井口参数的采集标准；采用的气井工况监测、远程控制和光缆传输被证明非常适合气井智能化建设需要；视频监控、远程喊话系统在民族敏感地区发挥了重要作用；分队"又监又控"和厂部"只监不控"的系统架构合理；建立独立的工业控制网，确保信息安全等技术手段均得到了充分的验证。

（2）形成了配套的管理制度。雅克拉采气厂编写和制定了《雅克拉采气厂信息化管理制度》，对方案设计、施工监管、物资采购、使用、巡检、运维等情况进行了具体要求，保障了建设和运行过程中的优质和高效。

（3）形成了自主的技术特色。雅克拉采气厂技术人员自主研发的"雅安特"控制柜，综合了喀麦隆、FMC、金湖等多类控制柜的优点，实现高度自动控制，采用全液压方式，集远程关井、高/低压自动关井、火灾自动关井、人工就地关井多功能于一体，关井成功率100%，具有安全、稳定、可靠性强的突出特点，在高压油气田领域有极强的推广价值。

雅克拉采气厂通过信息化建设，为集团公司持续优化发展结构，加快转变生产发展方式，实现科学发展，着力推进综合性国际能源公司建设发挥了作用，具有良好的推广应用价值和应用前景。

第六章 滚动勘探与推广应用

为了实现地面集输处理装置和人员队伍利用最大化，雅克拉凝析气田开发秉承滚动勘探、滚动开发、滚动扩边的开发理念和做法，最终实现了雅东滚动扩边，有效地实现了产能接替，延长了地面设备的使用周期，极大降低了投资。塔河9区奥陶系凝析气藏借鉴、应用雅克拉凝析气藏的试气试采、反复论证、滚动产能建设、开发方案优化、地面与地下配套建设等思路和技术，2013～2014年建成了$3 \times 10^8 m^3$天然气生产阵地，使塔河9区奥陶系多年未动用储量得到了有效开发，并形成了塔河油田碳酸盐岩缝洞型凝析气藏高效开发技术。

第一节 雅克拉气田滚动开发

滚动开发实现了主构造的产能接替，使油气田实现长期稳产；充分利用已建成的地面集输处理设备，提高设备利用率和使用年限；雅克拉凝析气田的滚动开发主要分为四个阶段。

一、下伏地层滚动评价

早在2005年产能建设时，为落实雅克拉构造古生界油藏分布情况，选择YK7H、YK8H、YK9X井分别在直导眼或直井完钻后加深钻进，滚动评价古生界裂缝型、三叠系风化壳、侏罗系孔隙型凝析气藏。2007~2008年又分别部署了YK11、YK12、YK13井评价古生界震旦系、寒武系和奥陶系，兼顾评价侏罗系，之后共有7口井试采奥陶系，3口井试采侏罗系。评价结果为：下伏古生界奥陶系和寒武系有一定开发价值，但含油气分布、气水特征、产能特征差异大，需要进一步评价认识；侏罗系油气藏局部富集，凝析气藏物性差、产能低、含气饱和度低，有一定潜力；三叠系古风化壳为原地搬运砾岩层，储层物性差，含油气性差，基本无勘探开发价值；总体来说，下伏古生界凝析气藏、侏罗系凝析气藏可以作为白垩系气藏的后期补充接替层（图6-1）。

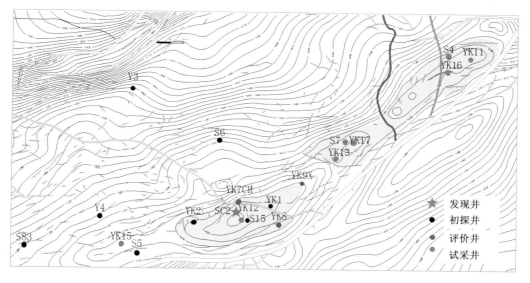

图6-1 雅克拉气田下伏地层评价部署井

二、上覆地层滚动评价

在下覆地层评价的同时，开展上覆地层评价：①2005~2006年，开展老井复查，全面梳理上覆地层的钻录井显示及测井情况，舒善河组、苏维依组、巴什基奇克组等层系录井多为油迹级别显示，测井解释多为差油气层及干层。S44、S4、S7等井测试油气显示较好的舒善河组，获得了突破。②开发井钻井过程中，加强了上覆地层有关油气性质的资料录取，在构造解释方面也开展了相关工作，总体认为上覆油气成藏潜力小。③以油气成藏理论为基础，期望在雅-轮断裂带上发现雁列式油气藏群，外围探井、评价井也侧重评价测试上覆地层。仅在相邻的构造带上的牙哈、大涝坝气田的上覆地层K₁bs、N₁s含油层系获得突破。综合评价认为：雅克拉凝析气田上覆地层油气潜力小，可进一步在与雅克拉气田外围同属或相邻断裂带上查找油气潜力点。

三、雅东滚动开发

2006年，在评价古生界过程中，YK11井和YK13井在白垩系钻遇好的油气显示，随后投入试采，产能、气油比、流体性质、地层压力与主构造基本一致，是雅克拉构造的向东延伸，开展了雅东构造、储层及含油气性质的研究。2010年，在新的三维地震资料基础上进一步落实了雅东构造，在构造东西两头分别部署YK16、YK17井，均在白垩系钻遇好的油气显示。气水界面取值海拔-4387m，其他参数依据雅东各井实际解释结果，没有取样的凝析油含量等参数直接借用主构造参数。计算结果含气面积13.47km²，天然气地质储量$44.3 \times 10^8 m^3$，凝析油地质储量$135.48 \times 10^4 t$，采收率沿用主构造的采收率，即凝析油采收率40%，天然气采收率60%。2011年编制雅东产能建设方案后，实施开发基础井网，至2012年产能建设完成，6口新井投入生产，日产油最高达到160t，日产气最高达到$60 \times 10^4 m^3$，实现了对主构造的产能部分接替。

（一）产能建设

2011年年初编制了雅东"雅克拉气藏S7–S4井区产能建设方案"，借鉴主构造开发的成熟思路、方法和成果，边实施、边认识、边调整，采用整体部署、先下后上、试采与建产结合的指导思想，于2011年5月通过中国石化审查后实施。

1.井网设计

以白垩系气层为主，开发对象兼顾下伏侏罗系、古生界多套层系，采用一套井网开发；根据开发井网设计沿构造长轴方向不规则线性井网，尽量部署在已落实构造的较高部位，按合理井距783~1176m布井，设计井8口，其中利用老井3口，部署新井5口（图6-2）。

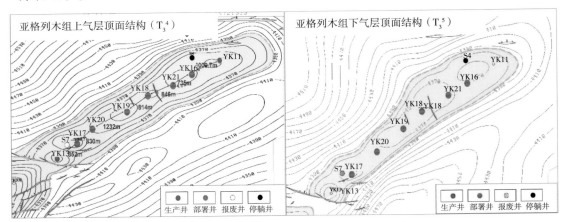

图6-2 雅克拉S7–S4井区白垩系凝析气藏构造及井网设计图

2.投产顺序

根据单井各层油气潜力情况，由下到上逐层上返测试生产，全面搞清各层系生产能力和评价开发潜力，实现对主构造的渐进式逐步接替。

3.实施情况

2011年雅东方案开始实施，根据实钻情况及地质研究结果，雅东白垩系气藏划分为3个独立的气层，上、中气层为边水凝析气藏、下气层为边底水凝析气藏。3个气层储量相当，储量丰度小，适宜建立3套独立开发井网均衡开发，避免逐层上返采气强度大等问题。借鉴主构造均衡开发技术，以"间插法"为基础，优化单井产能，从而实现整体优化投产目的。

（二）雅东开发效果

自2011年实施产能建设以来，雅东区块新投产井6口：YK16-YK21井。生产特征表现为：①投产初期产量高，雅东构造西部生产稳定，东部产量下降快；②构造西部生产井无水期长，构造东部生产井见水快，且见水规律复杂，YK21井存在"上水下气"，气水关系有待进一步研究；③由于储层孔渗性较差，造成渗流压降大，凝析油含量280g/m³左右，最大反凝析液量9.03%，凝析油含量较主构造气藏高，生产过程中气油比上升，由3200m³/t逐渐上升到4300m³/t，反凝析造成一定影响。

雅东区块新井全面投产后，区块日产气量最高达60×10⁴m³，日产油量最高到160t。雅东协调总气量降低主构造下气层采速，成功实现了产能接替，为雅克拉主体区调整奠定了储量基础。第一次大规模产能接替调整为2011年5月至2012年6月，雅东3口新井YK17、YK18、YK19井投产，主构造平面调整7井次，下调气量21.5×10⁴m³/d。第二次大规模产能接替调整为2012年7月至2012年10月，雅东3口措施井YK18、YK20、YK21井投产，主构造预计下调气量32.6×10⁴m³/d。第三次大规模产能接替调整为2013年1月至2013年6月，补孔改层措施投产1口井（YK21井），YK16井转层投产未建产，下调气量11.2×10⁴m³/d（图6-3）。

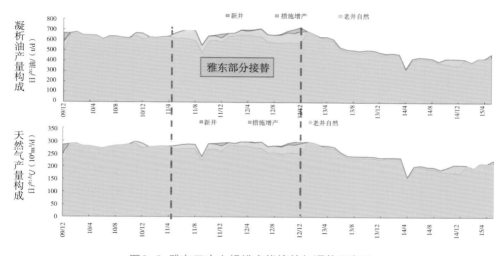

图6-3 雅东三次大规模产能接替与调整示意图

雅东区块的滚动开发，成功实现了雅克拉气田的产能接替。在保障西气东输和下游用户用气需求的同时，为主构造赢得了足够的调整空间，使主构造采速由5%以上下调至3.5%以内，延长了气藏的稳产期。同时，以雅东三套开发层系划分为指导，进一步细化了雅克拉主构造小层，一共划分出16个韵律层，形成4套开发层系，为下步精细开发奠定了基础。

第二节 塔河9区奥陶系凝析气藏推广应用

塔河9区与雅克拉同属于塔北隆起，处于阿克库勒凸起东南斜坡上（图6-4、图6-5），是碳酸盐岩缝洞型凝析气藏。气藏具有埋藏超深（平均埋深5900m）、储层以溶洞型、裂缝-孔洞型为主的特点。属于以弹性驱和水驱共同作用的碳酸盐岩岩溶缝洞型储层、高含硫化氢、中含凝析油的近饱和凝析气藏。临界凝析压力68.78MPa，临界凝析温度336.5℃，凝析油含量155.399g/m³，露点压力等于地层压力（64.6MPa），下段表现为挥发性油藏特征。

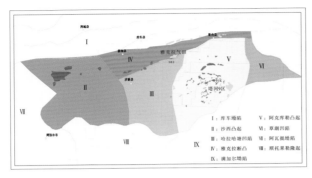 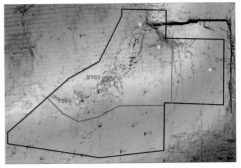

图6-4 塔北隆起区域构造图　　图6-5 塔河9区中奥陶统一间房组顶面（T_7^4）三维立体图

气藏自2002年发现以来，由于开发方式、产能情况及相态变化、硫化氢和二氧化碳双重腐蚀、缝洞发育展布特征等问题没有得到有效解决，致使产能建设滞后。在成功开发雅克拉白垩系凝析气藏的基础上，借鉴雅克拉试气试采经验，解决塔河9区奥陶系凝析气藏开发存在的问题：①与雅克拉凝析气藏类似，塔河9区奥陶系气藏分为上、下两段，奥陶系中下统上段属于中含凝析油的凝析气藏，奥陶系中下统下段流体表现为挥发性油藏特征，上、下段油气藏如何动用需进一步论证；②塔河9区奥陶系气藏属于弹性驱和水驱共同作用的缝洞型凝析气藏，而且依据凝析气藏开发方式选择评价标准打分，塔河9区奥陶系凝析气藏为80.25分，分值较雅克拉低，利用衰竭式开发有一定风险；③塔河9区奥陶系凝析气藏同雅克拉气田一样分为两个区块，塔河9区分主体区和东部区域，前期由于试采井少、时间短，对两个区域单井产能、单井储量、储集体与地震反射特征关系等规律掌握较少；④塔河油田9区奥陶系气藏属于高温、高矿化度、高硫化氢凝析气藏，完井管柱应充分考虑下井工具（主要是封隔器）的耐温和防腐性能，同时管柱强度应能满足酸化、压裂等增产措施等。

2011~2012年对老井恢复试采，在取准、取全气藏动态监测资料的基础上，对气藏储量规模、单井产能、开发方式和管柱选择等进行深入评价与研究分析。2013年利用已有集输装置进行改造，开始产能建设，建成$3×10^8m^3$天然气产能，脱硫处理$100×10^4m^3/d$规模。2015~2016年新井陆续投产，使塔河9区奥陶系多年未动用储量得到了有效开发。

一、试采技术应用

2002~2004年相继部署了6口探井（S101、T901、T903A、T904、T913和T914井），除T903A和T914井测试分别为干井和水井外，其余4口井一间房组测试获工业气流，日产气在$(4~20)×10^4m^3$。2004年11月提交探明储量，含气面积65.4km²，凝析气地质储量$188.69×10^8m^3$，其中天然气地质储量$183.98×10^8m^3$，凝析油地质储量319.1×10⁴t。2005年部署TK915、TK916及TK917井3口开发准备井，日产气量(5～15)×10⁴m³，由于硫化氢含量高，无地面集输及处理条件而关井。

塔河9区奥陶系凝析气藏与雅克拉气田同属凝析气藏，塔河9区奥陶系凝析气藏开发过程借鉴雅克拉开发理念，但同时又要做到具体问题具体分析。塔河9区奥陶系凝析气藏储层中有裂缝、溶蚀孔洞和溶洞，单井生产特征在平面上存在较大差异，主干断裂带上的单井在试采期间表现出储集体规模大、外部能量供给强、具有较强的带水生产能力，次级断裂带上的单井试采特征表现出储集体规模小、外部能量供给弱、见水后快速水淹的特征。为了摸清塔河9区奥陶系缝洞型凝析气藏开发规律，借鉴雅克拉边试采边总结的理念，2011年先恢复9区4口老井进行长期试采，取全、取准压力监测、系统试井、压力恢复试井、产液剖面监测、流体性质监测、硫化氢监测等气藏资料，支撑气藏开发相关规律认识。

（一）试气试采评价，基本厘定产能变化与反射特征、条带的关系

缝洞型油气藏非均质性较强，产能和产量变化主要由缝洞单元内的缝洞体规模及缝洞连通组合模式决定。需要通过试采建立起缝洞表征参数与产能、累产的关系，形成相应判断标准，才能整体认识区块经济开发规模。

TK915井2012年8月19日试采一间房组，4mm油嘴自喷，油压47MPa，日产气9.05×10⁴m³，日产油10.3t，不含水，气油比8784m³/t。TK916井2012年7月5日试采一间房组以下0~40m裸眼井段（5779~5819m），初期4mm油嘴自喷，油压41.8MPa，日产气8.65×10⁴m³，日产油27.9t，含水3.7%，气油比3098m³/t。S101井于2013年1月12日试采一间房组以下4~65m裸眼井段（5755.86~5817m），4mm油嘴自喷，油压46MPa，日产气10.5×10⁴m³，日产油16.4t，含水1%，气油比6380m³/t。TK915-1X井2012年12月27日对一间房组和鹰山组120m裸眼井段进行测试，6mm油嘴自喷，油压7MPa，日产气0.8×10⁴m³，日产油19.1t，含水1%，气油比457m³/t。

通过试气试采，总结出：①单井产能与缝洞体规模、反射特征相关性较高，储集体规模越大，强振幅变化率、强串珠反射特征和单井产能越高；同时，不同缝洞带产能具有一定差异，主控断裂带附近单井产能最高，是油气聚集的有利条带。②部分井纵向及平面上流体分布复杂，产能递减快，见水早。表现为强振幅变化率和强串珠反射特征，以裂缝型储集体为主，位于构造位置较低的主控断裂带上，属于不利条带。③部分井生产测试为干层或水层，地震反射特征不典型，位于东西向弱断裂带，属于不利条带。④气藏地层压力保持程度相对较高，单井生产过程中凝析油含量逐渐下降，硫化氢含量基本保持稳定。

（二）试采资料对方案提供技术基础

（1）T901-T904主控断裂带，受构造轴部和北东向断裂带控制，是油气聚集的有利条带；其次为DK25次级断裂带，受近东西向断裂控制，地震反射特征为强振幅变化

率和强串珠反射、强杂乱反射特征，储集体以裂缝、孔洞储集体发育为主，储量规模大。外围T903-S1071弱断裂带，裂缝欠发育，反射特征不明显，最差（图6-5）。

（2）纵向上，气藏动用以一间房组为主，其次为鹰山组。一间房组凝析气藏具有埋藏深、原始地层压力高、天然能量充足等特点，而且气藏纵向上分为上、下两段储层，上段主要以凝析气藏为主，下段局部发育挥发性油藏，借鉴雅克拉分层系开采的经验，生产井采用先采下段，再上返上段气层，最大化提高采收率。

（3）平面上，主断裂带岩溶作用强、平面连通性好，次级断裂带连通性差。通过分析主体区TK917-S101-TK916井原始静压与深度关系，认为在该断裂带所测得的原始地层压力满足同一压深关系，而且沿该断裂带附近T_7^4顶面以下为同一溶蚀单元，所以该断裂带附近的井可能具有较好的连通关系；东部区域DK25-1、DK25-2、DK25-3为独立的缝洞单元，DK25-4和DK25井在静态上分析，其振幅变化连片发育，蚂蚁体显示井间发育裂缝，为连通的缝洞单元，动态上认为能量变化趋势相似，东部区整体平面连通性较差，生产过程中表现出定容特征。

（4）塔河9区奥陶系凝析气藏初期采用衰竭式开发，后期可通过管理、注水、注气等措施进一步提高采收率。通过对溶洞型、裂缝-孔洞型模型进行衰竭式实验，结果表明，凝析油采出程度均可达到30%，凝析气采出程度达到50%以上。注水和注气提高采收率实验表明，注水和注气的选择与井和储集体相对位置关系密切，储集体高部位井注水提高采出程度可达20%；相对位置较低的井（高部位存在裂缝沟通溶蚀孔洞的油），注气效果较明显，提高采出程度达到20%以上。

（5）钻完井管柱工具的选择。雅克拉应对CO_2腐蚀最终形成了13Cr×FOX套管+13Cr×FOX封隔器+13Cr×FOX油管+13Cr×FOX井下安全阀+FF级采气树、环空加注缓蚀剂的防CO_2腐蚀完井管柱方案，塔河9区奥陶系气藏借鉴其成功方案，并结合自身特点，最终确定完井管柱。

根据9区奥陶系凝析气藏11口井试采期间录取数据，9区奥陶系凝析气藏产出气含CO_2，含量为0.31%~2.01%。H_2S气体含量为16~802ppm。该区地层压力取64.28MPa，井口压力根据试采情况取45MPa。9区奥陶系凝析气藏气井在整个井筒内均存在严重的硫化物应力腐蚀和CO_2腐蚀，CO_2腐蚀主要表现为点蚀和坑蚀，会造成管柱穿孔，而H_2S腐蚀主要表现为应力腐蚀开裂，会造成管柱断裂。

根据Q/SH 0015—2010《含硫化氢含二氧化碳气井油套管选用推荐作法》，并结合雅克拉经验，9区奥陶系凝析气藏完井管柱采用镍基合金钢，通过材质耐蚀性实验，镍基合金钢生产寿命长，安全系数高。

（6）气藏凝析油含量较低，生产过程中凝析油含量逐渐下降，最大反凝析液量为4.3%，因此在衰竭式开采过程中，反凝析污染对储层影响较小。

（7）气藏单井无阻流量较大，且平面分布变化大，采用无阻流量法、二项式产能曲线切点法、试采法和井控储量法四种方法确定单井合理产能，并根据构造、产层位置，差异性配产。

（8）9区奥陶系凝析气藏原油凝固点介于18～28℃，平均值20℃；平均含蜡量为12.25%，是高含蜡轻质原油，生产中存在结蜡现象。推荐研究区清蜡方式首选机械刮蜡，其次为热油清蜡或化学防蜡工艺。

二、开发方案优化技术应用

借鉴雅克拉白垩系凝析气藏产能建设经验，考虑天然气处理装置投资大的特点，9区奥陶系凝析气藏在开发方案编制过程中，不断实施优化，立足于储量逐步投入动用，延长气田稳产时间，使天然气处理装置充分发挥作用。

（一）井位部署

（1）产能建设井位尽量部署在储量落实程度较高、有利地震反射特征以串珠+杂乱强反射为主的储层发育区，井距为1000m左右。

（2）为进一步评价井区有利地震反射特征、有利储层展布特征、流体分布和单井产能，落实气藏储量，降低开发风险，滚动评价区（DK25井区）评价井位部署以岩溶缝洞型储层发育带为单元进行部署，部署井距应满足提交控制储量和探明储量的要求。

（3）评价区（T913–AT37井区）井位部署以断裂带及岩溶缝洞型储层发育带为单元进行，评价井区内各储层发育带储层发育程度、含油气性及单井产能。

根据井位部署原则，塔河油田9区奥陶系分年度、分批次执行部署，使产能建设与地面建设同步。2012年年底~2013年在主控断裂带T901–T904井区反射特征明显的有利储层发育区部署6口开发井，在次级断裂带DK25井区有利储层发育区部署了2口开发井、2口评价井。争取在2013年年底天然气处理规模达到85×10⁴m³/d。2014年在产能稳定情况下，滚动扩边，部署4口评价井，其中DK25井区1口井，外围T913–AT37井区3口井，落实油气藏分布情况。

（二）开发方案优化

开发方案设计总井数21口，其中利用老井5口，老井恢复2口，部署新井14口，总进尺8.37×10⁴m；动用天然气地质储量101.7×10⁸m³，凝析油地质储量147.7×10⁴t；单井天然气能力（4～6）×10⁴m³/d，凝析油能力5.3～9.4t/d；初期天然气采速3%；建成天然气产能3.3×10⁸m³，凝析油产能4.7×10⁴t。

（三）开发方案实施要点

（1）塔河9区奥陶系凝析气藏产建方案部署原则：①针对碳酸盐岩岩溶缝洞型储层特殊性，为进一步降低风险，整体设计，滚动实施；②按储量落实程度，滚动产建方案分为产能建设、气藏评价、滚动评价三个层次分别实施，并充分利用老井潜力；③根据产能建设、气藏评价、滚动评价任务，采用针对性的井位部署原则和工程参数进行部署设计。

（2）根据前期老井试采情况，产建井主要部署在主体区主干断裂带附近，东部区因投产井较少，生产特征不明确，主要以气藏评价为主，9区南部区域以滚动评价为主，边试采边评价。

（3）塔河9区奥陶系凝析气藏设计部署新井15口新井，2012~2013年共部署10口新井，其中7口开发井和3口评价井；在评价井试采评价储集体发育程度、储量规模、单井产能和气水关系后，2014年又部署5口新井，其中9区南1口井，东扩区4口井。

（4）因气藏储集体纵向上具有分段性，上段主要以凝析气藏为主，下段局部发育挥发性油藏，因此设计新井先投产储层下段生产底油，后期再上返上段采气，2013年投产9口井，其中6口井生产储层下段，2014年投产5口井，全部生产储层下段。

三、地面与地下配套技术应用

在地面集输处理方面，借鉴雅克拉"地下地面统筹考虑、产能与销售统筹考虑"的建设思路，不求大，求稳妥、高效益。地面集输处理分两步走：①2011年老井恢复试采，新建立天然气脱硫设计规模$50 \times 10^4 m^3/d$；②2013年根据试采井产能高、产量稳定等情况和整体产能建设要求，改造9区硫化氢处理站，使地面配套与地下规模高度统一，整体天然气处理规模达到$85 \times 10^4 m^3/d$（最大处理能力：$100 \times 10^4 m^3/d$）。2013年开始产能建设，产能大幅度提高。截至2015年，日产天然气水平$66 \times 10^4 m^3$，最大日产能力$84 \times 10^4 m^3$（表6-1）。

表6-1　9区奥陶系产能建设进度表

时间	总井数/口	日产油水平/t	日产气水平/$10^4 m^3$	最大产油量/t	最大产气量/$10^4 m^3$	新增加井/口	新增产气量/$10^4 m^3$
2011	7	3	3	7	6		
2012	8	6	4	118	38	1	32
2013	17	128	31	290	58	9	20
2014	22	173	51	324	84	5	20
2015	23	181	66	260	84	1	15

四、开发效果评价

塔河油田9区奥陶系凝析气藏2002~2012年完钻7口井进行试采（利用老井5口，老井恢复2口）。2013年方案实施，进入产能建设阶段，共部署井位15口，其中14口井建产，1口井未建产。建产率95%，较方案设计（90%）高5%。2014年方案实施完后，9区奥陶系气藏整体日产气能力达$100 \times 10^4 m^3$，日产油能力262t，较设计指标日产油能力高118t，建成天然气产能$3 \times 10^8 m^3$，凝析油产能$8.4 \times 10^4 t$；经济效益评价税后26.1%，较设计24.2%高出1.9%，取得较好的开发效果。

2015年下半年进入见水期，通过精细管理，延长见水气井自喷期，最大限度提高气井产能，通过差异化调整技术政策开展平面、纵向上差异化措施挖潜调整，确保现有井网储量动用最大化。对于生产顶部高含水停喷的气井开展排水采气；对于生产底部储集体，高含水的气井，上返酸压。同时，通过滚动评价，落实潜力井点22个，保持9区奥陶系凝析气藏 $3 \times 10^8 m^3$ 天然气能力稳产5~8年。方案实施程度高，吻合程度高，开发效果好。

第七章 气田生产经营管理

在雅克拉凝析气田高效开发过程中，历届领导班子都十分重视"三基"工作。充分认识到：油气田的生产是靠每一口井的精细管理来提升的，是靠高素质的人才队伍来实现的，设备装置高效运行是靠基层员工每一个基础操作来完善的，效益是从基层一滴油、一方气、一分钱中积累出来的，基础不过硬，一切都是空中楼阁。为此，采气厂积极探索适应企业不同发展阶段的有效管理方法和手段,创新推行了"方案化运作""四个均衡""三角稳固""ATM人才培养""岗位手册""三基工作考核"等管理方法，各项工作的管理水平和员工素质得到了快速提升。2009年后，雅克拉采气厂逐步进入"平稳发展"的新阶段，油气开发技术和生产运行机制趋于成熟，各项管理工作随之向精益求精转变，"全面生产管理""模板式管理""安全可视化"和"员工全面评价体系"等管理方法也应运而生。

第一节 安全管理

针对气藏开发和管理特点，找准安全薄弱点和工作重点，在建立QHSE管理体系的基础上，识别安全监控点近30000处，对所有监控点实行分级、分点、分单元管理。以三角稳固安全管理模式为龙头，推行岗位手册、三模三板、可视化管理等工作，保证了安全生产。

一、三角稳固安全管理体系

1.基本概要
以"物的本质安全"为前提，以"素质培养体系"为基础，以"监控网络体系、应急响应体系、科技改进体系"为三角支撑。

2.管理思路
要确保安全生产，在保证设备设施的本质安全前提下，应建立一套科学、有效、实用的安全管理体系，才能更好地确保安全生产。

建立人员素质培养体系，提高人员的安全意识、安全技能（一般技能、应急技能）。

建立包括生产正常运行状态、特殊作业现场、隐患治理的全方位、全过程的覆盖监控网络体系。

建立有效、迅速解决各类突发事件的应急响应体系。

建立改变缺陷、强化研究、引用技术、面向未来的科技改进体系。

3.具体内容

物的本质安全前提：即从油气井的井内管串、井口井控设施、气防设施井站自控仪表设施，监控、远传、自动关断、数据采集与处理等信息化系统组成，全面实现本质安全。

素质培养基础：即培养人员安全意识、安全技能（一般技能、应急技能），提高全员联动的安全素质。

安全监控体系：将生产现场各法兰、阀门、压力表等全面纳入监控网络，并根据监控点危险（重要）程度，按巡检周期进行分岗、分级、分区监控。对监控网络的优化，既能降低班组人员的工作强度，又能保证在有效的时间内对所有监控点细致巡检。建立生产现场正常运行状态、特殊作业现场、隐患治理全程全方位、全过程的覆盖监控网络。

应急响应体系：由岗位人员制定各类突发事件应急预案，职能部门审核后下发至岗位学习。定期组织应急演练，确保应急响应迅速、有效。

科技改进体系：建立改变缺陷、强化研究、引用技术、面向未来的科技改进体系。

二、岗位手册

1.基本概要

《岗位手册》是采气厂为岗位制定的行为规范。按照"一岗一册"的要求，每个岗位的《岗位手册》内容包括该岗位的岗位说明、岗位日常工作表、岗位操作规范、岗位日常监控点、岗位监控应急标准、通用监控应急标准和岗位应填写的记录台账。

2.管理特点

细化岗位日常管理、监控和应急处理的量化要求，对岗位的标准化管理起到了良好的促进作用。

流程优化：针对每个工作项目程序的合规性，对工作流程和其表达方法进行了优化，提高了可操作性。

制度完善：在建立《岗位手册》过程中，对现有采气厂各项管理制度进行了梳理，对不能满足发展需要的制度进行修改完善，完善了内部规章制度。

技术规范：《岗位手册》内容细化到了操作参数，充实了凝析气藏开发和天然气处理技术规范，为技术上的精细化管理提供了依据。

全面覆盖：《岗位手册》覆盖了三个基层分队的24个操作岗位，并按照"一岗一册"的原则，逐步延伸覆盖到机关部门、油研所和分队的50个管理岗位、24个技术岗位，使《岗位手册》成为每个员工做具体工作的行动准则。

3.《岗位手册》的作用

《岗位手册》详细地描述了岗位的工作职责、管理区域设备、日常工作的基本内容、完成工作的具体做法和标准、现场监控内容和标准、异常情况和处理措施等内容，使得操作岗位的责任更加明确、动作更加规范标准、处理突发事件更加从容不迫，能够有效地避免事故发生和降低事故危害。《岗位手册》既是操作标准，又是学习教材，还可以作为岗位考核的量化标准和现场行为规范，有利于各岗位快捷、牢固掌握工作技能。

三、三模三板

1. 基本概要

为规范生产现场管理，采气厂基层分队在实践中摸索出"三模三板"的模板式现场管理方法，逐步建立起一套可视、量化的现场管理标准。

"三模"——人物模特、影像模拟和实物模型；

"三板"——现场提示板、班组学习板和文化宣传板。

2. 实施背景

雅克拉在正式开发一段时间后，生产管理逐步进入了一个巩固基础，以更高标准要求的发展新阶段。

需要应对新的压力挑战：①装置运行进入故障多发期。天然气处理装置先后出现站内的热媒炉、压缩机以及换热设备故障增多现象。②井控安全管理面临压力和挑战。针对气田高压、高产油气井特点，给井控安全管理提出高标准、高要求，井控管理面临严峻形势，需要进一步强化现场管理，做到异常情况提前预警，事故之前消除隐患，确保井控安全。③防腐管理面临压力和挑战。存在腐蚀现象从单井集输管线向站内装置转移的潜在隐患。如何做到提前预防、有效治理腐蚀给安全生产管理提出了极高的要求。

在班组管理和现场管理方面面临新问题：①先进的管理经验做法持续性短，长期坚持难，往往经过一段时期的人员调整、倒休和更换后，一些经验做法走了样，变了形，致使管理滑坡，没有一套有效的方法将其长期固定和巩固。②以前的管理规章制度基本全是文字化，没有将制度影像化、图版化和可视化，不同的人和管理者对照文本制度执行起来，因理解程度不同，执行也不同，造成理解有偏差、执行效果差异大。③以往的现场管理要求和制度不适应新的变化，导致新的问题不能有效解决，先进的典型做法大多无法持续、及时地推广普及，致使现场管理标准模型、典型不清，持续完善能力慢，效果差，花费过多的管理精力。

针对存在的突出问题，为了进一步规范生产现场管理，雅克拉采气厂在实践中摸索出"三模三板"的模板式现场管理方法，逐步建立起一套可视、量化的现场管理标准。

3. 管理内涵

"三模"包括人物模特、影像模拟和实物模型。人物模特以提高企业员工行为文明准则为主要内容，规范员工在日常生活、工作中的行为，推进企业文化建设，提高员工文明程度，树立员工新形象。影像模拟以涉及的操作规程为模板，通过拍摄DV影像资料，作为员工学习操作规程的影像教材，杜绝违章操作。实物模型就是规范现场实物的摆放标准、安全标准、管理标准，提高现场规范程度。

"三板"包括岗位责任板、操作要点板和宣传评比板。岗位责任板明确岗位员工的责任，将安全责任、操作责任、管理责任落实到每位员工。操作要点板以设备操作要求、安全警示为要点，以设备安全参数为主要内容，提醒员工在操作时遵守规范，提高操作规范性。宣传评比板是以企业文化、先进员工评比为主要内容的展示板，主要展示员工在工作中的先进事迹和取得的成就，提高职工的企业荣誉感。

"三模三板"的模板式管理方法使得"岗位有责任、工作有准绳、考核有依据"，工作更加具体、更有操作性，从而使现场管理工作取得长足进步。

4. "三模三板"的特点

（1）岗位行为人物模特。以员工文明行为准则、资料录取规范为指导，建立员工站立姿势标准模型、交接班站队姿势标准模型、人物着装标准模型，接人待物标准模特、仪表仪容标准模特，资料录取标准岗位行为人物模特。并在日常工作中，严格按照岗位行为人物模特标准履行，规范员工日常姿态、文明行为，提高各岗位资料录取准确率。

（2）现场标准实物模型。以"三标"建设为依据，明确了实用工具、办公室物品摆放具体位置；规定了现场流程标示、警示标语的内容和位置。通过对现场标准实物模型及班组日常使用工具分类、有序摆放，规范了工具管理；行政人员的办公桌面清洁，办公用具、电脑摆放美观；生产现场达到"三清、四无、五不漏"，警示标语悬挂准确、位置适当，工艺流程标示齐全、准确、规范，阀门开关状态标示准确。通过推行工具摆放模型、办公室物品摆放模型及现场标准化模型标准等一系列措施，推进了现场标准化建设。

（3）操作标准影像模拟。标准化DV模型以《岗位手册》为基础，将设备操作、工艺操作规程录制成岗位操作。包括操作前准备，工具选用，安全注意事项等。通过操作标准的录制，规范了员工日常操作，避免了违章操作，特别是纠正了习惯性违章，同时为操作技能培训储备了宝贵教材。

（4）岗位责任板。在醒目的地方安装岗位责任板，以岗位职责、安全风险、安全规范为主要内容，让岗位人员在操作前明白干什么，注意什么，怎么干。通过岗位责任板切实落实岗位责任。做到岗位责任对照有依据，检查有准绳，执行有标准，危险有警示。

（5）操作要点板。操作要点板以设备操作要点、安全规范、操作参数为主要内容，旨在规范设备的启停操作标准，杜绝违章操作，做到对照规范标准启停设备，提高员工遵守操作规程的自觉性。

（6）文化宣传板。主要把每月对照检查中成绩优秀的员工，典型事迹，小改小革进行宣传。通过宣传展示，树立典型，培育开拓进取的团队精神。

5. 取得的成效

标准化井场、标准化站场的水平和品质大幅提高。员工逐步掌握各类油田企业日常行为规范和操作规程，准确进行标准化操作，提升了员工的素质，杜绝了各类事故的发生，保障了设备设施平稳、高效运行。

生产区域发生了较大改观，井站实现了标准化一的布置，井站现场可视化水平和目视化程度显著增强。

规范了人、物、动作的标准。以人的五种行为标准和九类资料录取记录标准为内容建立了"岗位行为模型"；以大型设备配置标准和主要装置现场摆放标准为主要内容建立了"实物标准模型"；以录制设备、工艺操作DV短片的形式建立了"操作标准模型"。

通过"现场提示板""班组学习板"和"文化宣传板"图板展示，提高管理效果。建立了以岗位责任板、操作要点板、安全警示板为主的"现场提示板"；以安全曝光、每日一题、案例分析为主的"班组学习板"；以成功经验展示、文明行为评比为主的"文化宣传板"。

"三模三板"图文示范，现场操作时可以对照图文流程完成操作，不仅确保了操作的安全性，还能很快地对操作流程熟记于心，随时提醒员工按照流程规范操作，避免倒错流程，发生意外。

"三基"工作进一步得到夯实，队伍管理水平得到提高，生产现场安全管控能力持续提升，安全生产记录持续、不断得到刷新，油气产量持续、平稳递增。

6. "三模三板"建设成果展示

（1）图7-1为主工艺岗位的岗位责任板，放置在主工艺岗位现场，时刻提醒岗位人员牢记岗位责任，按照规范安全操作。

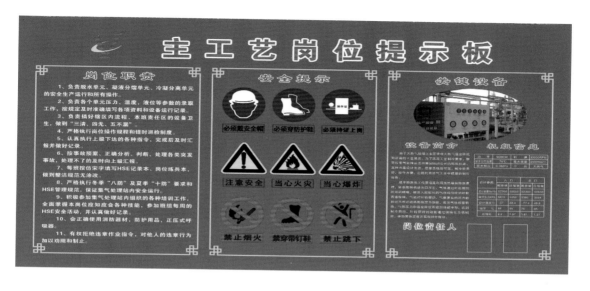

图7-1 主工艺岗位提示板

（2）下面3个展板为班组学习、文化宣传展示板（图7-2~图7-4），放置在班组管理现场，其中利用班组学习板每天开展学习活动。

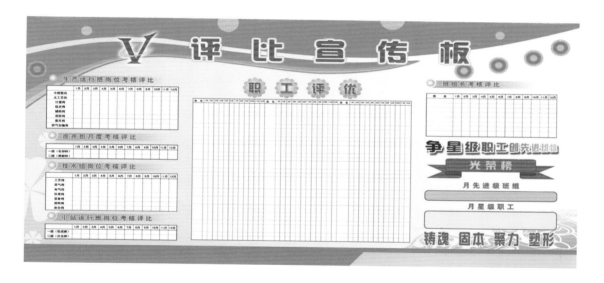

图7-2 评比宣传板

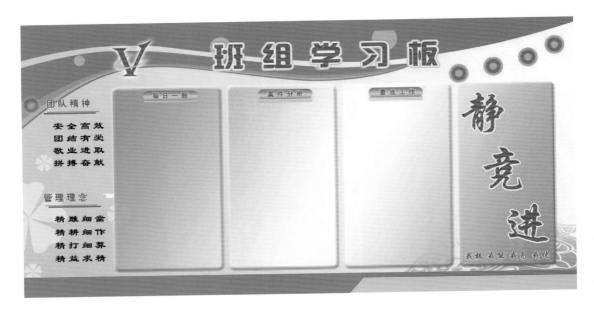

图7-3 班组学习板

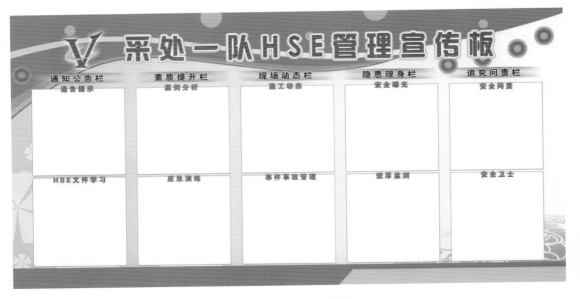

图7-4 HSE管理宣传板

（3）图7-5为雅克拉集气处理站膨胀机的操作要点板，提示岗位人员按照正确的操作步骤进行操作。

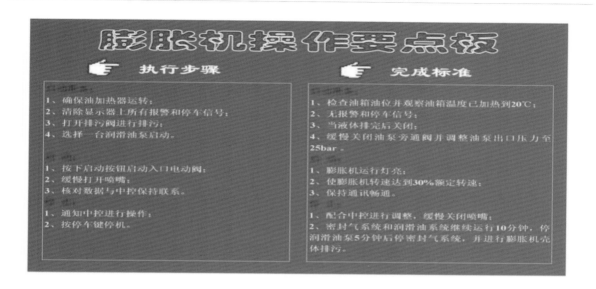

图7-5 膨胀机操作要点板

（4）图7-6为岗位日常行为模特的行为图片，以此展示员工站立姿势标准、交接班站队姿势标准、人物着装标准和文明行为准则。

图7-6 岗位日常行为模特

四、可视化管理

1.分级监控可视化

完善井站全覆盖视频监控、井站数据采集控制平台、单井控制系统升级改造、优化数据传输模式等工作，做到井、站、厂三级监控管理，达到"生产现场可视化、数据采集自动化、动态分析及时化、生产指挥最优化、辅助决策科学化"。

通过充分利用视频监控、光纤传输、数据采集、自动控制等技术，建立了一套覆盖采油气、油气集输、原油稳定、天然气处理的信息化远程管控平台，实现了全厂信息共享和调度指挥。做到井、站运行组织指令统一下达，生产指令同步执行、生产操作同时到位，有效提升了生产运行组织效率。

通过对井站全覆盖视频监控及画面对比自动报警系统的应用，各井站刺漏等异常情况发现时间由4h减少为1min，油田物资设备被盗事件减少了80%，拦截闲杂人员进入井场概率提高了75%；通过对单井控制系统升级改造，实现了各井口远程关井、高/低压自动关井、火灾自动关井等多项控保功能，大大提高了井控安全，爆管等恶性安全事故降为零，因油气泄漏造成的环境污染情况大大减轻，实现了装置安全运行可视化，提升了现场安全管理水平。

中控室通过信息化系统的数据采集、分析、故障诊断、远程管控和视频监视等功能，及时发现、解决问题，实现了以中控室为核心的生产模式变革，将更多的人力、物力用于隐患的发现和治理上，降低了基层员工劳动强度，优化劳务用工，实现了增效减员。

2.监督检查可视化

严格执行班组日检、分队周检、科室抽检、安全月检的日常安全巡检制度，结合专项安全检查，实现对日常安全管理工作的全覆盖检查，做到"四关键"（关键时间有检查、关键部位有检查、关键作业有检查、关键人员有检查），坚持每旬安全督察曝光，在厂网上建立安全曝光台，对安全检查中发现的各类问题实行督察曝光，旬会上通报检查，各单位对曝光的问题要深入分析原因，举一反三，事后实行落实整改问责，使事故隐患能在第一时间得到处置，有效避免了因隐患未及时发现、处理而导致事故的发生。同时，建立"安全巡检督察挂牌"制度，充分利用视屏监控系统，以督促检，加强现场安全细节管理，杜绝巡检过程中漏巡现象的发生，提高安全监控的质量，督促隐患问题整改力度。

3.隐患控制可视化

"四定"管理：依据有隐患必须整改的原则，发现隐患凡有条件整改的必须立即整改，一时无条件解决的隐患，执行"四定"管理，既对每项隐患有针对性地制定整改计划，制订落实目前情况下的监控措施、应急处置措施，责任负责人及隐患整改期限。在隐患排除前，需要继续生产的，必须采取可靠的防范措施，确保生产作业场所风险可控。

"色差分级"管理：将隐患纳入到隐患动态台账，实行动态消项管理，在隐患台账管理中，按照隐患严重程度，将隐患分为特别严重、严重、较严重、一般隐患四个级别，用不同颜色进行标注，使隐患管理台账一目了然。通过对各类隐患进行危害风险辨识，有重点地解决、关注重点隐患，采取针对性的整改和控制措施，确保重大风险可控。

"三案一档一点"管理：对各类隐患点实行"三案一档一点"管理，即每一个隐患点建立一个以监控方案、应急预案、治理方案为内容的隐患档案；在生产现场对每一个隐患点悬挂的内容包括隐患描述、目前控制措施、整改时间等。

根据各隐患点整改和控制条件的变化对隐患定期更新评价内容，每旬进行隐患消项统计工作，对采气厂隐患实施动态管理，统计表上传厂网页，随时进行查询和监督检查，保证隐患实时有监控、有预案。通过"三案一档""色差分级"及"四定"管理，使各隐患点从发现到治理过程直至治理完闭，全程得到动态监控、动态掌握，并备案可查。

4.激励机制可视化

通过员工"安全积分"、设置"安全超市"、累计"安全里程"、评选"安全明星"的方式，建立HSE激励机制。以"正向激励"为手段，鼓励员工主动分享经验教训，主动上报未遂事件、不安全状态、不安全行为，主动解决问题，调动员工参与活动的积极性。

通过搭建HSE激励信息平台，实施HSE激励"五化管理"（平台信息化、信息可视化、隐患公开化、数据分析化、激励长效化），在网络平台上开展安全培训学习、HSE激励积分查询、网络安全超市、安全隐患预防控制措施、安全问题和"三违"现象上报等方面的工作，提高员工发现和解决安全环保问题的积极性和主观能动性。

通过HSE激励平台可视化管理，实现了上报隐患录入归档程序化、安全里程动态化、隐患上报及时化、上报信息公开化、个人积分可视化，为现场安全管理提供了可靠的依据，同时促使分队间、班组间、岗位间形成了"比学赶帮超"态势，切实有效地夯实了HSE管理基础，有效促进了全厂员工的参与，充分调动了员工深入现场查找问题，解决问题的积极性，也提升了员工主动学习的主观能动性，彻底暴露安全隐患，将不安全因素消除在萌芽状态，确保现场安全。

第二节　质量管理

优化管理和工艺，提高装置运行效率，对生产装置实行精细管理，逐步加快信息化建设，实现了生产装置"安、稳、长、满、优"运行。

一、装置运行精细管理

1.指标控制

天然气装置运行坚持以"关注三个变化、控制四项指标"。即"关注装置负荷变化、季节温度变化、产品需求变化，控制装置稳定运行指标、轻烃收率指标、产品质量指标、参数调整指标"。强化装置精细管理，实现装置效益最大化。雅克拉站主要生产凝析油、天然气、轻烃、液化气四类产品，通过强化装置精细管理，实测各类产品质量值外输凝析油含水量为0.075%（指标值不大于0.5%），天然气高位发热量为36.15MJ/m³（指标值大于36.0 MJ/m³），轻烃饱和蒸汽压为65.1kPa（指标值夏季小于74.0kPa，冬季小于88.0kPa），液化气蒸汽压为1177.0kPa（指标值不大于1380.0kPa），四类产品实测质量值均符合相应产品质量标准。

2.精细操作

强化装置精细化运作管理，根据新疆地域早、中、晚温度变化情况，实现正常情况"每日三动"精细调参，确保各项指标均优于设计水平，轻烃收率稳定在94%~96%的高水平上运行。主要做法：①针对季节温度变化，调整参数，控制液化气塔稳定运行。②针对装置负荷变化，调整参数，控制产品质量和轻烃收率。③针对产品需求变化，通过液化气塔调节，控制产品质量。探索在不同气候、不同装置负荷、不同产品质量要求下的参数调整方法和配套参数指标，逐步摸索出一套先进、成熟的天然气处理工艺技术，实现了降低操作费用、减少油气损耗、提高产品质量的目标。④开展技术革新，挖掘装置高效运行潜力。自2005年装置投运至今，采气厂通过不断摸索，积极调参，使装置运行处于最佳状态。勇于创新，在雅克拉集气处理站先后开展了重接触塔凝液自动采出稳定增效流程优化改造、凝稳系统闪蒸汽回收技术改造、凝稳系统洗盐流程建设、脱汞流程建设、再生气流程优化改造、稳定气压缩机空冷器变频优化改造、高扬程凝析油外输泵低频外输节能创效改造等项目，通过各项技术革新，充分挖掘装置运行潜力，使轻烃收率保持在较高水平。

装置运行由静态被动管理变为动态主动管理，通过加强管理，方案到位、应急措施到位、技术储备到位，实现了对装置运行心中有数，按照"系统运行、高效运行、精细运行、优化运行"四个要求，持续加强天然气处理装置和西气东输机组的精细管理。成立"西气东输特护小组"，实现"运行管理、技术支持、物资供应、现场监察"的联动管理模式，实现24h监护到位，确保西气东输4台机组长周期、高效运行。监控集输管线进站温度、合理调整水套炉出口温度，降低天然气自用气，节约天然气管理精细到"方"，达到增加销售气量的目的。

3.方案化运作

针对具体工作项目，先制定方案，再优化完善，后付诸实施。坚持"事前技术、物资、人员控制，事中进度、质量控制，事后分析、总结控制"三个环节。方案化运作有效减少了项目实施过程中可能出现的偏差，提高了员工"工作前的预见能力、实施中的组织能力和专业技术的管理能力"。项目实施，小到更换油嘴，大到技改工程，都在逐级审核、反馈修改，形成最佳的实施优化方案。在处理冬季寒冷、夏季高温，装置运行难以控制的生产特点时，制定并严格执行《采气厂冬季运行生产方案》

与《采气厂夏季运行生产方案》，冬季生产要求装置运行严格执行低点排污制度，加强站内消防管网保温和消防水排污等措施，避免了消防管网冻裂的发生，确保冬季平稳生产；气温回升后，严格按照夏季生产运行方案停运电伴热带，根据气温变化情况，对装置参数进行优化调整，保持了轻烃收率稳定、产品质量合格。同时，对冷却设备进行全面维护保养，为夏季天然气处理装置平稳运行奠定基础。

4.三级巡检

"三级巡回检查"即在传统的操作层不间断错时巡检为一级标准化的基础上，建立技术人员的二级巡检和管理人员的三级巡检。把操作工巡检与技术分析、管理分析相结合，利用采气厂由下至上的装置运行管理网络，把装置运行隐患消灭在萌芽状态。可集中所有技术和管理资源直接支持生产运行，确保第一时间对生产异常进行有效干预，提高把握生产运行态势的能力和装置运行安全平稳的水平。

二、分级预知维修管理

1.分级管理

针对天然气处理装置生产设施设备多、类型不一等难点，实行分级管理，根据设备故障对生产造成的影响程度，将生产设备划分为三个等级:关键设备、重要设备、一般设备。关键设备是指该设备出现故障后将造成装置全部或部分停产的设备；重要设备是指承担重要功能但有备用，单台出现故障可进行不停产修理的设备；一般设备是指出现故障对生产影响不大、除关键、重要设备以外的设备。对不同级别的设备采取不同的管理策略，管理的重点放在关键设备和重要设备上，按照"责任到位、点检到位、润滑到位、培训到位"等"四个到位"的要求，提高设备操作人员的综合素质和专业技能。通过落实设备状态监测，进一步规范设备"机、电、仪、管、操"特护管理内容和标准，坚持"日巡检、周联检、月分析、季评比"管理模式，对关键设备实现在线状态监测系统全面覆盖。

2.预知维修

针对采气厂管理的设备厂家多、型号复杂、配件多样造成的管理现状，推行设备维修由定性选择向定量选择转变、事后维修向预防维修转变、定期维修向预知维修转变的优化维修方式。做到"关键配件清楚、历史状态清楚、运行现状清楚、维修措施清楚"，通过落实设备状态监测，掌握每一个动态参数，判断部件各方面性能和工作状态，实时或定期地获取设备运行过程中振动、温度、位移等数据，可预测数据劣化趋势、判断故障原因。同时，还可以对设备的历史故障数据、故障类型、故障原因、故障频率进行可靠性分析，预测下次发生故障的时间和可能性，帮助技术人员提前防范，增强设备运行管控能力，缩短设备的故障处理时间，最大限度提高设备运行时效，实现非计划停机次数为零、产量损失为零的目标。

三、信息化保障

从2011年开始，逐年加大信息化建设力度。利用视频监控、光纤传输、数据采集、自动控制等技术，开展了井站全覆盖视频监控、数据采集控制平台升级改造、单井控制系统升级改造、数据传输模式优化等工作。做到井、站、厂三级监控管理，实现了"可视化、自动化、信息化、科学化"，完善了生产数据采集、视频监控、音频预警、高/低压关断、远程关断和火灾关断六大功能。通过信息化建设，做到了"三控三降三提高"，即"装置自控、实时监控、指挥远控""降低用工人数、降低劳动强度、降低作业风险""提高监控质量、提高指挥效率、提高用工水平"，有效提高了现场装置管理水平。

第三节 经营管理

为提高管理效益，在油气田高效开发过程中，雅克拉采气厂还在成本和考核方面加强了管理。

一、全面预算管理

1.基本原则

全面性原则。即全员、全过程、全方位的预算管理，一切与财务收支发生关系的经济活动都要纳入预算管理的范围，受预算的控制，做到"横到边、纵到底"。

及时性原则。严格按照规定的时间编制、上报预算。

真实性、配比性原则。预算的编制必须真实可靠，在预算编制中必须按照生产与财务相结合、技术与经济相统一的要求，做到编制的业务预算和预算期的实际生产计划相配比，实事求是，真实反映生产业务需求情况，不能弄虚作假，不得隐瞒收入、多列或少列费用。

合理性原则。预算的编制，应当统筹兼顾，从全局出发，突出重点，兼顾一般。

2.预算编制的方法

按照"总量控制、量价分离、节能降耗、降本增效"的原则，运用零基预算的方法编制各项收入、费用、资本性收支预算：

各项收入预算和材料、人工等费用预算。根据预算期间的生产任务，结合工作量安排和作业定额、价格体系进行编制。

各项间接费用、投资预算和筹资预算采取固定预算方法进行编制，实行总额控制。

对发生的各项业务一律实行零基预算，一切从生产经营实际需要与可能出发，科学测算相关的收入、费用标准，从严控制；通过加强管理、有效的市场开拓和节能降耗等措施，增加收入来源，压缩费用开支标准，提高预算管理水平。

对于上一年度已存在的预算项目，仔细分析该项目过去的支出。剔除该预算项目在该时期所有不必要或不合理的支出后，持续改进预算编制。

3.预算的分析与考核

建立预算执行定期分析制度，定期收集财务、业务、市场、技术等方面的有关信息资料，从定量与定性两个方面，按照进度、趋势、结构等不同维度，分析预算执行情况、发展趋势及存在的潜力。

建立财务预算分析制度。根据预算执行情况编制分析报告，对月度预算执行偏差超过5％的重大项目，着重分析产生的原因，并提出修正措施。对累计预算执行超过考核指标的，分析超支原因，并提出下一步解决措施。

建立财务预算考核制度。实行月排名、季考核预兑现、年考核总兑现制度。每月对预算执行情况进行检查，及时整改检查出的问题，并纳入绩效考核进行兑现。

二、全员成本目标管理

在采气厂层面，建立全要素成本控制指标体系。设置单位操作成本、平均单井耗材、吨油运输费、吨油措施费、单井次维护费用、单井次措施费用等20项标杆指标，分解落实到作业单元、开发区块，形成覆盖气田的全要素成本控制指标体系。

在分队层面，推行单元节点成本管理。以"树标对标"为工作重点，以单元核算为突破口，以单位成本分析为核心，积极开展"单元节点成本管理"实现可控成本"分单元核算，按节点控制，按班组分解"。

在成本执行过程中，建立"单项成本预警机制"。控制每个单项成本的阶段开支，对出现异常状况的项目及时提醒管理部门注意，分析异常原因，查找可能存在问题，并进行相应调整。

建立增效机制。通过工艺技改，提升装置运行效率，协调装置平稳运行与安全管理难度增大的关系，实现技术增效。通过优化运行管理，提高天然气运行的收益能力，实现运行增效。通过加强市场运行过程中工程建设和施工项目招投标控价及物资采购策略优化，实现市场增效。通过创新机制，推行"基于工作量"下的业务外包模式，充分调动全体员工及服务队伍的增效意识，整合优化人力等各项经济资源，实现机制增效。

三、三分两全

1.基本概念

"三分两全"的"三分"是指分因素、分节点、分级，"两全"是指全员、全生产过程。它以油气生产过程为主线，作业成本动因管理为抓手，认真剖析成本形成的动因，通过"建标、对标、追标、创标"，准确定位动因的节点，明确责任主体。分析出影响因素，制定出保障措施，规范岗位操作，设立考核指标，保障各节点的成本最优化，做到责权对等、一切成本都可控。

2. "三分两全管理法"实施的意义和管理思路

实施的意义：将成本管理由技术、经济的单一节点转化为经济技术一体化管理，通过合理制定节点项目，并将成本影响因素、人力、物力等多项信息纳入其中，并匹配相应控制措施，从总体上降低成本。

管理思路：结合生产经营发展形势和生产经营特点，逐层控制成本到岗位人员，树立一切成本都是可控的意识，认真分析员工的行为导致的成本增加，紧紧围绕生产耗费的主要节点项目深挖潜力，将成本形成项目进行分级分类。由上级至下级进行成本因素分解、措施制定，由下级至上级找出成本节点因素及可以采取的措施，两种方法进行衔接，优化成本管理。依据各项目所涉及的内容进行分类，找出各类项目成本的形成要素，制定出成本节点控制措施并划分到责任班组或责任人，延伸到具体生产过程细节，建立节点责任目标体系，制定实施计划并进行推进落实。

3. 主要做法

确立目标。将各项费用按责任主体分至各管理部门，以重要费用重点关注、关键费用关键控制、一般费用、日常管理为原则。科学设置成本控制节点。与科室、分队签订目标责任书，分队与班组签订目标责任书，保证成本管理层层有目标，逐级落实成本控制责任，将成本控制源头延伸到生产的源头。

领导牵头。成立由厂领导挂帅的项目管理委员会和业务管理专项管理小组，分别负责总体推进工作和专项费用要素节点工作的实施。

落实到位。为保障作业成本动因控制管理的顺利实施，从"节点、因素、控制"三到位，"机构、制度、分析"三保障，"目标、标准、考评"三落实入手，稳步推进。

四、三基工作月度考核

系统建立厂、队、班组三级量化考核机制。厂级考核是针对分队和部门的考核，对分队的考核以产量、成本和三基工作为基本内容。对部门的考核从八个方面内容进行。分队和部门制定了分队对班组、班组对岗位、部门对岗位的考核办法和考核细则。考核中坚持"细则量化、过程简捷、重点调整、沟通反馈"，有效促进了执行力的提高。

1. 考核目的

落实"三基"工作，进一步发挥考核的激励作用，用考核引导、鞭策各单位/部门把各项管理工作向标准化、精细化深入。

提高全员的工作积极性和主动性，有针对性地搞好产量、成本和各项基础工作，圆满完成生产经营目标。

通过考核，合理分配绩效工资，营造褒扬先进、鼓励创新、突出实绩、奖勤罚懒的内在环境。

2.考核原则

过程与结果兼顾原则、职责与结果对应原则、有效激励的原则、同类评比兑现原则、实事求是的原则、绩效分配分层侧重的原则。

3.考核频次

月度考核：每月对基层单位开展产量、成本和基础工作考核，对机关科室（包括油气开发研究所）进行三基工作综合考核。

季度考核：每季度对基层单位开展基层组织建设和基本功训练考核。

年度考核：每年对机关科室和分队进行目标结果考核。

4.考核内容

（1）对基层单位的考核内容。

产量考核：制定产量目标，按照《基层单位产量月度考核细则》进行。

成本考核：对项目的正确率、改进率和节约率三个部分进行考核，具体执行《基层单位成本月度考核细则》。

基础工作考核：分9路。为油气开发、生产运行、安全环保、经济运行、物资设备、综合管理、人力资源、党建工作、工团工作。执行各自《月度考核细则》。每路第一名2分，第二名1分，合计总分后，按得分比例进行绩效分配。

基层组织建设和基本功训练考核：每季度，在当月基础工作考核的基础上加入基层组织建设和基本功训练考核，具体执行《基层组织建设考核表》和《基本功训练考核表》。

（2）对部门的考核内容。共分8路。内部管理、本路工作、内控执行、成本管理、综合管理、基层评价、工作实效、管理创新。

第四节　人才管理

在实践中，雅克拉采气厂逐步建立起系统的人才培养和员工评价体系，促进三支队伍素质不断提升，为企业快速发展储备高素质的人才队伍，推进了采气厂健康发展。

一、ATM人才培养长效机制

按照培养"既会采气采油，又会天然气处理，能用两条腿走路"的"A"型操作人才、"精专业懂管理"的"T"型管理人才和"精一门、多学科、综合性"的"M"

型专业技术人才培养思路，逐步形成以"三个系统、四项制度、五个一体化"为形式的人才培养长效机制。

1.完善三个系统

完善岗位知识、技能标准系统。通过健全全员《岗位手册》，进一步充实岗位职能、技术标准、操作标准等要求，形成岗位知识和技能标准库，根据掌握程度划分为"熟练""较好""一般""差"四个层级，为衡量员工能力打下基础。

完善岗位成才规划系统。根据标准库，组织采气厂各岗位人员对照《岗位手册》查找不足，制订个人学习成长计划，有针对性地开展"技能培训""项目攻关""专题研究"等岗位培训，帮助职工完成目标，促进人才成长。

完善人才培养效果考评系统。建立并实施雅克拉采气厂《员工全面评价体系》，整合月度绩效考核、理论考试、岗位比武和日常工作表现等能够衡量员工工作水平的内容，年底通过对员工的"能力、态度、绩效"三个要素的考评，对员工进行全面评价。

2.推行四个制度

推行专业授课制度。采用内部"专家讲座"、参加外部培训后"回厂授课"等形式，实现知识共有、智慧共享。

推行培训考核制度。采用"月度抽考""季度全考""岗位比武"等形式，检验培训和岗位练兵效果，督促职工提高岗位素质。

推行持证上岗激励制度。细化落实《采气厂各岗位所需证件明细表》，严格规定各岗位持证上岗所需证件，充分调动职工岗位持证培训积极性，建立"一人多证""一岗多能"的激励机制，"多贡献、多收益"，提高员工掌握更多项工作技能的热情。

推行优秀人才奖励制度。对优秀管理人员、技术带头人员和优秀操作人员实行奖励，树立先进、提高待遇，鼓励岗位成才，形成积极向上的良好氛围。

3.达到"五个一体化"

现代化的油田企业需要更多的复合型人才，采气厂按照企业改革发展的要求，以培养"管理技术一体化"的管理技术人才、"井下地面一体化"的工程技术人才、"采油处理一体化"的生产操作人才、"强电弱电一体化"的电力保障人才和"机电仪表一体化"的仪表自控人才为重点，有针对性地培养高素质的复合型人才队伍。提高了采气厂人才队伍整体水平。

4.人才培养模式

针对经营管理队伍，采气厂坚持开办管理培训班、现场观摩交流会，加强专业知识和生产现场培训，引导经营管理人员学习先进管理方法和分享工作经验，将理论知识运用于现场管理实践中。同时，推行专业授课制度，采取内部"专家讲座"和参加外部培训后"回厂授课"等形式，实现知识共享，帮助经营管理人员不断提升组织协调能力和综合管理能力。

针对专业技术队伍，采取"导师制"、岗位实践和外出培训相结合的模式，着重提高专业技术人员分析问题、解决问题的能力，"带着问题去培训，带着心得投入工作"。这样的培养模式收效良好，一批技术人员已陆续成长为业务骨干，在采气厂的关键技术岗位上发挥着重要作用。同时，采气厂结合实际情况，制订了专业技术人员"导师制"实施方案，设置石油地质专业、采油气工程、油气储运、安全环保、机械设备、信息自动化与控制六个专业，建立导师库，按照专业分类组织签订培养协议，制定年度培养任务，培养期满开展考评，评估培养成果。"导师制"的启动，为青年专业技术人才成长开辟了新的通道。

针对技能操作队伍，开设"技师讲堂"，采气厂技师和高级技师根据生产实际自主选题备课，轮流走上讲台，对技能操作员工进行业务培训，着力解决操作人员"素质不均衡"的问题。同时，持续推行"导师带徒"制，逐年开展技能操作专业基本功"比武"，通过技能比武和强化训练，提高技能、更新观念，加快对青年操作人员实际动手能力的培养。

二、员工全面评价体系

"员工全面评价体系"就是通过"过程全员参与、内容全面覆盖、方法系统评定、结果综合应用"的方法，实现对采气厂员工进行全面评价的体系。

1.建设思路

评价对象的全面性。全面评价体系要求对全体在职员工进行评价，即包括分岗位序列的管理、技术和操作人员，又涵盖分用工来源的正式职工和劳务派遣人员。

评价内容的全面性。对员工的工作过程、工作效果目标和能力素质进行全面评价。

评价方法的全面性。根据不同评价内容，采取不同的评价方法，充分利用试卷考试、民主测评、上级考评、月度考核、年度评议、绩效考评等形式方法，真实准确地对评价内容进行定性或定量评议。

评价结果应用的全面性。评价的结果可以分阶段、有侧重地全面应用于员工个人发展、优化组织人员结构、职工奖惩和职务调整等各个领域。

2.评价内容

工作能力、工作态度和工作绩效构成了对员工进行全面评价内容的"三个基本要素"。工作能力和工作态度是影响工作绩效的内在条件和外在表现，工作绩效的结果是衡量工作能力高低和判断工作态度好坏的重要依据，三者的逻辑组合构成了员工在企业活动中的全部因素。

工作能力包括"通用技能、综合素质、专业知识技能"三个方面。通用技能是适合于所有岗位员工的基础能力，按照生产管理过程、文档使用处理、办公软硬件操作和办公系统使用四个部分进行细化分解；综合素质主要包括员工的组织协调、发现问题、处理问题等相关能力；专业知识技能包括员工的理论知识和专业业务技能两个部分。

工作态度包括"工作纪律、工作作风"两个方面。对不同岗位的内容基本一样，其要求达到的程度因岗位而异。工作纪律侧重于员工工作中的自我约束，主要包含员工遵守相关制度、廉洁自律和岗位出勤等内容；工作作风则侧重于员工工作的发挥表现，主要包含责任心、协作性、积极性和执行力等内容。

工作绩效包括"任务绩效、周边绩效、管理绩效、特殊贡献"四个方面。根据员工不同的岗位性质，所涉及的内容和要求也各不相同。任务绩效主要体现本职工作任务完成的结果，由所在单位的组织绩效（生产经营管理目标）情况决定相关岗位的个人任务绩效指标，任务绩效一般由阶段性的月度、年度目标和随机性的上级安排任务目标组成；周边绩效体现对相关单位、部门服务的结果，包含了员工在工作中与相关方配合时的主动性、响应时间、解决问题时间、信息反馈及时性、服务质量五项内容；管理绩效是各级管理者特有的工作绩效，体现管理者对其管理单元实施管理的结果，主要包含沟通效果、工作分配、下属发展和管理力度四项内容；特殊贡献是体现员工在上述三个绩效之外取得的业绩，包含获得的各类奖励、专业技术成果、获奖论文论著、发明专利成果和因工作需要未足额休假等内容。

3.评价程序

制定考核要求→组织宣贯→开展工作态度月度评价（自我评价+外部评价）→工作能力年度评价（考试+测评）→工作绩效年度评价→考核组汇总（月度+年度）结果→向员工反馈→收集反馈意见→考核组评议结果→公布员工全面评价结果。

4.评价方法

（1）"三区分"。

区分岗位：在评价的内容和形式上区分岗位，不同岗位的工作性质和内容不同，对其评价的内容和方法也各不相同，不同岗位对应不同的评价内容、周期、评价人、评价方式。

区分权重：针对不同岗位的评价内容区分权重，因不同岗位在能力、态度和绩效上对企业某项活动效果产生的作用不同，在整体权重分配中，部门负责人在工作绩效上的权重要高于一般工作人员，技术岗位员工在专业知识技能上的权重要高于操作岗位员工。

区分等级：在评分标准和评定结果上区分等级，设计的项目评分表中所有评价指标（包括定性和定量项目）都按照A、B、C、D四个等级标准进行评分，A为超出目标（100分），B为达到目标（80分），C为接近目标（60分），D为远低于目标（40分），对员工的评定结果分为优（A）、良（B）、中（C）、差（D），"优"代表

"实际表现显著超出预期计划/目标或岗位职责/分工要求，在计划/目标或岗位职责/分工要求所涉及的各个方面都取得特别出色的成绩"，"良"代表"实际表现达到或部分超过预期计划/目标或岗位职责/分工要求，在计划/目标或岗位职责/分工要求所涉及的主要方面都取得比较出色的成绩"，"中"代表"实际表现基本达到预期计划/目标或岗位职责/分工要求，无明显失误"，"差"代表"实际表现未达到预期计划/目标或岗位职责/分工要求，在很多方面失误或主要方面有重大失误"。

（2）"三结合"。

定量与定性相结合：在评价方式上实行"定量与定性相结合"，针对不同的评价内容采取不同的评价方式，能够量化的项目尽量采取量化考评的形式，不能进行量化的项目则制定对应的评判标准，尽量减少人为因素。

长周期与短周期相结合：在评价内容上实行"长周期与短周期相结合"，有的内容短期就能见效，有的只有经过较长时间才能见效，比如对工作态度的项目评价周期就短，对工作绩效的项目评价周期就长，二者结合才能更加客观真实地反映员工的工作成绩。

自我鉴定与外部考评相结合：在评价主体上实行"自我鉴定与外部考评相结合"，为尽量减少主观人为因素，所有定性评价项目都由本人自我评价和外部（考核组、上下级、同事）考评两个部分综合评定。

5.评价形式

自我评价、考试（笔试、面试、实际操作、现场问答）、日常检查、民主测评、上级考评、指标对比、据实统计、考核组评议等。针对不同的评价内容采取以上不同的评价方式。

6.评价结果应用

员工绩效分配：员工全面评价的阶段性结果可以当作员工月度和年度绩效工资分配的主要依据。

组织教育培训：对全面评价结果所产生的信息资源，特别是对工作能力结果进行分析，可以比较容易地发现员工实际能力与采气厂要求的差距，便于制订人才发展规划，开展针对性的教育和培训工作。

机构人员分配：全面评价结果为采气厂提供了每个员工的综合信息，便于进行人员调整，形成相对均衡合理的组织人员构成。

薪酬调整管理：对员工开展全面评价的过程也是对岗位工作性质、特点、工作量和要求进行一次全面梳理和评价的过程，可以结合采气厂工作重点对已经设定的岗位进行定性和定量评价，确定不同岗位重要性、工作难度和工作量的差异，为岗位薪酬调整提供依据。

职务升降调整：对评价结果所产生的信息资源进行统计分析，既能从普通员工中发现人才，又能在干部队伍中得出优劣，为干部的选拔任用和调整提供了准确信息。

各类先进评比：全面评价的结果就是员工平时工作表现的客观结论，就是员工是否先进的评价标准。

人力资源研究：对人才队伍需求与员工评价结果进行全面系统分析，特别是对存在的差距进行分析和研究，从中既可以发现优化岗位结构和设置的切入点，又可以进一步挖掘企业内部人才潜力，增强科学开发人力资源的效果。

个人职业发展：对比岗位的要求，正确认识对本人在不同阶段的评价结果，可以找到个人存在的差距、明确岗位发展目标、规划个人发展计划，调整学习重点，最大限度地挖掘个人潜力，促进员工自觉成才。

第五节　创建红旗采气厂

针对雅克拉高压凝析气田开发管理的特殊性，雅克拉采气厂以打造中国石化"三个标杆一个摇篮"（油气田开发标杆、天然气处理标杆、管理工作标杆、人才培养的摇篮）为目标，深入开展以"比贡献、比效益、比安全、比水平、比作风"为主要内容的"五项劳动竞赛"活动。通过强抓"三基"，为高效开发油气藏提供了强有力的保障，实现了创建红旗采气厂的目标。

从2004年雅克拉投入正式开发以来，雅克拉采气厂就组织各基层生产单位积极参加集团公司在上游油田企业中开展的"五项劳动竞赛"活动，基层生产单位多次荣获"金牌采气队"和"银牌采气队（研究所）"称号，其中管理着雅克拉区块的采处一队已经连续四次获得"金牌采气队"称号，雅克拉采气厂则在第三、第四届活动中摘得"优胜采气厂"后，又连续在近年的第五、第六届评比中，赢得"红旗采气厂"称号（表7-1、表7-2）。实现了气田的高效开发和高压凝析气处理装置的"安、稳、长、满、优"运行。

表7-1　红旗采气厂参评资格指标对照

参赛时间	2008年	2010年	2012年
全面完成下达的年度天然气产量/$10^8 m^3$	10.68	12.21	12.88
全面完成下达的年度天然气商品量/$10^8 m^3$	9.61	–	12.42
千立方气操作成本控制在计划指标内/（元/千立方米）	83.92	75.88	151.01
无上报中国石化集团公司安全生产、环境保护责任事故	无	无	无
完成上级下达的综合能耗指标/（千克标煤/千立方米）	55.953	49.1	71.84
在区块目标管理年度评比中，所辖区块超过30%的指标在油田内部排名处于前半数之内	40%	45%	50%

表7-2 红旗采气厂综合管理指标对照

序号	考核内容＼时间	2008年	2010年	2012年
1	自然递减率完成情况/%	168.51	158.8	152.856
2	气井开井率/%	90.91	96.97	93.09
3	动态监测完成率/%	104.68	105.8	98.387
4	综合输差/%	-1.37	-2.52	0
5	基层单位达标率/%	100	100	100

一、参加"五项劳动竞赛"取得的荣誉

2004—2005赛季中国石化第二届"五项劳动竞赛"：

　　雅克拉采气厂采处一队获得"银牌采气队"。

2006—2007赛季中国石化第三届"五项劳动竞赛"：

　　雅克拉采气厂获得"优胜采气厂"；

　　雅克拉采气厂采处一队获得"金牌采气队"。

2008—2009赛季中国石化第四届"五项劳动竞赛"：

　　雅克拉采气厂获得"优胜采气厂"；

　　雅克拉采气厂采处一队获得"金牌采气队"。

2010—2011赛季中国石化第五届"五项劳动竞赛"：

　　雅克拉采气厂获得"红旗采气厂"；

　　雅克拉采气厂采处一队获得"金牌采气队"；

　　雅克拉采气厂地质研究所获得"银牌研究所"。

2012—2013年赛季中国石化第六届"五项劳动竞赛"：

　　雅克拉采气厂获得"红旗采气厂"；

　　雅克拉采气厂采处一队获得"金牌采气队"；

　　雅克拉采气厂采处二队获得"银牌采气队"；

　　雅克拉采气厂地质研究所获得"银牌研究所"。

二、取得的其他主要荣誉

塔河油田110×10⁴t产能建设工程项目先进集体（中国石油化工集团公司）；

自治区级精神文明建设文明单位（新疆维吾尔自治区精神文明建设指导委员会）；

自治区"安康杯"优胜企业（新疆维吾尔自治区总工会）；

全国青年文明号（集团公司、自治区团委）；

自治区"五一文明岗"（新疆维吾尔自治区总工会）；

中国石化集团公司"安全生产先进分队"（中国石油化工股份有限公司）；

中国石化系统群众体育工作先进单位（中国石油化工集团公司体育协会）；

自治区模范职工小家（新疆维吾尔自治区总工会）；

自治区模范劳动关系和谐企业（新疆维吾尔自治区总工会）；

中国石化先进基层单位（中国石油化工股份有限公司）；

集团公司廉洁文化"六进"工程先进集体（中国石油化工股份有限公司）；

全国"安康杯"竞赛优胜企业（中华全国总工会）；

全国模范职工小家（中华全国总工会）；

自治区"青年安全生产示范岗"（新疆维吾尔自治区团委）；

自治区模范职工之家标兵（新疆维吾尔自治区总工会）；

安全生产先进单位（中国石油化工股份有限公司）；

高效开发气田奖（中国石化"十二五"油气田开发优秀项目）；

老区高效增加可采储量项目（中国石化"十二五"油气田开发优秀项目）。

第八章 气田开发成果与启示

雅克拉气田通过试采深化气藏认识，确立开发技术政策及开发方式，采用衰竭式+水平井开发，有效控制了反凝析，实现了气田高效开发，目前已稳产12年，预计还可以再稳产5年以上。截至2015年年底，累计产油227×10^4t，累计产气98.38×10^8m³，凝析油采出程度44.1%，天然气采出程度37.2%，其中下气层凝析油采出程度已达67.6%，天然气采出程度已达55.2%，凝析油采出程度远高于方案设计，达到国内凝析气藏领先水平。目前，在采出程度较高的情况下，气藏反凝析不明显，边水控制较好，生产状况良好，走出了一条凝析气田衰竭式高效开发之路，形成了均衡采气技术、反凝析控制技术和均衡水侵控制技术等核心开发技术，也带来诸多启示，其中蕴藏着气田开发中的科学与智慧。

第一节 实现了气田高效开发

新疆塔里木盆地周边地广人稀，天然气用户很少，工业基础也很薄弱，为最大限度利用好宝贵的油气资源，西北油田分公司在雅克拉凝析气田的开发上，一开始就坚持了油气并重、以销定产的政策。在地面配套、集输系统建设上，以高起点方式，依靠天然能量，集成当时成熟、先进技术和设备，采用一级布站，实现少投入，多产出。在调研国内外凝析气藏开发管理经验与教训的基础上，借鉴了其成功的先进管理经验和技术优势，提出了以"均衡采气"为核心，以"少动慢控、合理配产"为原则，以"控水稳气、控制反凝析"为手段，以提高采收率和油气处理水平为目标的开发管理思路，实现了气田高效开发稳产12年。从其衰竭式高效开发的案例中总结形成的凝析气藏开发理论及技术体系，能够有效推动中国石化乃至我国凝析气田开发理论与技术的创新和发展。

取得如此好的开发效果得益于长期试采的气藏认识、精细的地质研究、均衡采气技术的创新、高效的管理团队和先进的工艺技术。从方案实施的效果看，地质认识基本无大的变化，只是在逐年细化，孔渗性与方案认识基本一致，储量可靠程度高。产能论证也翔实可靠，开发管理过程中创新了反凝析控制技术，按高于配产10%生产。开发井网基本按方案设计的4H4V实施。从开发的效果看，方案指标控制较好，日产油、气油比、地层压力等指标优于方案设计，主要是水平井生产效果好，相态研究谨慎，反凝析控制好，水体认识充分，利用得当；同时，高质量成井，确保了生产井井筒、采气管柱完整性，较好地解决了腐蚀、井控等难题。集输处理工艺也一次性投产成功，安全运行12年未作大的改建和检修，确保了高效开发运行。

与开发方案相比：设计4H4V井网（利用老井2口），日产气$260 \times 10^4 m^3$，年产气$8.6 \times 10^8 m^3$，采气速度3.49%，稳产10年。自2005年正式投入开发至2008年年底，优化实施为4H7V井网（利用老井3口），日产气$260 \times 10^4 m^3$，年产气$9.4 \times 10^8 m^3$规模。截至2015年年底，在雅东滚动扩边开发和利用老井挖潜情况下，最终完善成4H15V井网（利用老井5口），其中主构造未调整，雅东增加8口。雅克拉白垩系凝析气藏共计有开发井20口，其中水平井4口，直井15口，斜井1口（其中雅东外扩井8口），区块日产气$260 \times 10^4 m^3$，稳产了12年。累计产气$98.38 \times 10^8 m^3$，累计产油$227 \times 10^4 t$，直接经济收入205.5亿元。天然气采出程度37.21%，凝析油采出程度44.1%，其中下气层凝析油采出程度高达67.6%，天然气采出程度已达55.2%，达到国内凝析气藏领先水平（图8-1）。

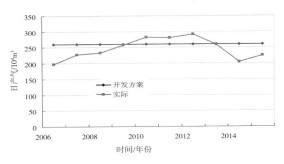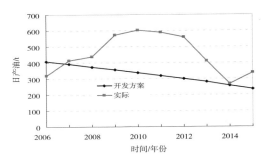

图8-1 方案设计日产气、日产油与实际指标对比曲线图

总体来说，雅克拉凝析气田在气藏上、下层系的优化、东西产能的接替、整体控速调整上做精、做细了文章，气藏开发指标好于方案设计，实现了气田的长期稳产。特别是在利用水侵能量和控制反凝析方面取得了较为突出的效果。主要表现在以下几个方面：

（1）稳产时间及采出程度均高于方案设计。方案设计气田稳产年限10年，截至目前已达到12年，超方案设计2年，预计还可再稳产5年以上。天然气采出程度基本与方案一致，达到37.21%，凝析油采出程度44.1%，超方案设计14.1%（图8-2）。

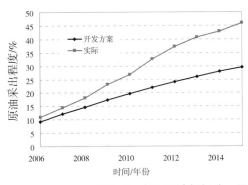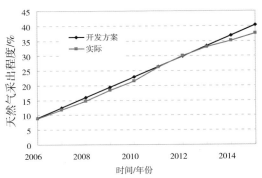

图8-2 方案设计凝析油、天然气采出程度与实际指标对比曲线图

（2）水体能量利用好，在实际采出程度高于方案设计的情况下，地层压力高于方案设计7.81MPa，目前地层压力为46.81MPa，较原始地层压力58.3MPa下降了11.49MPa，压力保持程度达80.29%（图8-3）。

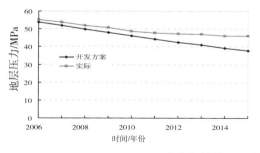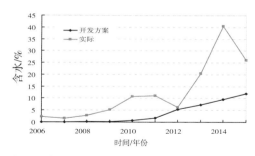

图8-3 方案设计地层压力、含水与实际指标对比曲线图

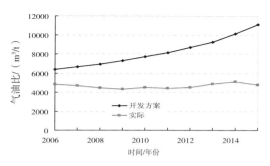

图8-4 方案设计气油比与实际指标对比曲线图

（3）反凝析控制较好，2015年年底气油比为5107.5m³/t，远低于方案设计的10600m³/t，反凝析情况不严重（图8-4）。凝析油采出程度43.15%，高于开发方案27.81%，下气层凝析油采出程度达到了67.6%，与国内外同类衰竭式开发的凝析气藏相比（表8-1），采出程度分别高出14.4%、4.6%。

表8-1 国内外凝析气田采收率统计

地区		气储量/%	凝析油储量/%	平均凝析油含量/（g/m³）	气田	凝析油含量/（g/m³）	开发方式	凝析油采收率/%
西北地区	塔里木	36.3	62.4	347.9	牙哈	573	循环注气	59.3
					雅克拉	234.5	衰竭式	67.8
	吐哈	4.8	5.6	236.9	丘东	293	衰竭式	19.3
	…	…	…	…	…	…	…	…
	小计	46.1	69.3	301.9				
东中部地区	大港	5.1	8.2	329.8	板中板二	353	衰竭式	41.4
					大张坨	630	循环注气	60.2
	辽河	7.0	3.0	85.9	双台子	234	衰竭式	18.5
	…	…	…	…	…	…	…	…
	小计	27.2	15.6	116.8				
海上	东海	5.4	6.1	225.4	平湖	169	衰竭式	53.4
	…	…	…	…	…	…	…	…
	小计	26.4	15.1	116.4				
国外	俄罗斯	–	–	–	卡拉达格	180	衰竭式	43.0
		–	–	–	哈西鲁迈尔	852	衰竭+注气	63.2

（4）开发指标及效益指标好。利用中国石化油藏经营管理的气田开发评价标准（表8-2），雅克拉气田的开发评价得分为90.1分，气藏总体开发水平好，仍处于稳产调整阶段，累计产油227×10^4t，累计产气$98.83 \times 10^8 m^3$，直接经济收入205.5亿元，实现了高效益开发。

表8-2　超深层砂岩凝析气藏开发水平指标评价

序号	开发指标项目		类别			标准分	评价细则	实际值	实得分
			一类	二类	三类				
1	储量动用程度/%		≥80	70~80	≤70	11	实际指标为一类者得标准分；二类者得标准分的70%；三类者得标准分的50%	87.5	11
2	稳产期采气速度/%		≥3	2~3	≤2	17		3~4	17
3	稳产年限/a		≥5	3~5	≤3	11		10	11
4	自然递减率/%	处于稳产期	≤2	2~5	≥5	17		1.09	11.9
		处于递减期	≤10	10~20	≥20			–	–
5	气藏年产量综合递减率/%	处于稳产期	≤1	1~3	≥3	17		-2.28	17
		处于递减期	≤5	5~10	≥10			–	–
6	采收率/%	天然气	≥50	20~50	≤20	6		56.5	6
		凝析油	≥30	20~30	≤20	5		67.3	5
7	剩余可采储量变化率/%		>1	1	<1	16		1	11.2
合计						100		–	90.1

第二节　形成了系列开发关键技术

凝析气藏是流体相态变化极为复杂的特殊气藏，开发难度极大，尽可能提高凝析油采收率是该类气藏开发主要追求的目标之一。如何实现提高采收率一直是科研人员探索的方向，其研究难度远高于常规油气藏。西北石油人始终以"敢为人先、创新不止"的文化精神，以"开发无止境、工艺无极限"的理念，坚持理论创新、技术创新、管理创新，不断在实践中探索，形成了凝析气藏高效开发的关键技术和管理体系，保障了雅克拉凝析气藏科学、高效开发。

一、水平井衰竭式开发技术

根据储层孔渗条件好、凝析油含量较低、反凝析液量小、最大反凝析压力低、地露压差大等特点，利用水平井有效增大波及面积、降低生产压差，进而降低凝析油在井筒附近堆积、增大泄油面积防止远井地带反凝析的特点，率先利用水平井开发技术改善地层渗流场来预防和控制反凝析。①开创了以"高部水平井+边部直井"的组合井网，实现高部位水平井立体引流高速高产、边部直井横向分层引流控制边水的高效开发核心关键技术，实践证明采用水平井在雅克拉气藏开发中发挥了重要作用。②结合雅克拉凝析气藏地质构造、储层及流体分布等条件，为提高气井对储量的控制程度，有效地利用资源，延长无水采气期和防止边水快速推进使气井过早水淹，采用以沿构造长轴高部位不规则布井方式为主，气井尽量部署在构造高部位、渗透率相对较高、有效厚度大的部位。③对于雅克拉超深储层，开发方案确定部分采用水平井，有的为阶梯水平井，钻完井难度大，体现了先进的技术思路。在钻井过程中，不断优化钻井参数，调整泥浆性能，且根据钻遇地层变化及时调整水平井井眼轨迹，在保证钻井安全的前提下，保证高质量成井。对比雅克拉凝析气藏直井与水平井，发现水平井产量和气油比基本稳定，而直井生产后期日产气量和日产油量下降，产水量上升，气油比在生产后期也发生波动。水平井产量高，是直井的2.14倍，生产压差小，不仅有效抑制反凝析，同时也有效抑制水的快速侵入，提高天然气、凝析油采收率。目前，已经形成的水平井配产、合理生产压差确定、产能预测与产能评价等方法，在邻区轮台沙三凝析气田得到全面推广，并取得很好的效果。

二、雾状反凝析控制技术

雾状反凝析控制技术是凝析气藏开发过程中，地层压力低于露点压力后，通过合理控制单井近井地带生产压差（压降漏斗），使反凝析油呈雾状均匀分布在气态中，同时尽量提高气藏采气速度，使生产井周围大范围的储层中较均匀、呈雾状非连续相的反凝析油随天然气一起高速流动产出，避免凝析油聚集的一项开发技术。在雅克拉凝析气藏开发过程中，反凝析的控制是高效开发的关键。①创新了五区反凝析控制理论模型。主要通过高速连续压降，反凝析油滴还来不及形成连续相时，即在雾状流状态下边形成边随高速气流采出，雾状流区域（或压力梯度窗口）由近露点压力的临界状态扩大到远低于露点压力的常规状态，单井流动模型由常规五区模型转变为雾状流——速度剥离效应的两区模型甚至为雾状流一区模型，实现控制反凝析油损失，提高凝析油采收率。②雾状反凝析控制技术。采用不规则面积井网，以水平井开发为主，且在合理井距控制下，基本上没有不流动区；并通过不同井点的合理高采气速度形成的差异化压降，保障近井地带压力梯度，使反凝析油呈雾滴非连续相形式随天然气一起流动产出，从而达到均匀反凝析→流动产出→减少反凝析的目的。③差异化配产达到均衡防止反凝析。核心技术在于对开采速度的控制上，需要综合考虑气藏的层间、层内非均质性，以及不同部位（顶部、边部）、不同储渗条件、不同井型、不同井筒条件、不同生产阶段等影响因素，将采气速度计算公式分解到具体的单井和单层，包含单储系数、储层厚度、井控面积3大类、8亚类、15细类，涉及气井的孔渗、构造部位、井型和开发阶段等。实现凝析气在平面、纵向、时间上都以合理速度均衡产出，形成整个气藏的均衡压降、雾状反凝析和均衡水侵，实现气藏提高采收率、效益最大化和长期稳产的目标。

三、均衡水侵控制技术

均衡水侵控制技术是在边水凝析气藏开发过程中，综合考虑气藏的非均质性、渗流条件、井网井型、饱和场、压力场、流线场等因素，通过不同井点的差异化配产技术，确保气藏总体实现压降均衡，保证边水均匀突破、水线均匀推进的水侵控制技术。①通过静态法、动态法相结合，计算水体能量大小，通过生产指示法、采出程度法及物质平衡法计算水侵量，评价水体活跃程度，为控制和利用好水体能量奠定了基础。②建立以氯根为核心的水型判别方法、气井油压异常变化的水侵预测方法、气藏工程计算和数值模拟四种见水预警机制，为及时优化调整控制水侵提供了保障。③总结形成的"325"的单井控水、见水、治水模式，凝析水、混合水、地层水判别标准，以及凝析水不控、混合水早控、地层水严控的管理对策，有效指导了气藏不同条件下的均衡水侵调整和控制。④建立了不同开发阶段的均衡水侵关键控制技术图版。即开发早期合理配产，物性好、高部位、井控面积大的井层"小压差高配"；物性差、打开程度不完善的井层"大压差低配"，气水边界、有效厚度小的井层"小压差低配"；开发中期开始水侵，采取"稳（高部位高渗维持不变）、放（高部位低渗放大油嘴）、控（低部位高渗缩嘴控制）"等调控手段，达到开发层系层面均衡水侵的目标；开发中后期水侵加剧，采取"压（高部位高渗压产）、稳（高部位低渗维持不变）、排（低部位高渗排水采气）"调控手段，尽量实现气藏层面的均衡水侵；开发末期，水淹严重时主要通过"排（边部排水引流）、治（水淹井堵水）"相结合全面治理，以剩余油挖潜为目的，尽可能提高采收率。在雅克拉凝析气田衰竭式开发过程中，通过开展全生命周期的均衡水侵控制技术（图8-5），开发历史最长、采出程度最高的下气层，通过调整井的动态监测、生产动态实践证明，气藏基本实现气水界面的均匀抬升和均衡水侵状态，应用效果显著。

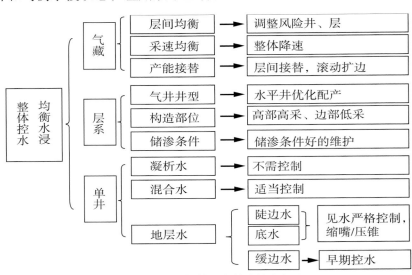

图8-5 凝析气藏开发控水技术框图

四、动态监测技术

创新性地建立了规范化、有特色的凝析气藏开发动态监测体系，创造性地开展了多项创新成果的应用。①针对凝析气井油气水流动型态的复杂性导致获取代表性样品困难、乳化状液样化验困难等问题，改进不同产水阶段的井口取样方法和含水计算方法，独创了低含水阶段"以水化水"的含水化验检测方法；改进了束缚水氯根化验检测方法；建立了以氯根为核心的水性判别方法和水性化验监测制度规范。②雅克拉凝析气田在试采初期乃至整个开发过程中，持续开展流体组分及相态监测实验。重点研究了高温、高压富含气态地层水的凝析油气体系特殊PVT相态实验；多孔介质中的凝析油相态特征以及凝析气藏注气驱相态特征研究等。为准确把控和认识凝析气藏开发动态规律，以便合理、高效开发凝析气藏奠定了基础。③针对凝析气藏开发过程中发生的相态变化规律，开展了多相流体渗流计量研究。在多孔介质中油气水微观分布特征研究的基础上，重点开展了衰竭式开发中相变渗流长岩心实验，为确定气藏合理采速、控制水侵和提高采收率，改善开发效果提供了理论依据。④流静压监测技术贯穿气藏开发全过程。除了常规的反映气井生产变化、制定合理压差、计算合理产能、诊断井筒积液、判断反凝析、研究水侵规律外，进一步把流静压资料延伸至把控井筒流型和表征气藏相态变化中去，为凝析气藏开发管理提供翔实的资料。⑤试井资料与生产测井资料紧密结合，表征地层参数变化和动用状况变化规律，及时了解凝析气井生产状况，做到井间、层间、区块间调整的及时性、合理性。

五、CO$_2$腐蚀防治技术

系统深入研究了腐蚀机理和腐蚀规律，形成了抗CO$_2$腐蚀防治技术。①在完井管串的选择上，形成了以"不锈钢套管+永久式封隔器+13Cr油管+井下安全阀+FF级采气树+地面安全阀"为特征的高压防腐采气技术，为凝析气井长期安全、高效生产奠定了基础。②在井口装置的选择上，采用了FF级采气树+井下安全阀、地面安全阀全方位控制井口的技术，通过不断改进完善，实现了井下、地面安全阀的就地关断、远程关断、高/低压自动关断三种控制方式，对于高压油气井口控制系统的应用，充分发挥井口自动化控制"先进武器"的功能和作用，为高压油气井安全、平稳生产保驾护航。③在地面集输系统方面，开展定期腐蚀检测、定点壁厚监测，优选特殊耐腐管材、加注缓蚀剂、阴极保护、特殊结构弯头等措施，有效抑制和减缓了腐蚀速率，保障了高压凝析气井长期安全生产，气井免修期达15年，达到了国内领先水平，为同类气田开发提供了技术借鉴。

六、地面高压油气集输处理技术

雅克拉凝析气田地面建设与凝析气田整体开发同步规划、同步设计、同步建设，地面集输与处理系统以"安全、环保、高效、低耗"为原则，结合气田高温高压特征，集输处理采取高起点设计，充分借鉴和引进、吸收国外先进技术，创新形成了

"高压集输+深冷处理+全自动监控"的高压凝析气集输处理关键技术体系，实现了装置C_3平均收率92.43%、C_3^+平均收率94.12%，保障了凝析气田的高效开发和资源效益最大化。①充分利用高压气井的压力能，采用一级布站，以高压混输的方式直接输送到集气处理站进行计量和油气处理，实现了低温节能输送，流程简捷，经济适用。②雅克拉集气处理站是一座集凝析气处理、凝析油稳定、轻烃回收、产品外输、西气东输为一体的大型高压集气处理站。形成了大型高压分子筛脱水、浸渍硫活性炭脱汞、双膨胀机+DHX回收轻烃等凝析气处理关键技术；多级闪蒸+微正压精馏稳定、两级水洗脱盐工艺、稳定气多级增压回收、稳定塔干气气提技术等凝析油稳定技术。③采用浸渍硫活性炭脱汞技术后，解决了天然气中的微量汞对轻烃装置的铝制换热器（简称冷箱）具有极强腐蚀的问题，有力地保障了处理装置的安全、平稳运行和气田的高效开发。

七、信息化安全控制技术

雅克拉凝析气田在地面工程建设之初，就采用了当时先进的自动化控制系统，实现了工艺流程的自动控制和紧急状态下的连锁控制，有效消减了安全风险。从2011年开始，结合信息控制技术进步，进一步加大信息化建设力度。利用视频监控、光纤传输、数据采集、自动控制等技术，开展了井站全覆盖视频监控、井站数据采集控制平台、单井控制系统升级改造、优化数据传输模式等工作，做到井、站、厂三级监控管理，实现了生产数据采集、视频监控、音频预警、高低压关断、远程关断和火灾关断六大功能，达到了生产现场可视化、采集控制自动化、动态分析及时化、调度指挥精准化、辅助决策智能化要求，实现了油气开发处理"可视化、自动化、信息化、科学化"。以信息化建设为载体，做到了"三控三降三提高"，即"装置自控、实时监控、指挥远控""降低用工人数、降低劳动强度、降低作业风险""提高监控质量、提高指挥效率、提高用工水平"，有效提高了现场装置运行管理水平。开发实践论证了这套系统的安全可靠、经济高效，实现了连续十余年安全生产无事故，装置工艺技术水平和轻烃收率均达到国内、国际同类装置一流水平。

第三节 启 示

雅克拉大型凝析气田水平井衰竭式的成功开发，理念创新是前提，理论创新是基础，技术创新是关键，管理精细是保障。由此形成的"四个均衡"管理理念，"一区一策、一井一策"差异化管理方式，"12345"的气井生产管理制度等开发管理体系，以及凝析气藏开发三大关键技术和七大核心技术，保障了雅克拉凝析气藏持续高效开发。从中可以得出一些启示，对类似凝析气藏的开发具有重要的借鉴意义。

一、充分认识面临的挑战是搞好凝析气藏开发的前提

凝析气藏具有复杂性和特殊性，开发难度大、工艺技术要求高，要想获得油气采收率双丰收，实现经济、高效开发，需要充分认识面临的挑战，全方位深入研究，系

统论证，最终形成经济可行的开发方案。雅克拉气田开发方案围绕如何解决反凝析、水侵和提高凝析油采收率的问题，天然气的出路问题，如何实现高速高效开发，井控与集输安全问题等，展开过多次论证。在充分调研国内外同类气藏开发经验与教训的基础上，综合研判了合理的开发方式、工艺技术可行性，充分考虑了凝析气田的地理位置、地貌和交通情况、气候条件、地区工业发展水平、离用户的距离、凝析气藏产品供求关系及经济效益等具体技术和经济条件，制定了科学有效的应对对策和开发思路，最终实现了高效开发、效益开发和安全开发。

二、强化试气试采，取全取准资料，深化气藏规律认识，是做好开发方案的基础

试气试采对于制定气田开发方案至关重要。雅克拉凝析气田发现后实施了较长一段时间的试采，客观上是由于存在下游用气不落实的问题，实际上也受当时没有开发此类气田的经验可借鉴的影响，只有通过长时间系统的试气试采，摸索和认识气藏开发特征，更好地把握气藏开发生产规律。在试采过程中，始终把取准、取全资料放在第一位，积累了丰富的试采数据，据此获得了深入的认识。基本搞清了气藏储层特征及连通性，落实了气藏储量规模，摸清了气藏相态特征及生产动态特征，找准了影响气井高效生产的CO_2腐蚀等因素。依据这些试采认识，科学地确定了气藏开发方案，为气藏稳产和高效开发奠定了坚实的基础。后来的开发实践证明，这种决策具有科学性、经济性及合理性。

三、强化精细研究，重视监测技术，完善技术体系，是高效开发的保障

针对雅克拉凝析气田开发中面临的诸多技术难题，不唯上，不唯书，始终以科学严谨的态度追求理论的创新与应用，以认识无止境、工艺无极限的信心攻关技术难题。在油气生产中，摸清地质规律是保证气藏有效益、可持续发展的"引擎"，精细地质研究始终贯穿于雅克拉凝析气田开发全过程。依托新技术、新方法的引进，克服气藏井距大、水平井资料少、构造长轴线性井网等不利因素，持续反复开展精细气藏描述，描述大的、全方面的研究两年开展一次，小规模的日常研究更是难以计数，精雕细刻"千层饼"，让每次认识都逼近真实地质体，在新认识基础上，形成了"一年一细化，半年一微调"的精细调整管理对策。在雅克拉凝析气藏的开发中，我们也十分重视生产动态的监测，为此创建了凝析气藏特色的生产动态跟踪监测体系，并且着重考虑对与反凝析和水侵相关的参数进行持续监测，充分利用生产动态监测资料，跟踪分析与评价，把握气藏开发规律，开展优化调整。正是这种全面监测与调控，才使得气藏得到高效、精细开发。在掌握规律的基础上，不断进行技术创新，让其成为攻克凝析气田开发难题的利器，实践证明，均衡水侵控制技术和雾状反凝析控制技术在雅克拉凝析气田利用好水体能量和解决好反凝析中发挥了重要作用，形成的凝析气藏开发技术体系体现了先进的技术思路，值得借鉴和推广应用。

四、地面地下一体化，统筹设计，充分利用装置生产能力，滚动开发，实现效益最大化

地面配套设施在开发设计之初，充分考虑了地下地面一体化的结合，做到近期开发和长期规划相结合，充分利用装置生产能力，依托现有设施进行滚动开发，最大限度地降低生产成本，创造了更多的经济效益，具有先进性与科学性。雅克拉产能建设完成后，秉承滚动勘探开发的先进理念和做法，充分利用装置能力生产天然气，滚动扩边发现了雅东凝析气藏，增加天然气地质储量 $26.65 \times 10^8 m^3$，凝析油地质储量 $81.42 \times 10^4 t$，进而降低了生产成本，新建产能 $1.6 \times 10^8 m^3/a$，区块日产气量最高达 $60 \times 10^4 m^3$，日产油量最高达160t，成功实现了产能接替，为气田10年稳产作出了贡献，这种做法值得推广。

五、建立了精细化管理体系，培养了高素质人才队伍，是高效安全开发的基础

随着简单的单井流程提升为以采集处理为一体的现代化生产模式，强三基、抓管理成为了雅克拉凝析气田安全、高效开发的必选之路。针对凝析气藏开发的特殊性和集输处理的复杂性，采气厂通过积极探索和实践，坚持以精细化管理为抓手，创新推行了"方案化运作""四个均衡""三角稳固""ATM人才培养""岗位手册""三基工作考核"等管理方法，逐步建立起系统的人才培养和员工评价体系，促进三支队伍素质不断提升，为企业快速发展储备了高素质的人才队伍，推进了采气厂健康发展。随着油气开发技术和生产运行机制趋于成熟，为了提高管理效益，各项管理工作随之向精益求精上转变，"全面生产管理""模板式管理""安全可视化"和"员工全面评价体系"等管理方法也应运而生。精细化的管理体系无论从理念还是技术上，都体现出科学性和高效性。

附录 五次开发方案详细论证过程

一、白垩系气藏试采方案（1993年）

以距气田50km的库车县建30×10^4t合成氨、52×10^4t尿素化工企业为天然气需求，以S5、S7、S15三口井试油试采资料，$1km \times 1km$的二维地震构造解释，探明含气面积$28km^2$，凝析天然气地质储量$201.92 \times 10^8m^3$为基础，从气藏开发评价角度进行了《雅克拉凝析气田白垩系气藏试采方案》研究。

试采方案的主要任务是深化地质认识及气藏工程认识、核实气藏储量和产能，为开发方案编制提供依据。方案设计全气藏整体试采，气水过渡带利用已有探井分层测试、分层试采。方案设计利用老井5口，部署评价井4口，井距1500m，沿构造长轴布井，日产气能力$106.64 \times 10^4m^3$，年产能$3.89 \times 10^8m^3$（附图1）。

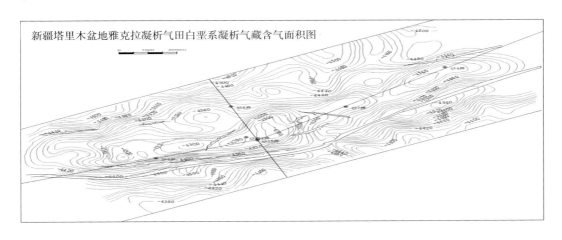

新疆塔里木盆地雅克拉凝析气田白垩系凝析气藏含气面积图

附图1　雅克拉白垩系顶部构造及试采井部署图（1993年）

该方案设计主要参照原地质矿产部石油地质海洋地质局的规范以及中国石油天然气总公司行业规范、标准，并借鉴国内外气田开发经验进行的，与雅克拉气田实际结合较少，未涉及钻采工程方案、地面集输处理方案，CO_2腐蚀等开发关键问题还没暴露出来。该方案编制后，因下游化工企业停止而暂缓，仍然保留了S15井试采。

二、雅克拉凝析气田白垩系凝析气藏开发方案（1995年）

1995年进行第二次方案论证，主要针对新疆生产建设兵团库车15×10^4t合成氨和26×10^4t尿素的化肥厂项目，年供气$2 \times 10^8m^3$，加上西北石油局液化气厂、炭黑厂等用户，按照年供气规模$2.8 \times 10^8 m^3$，20年稳定供气，1998年1月全面投产等要求进行试采方案设计论证。试油试采井仍只有3口。

方案设计纯气区内布线状井排，在1~4号高点各布雅1、雅2、雅3、雅4井；按1500m井距内插雅7井和增布雅5井，形成不等边的四方井组（附图2）。在纯气区上、下气层都打开的情况下，配产$(16~24) \times 10^4 m^3/d$，气-水过渡开发井和探转采井配产$(0.2~6) \times 10^4 m^3/d$。除个别井外，气井生产压差设计为10MPa左右。单井停喷井底流压取值15MPa，气藏废弃压力确定为30MPa。方案设计年产$2.8 \times 10^8 m^3$，日产$85 \times 10^4 m^3$，稳产期30年，稳产期内，凝析油采出程度50.10%，天然气采出程度45.87%；期末，油气采收率未达到储量报告中天然气采收率估算值60%。

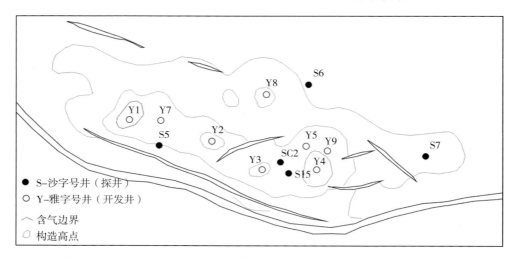

附图2　雅克拉白垩系顶部构造及试采井部署图（1995年）

由于当时没有开发管理类似气田的经验，1995年第二次试采方案设计仍然存在很多不足之处，主要为：

（1）仍然大量依据行业特别是原地矿部系统的规范和借用国内外类似气田开发经验进行研究设计，存在对别的油田开发经验和教训理解不到位、针对性不强的问题。

（2）在相态及开发过程中，相态变化基本未涉及，反凝析问题基本没做研究和预测，总体上是按常规干气藏进行研究设计的。

（3）对产能、生产压差等关键参数研究不够深入，早期探井泥浆密度大，污染严重，导致表皮系数大，以此确定的生产压差偏大；废弃压力和停喷压力没有考虑反凝析见水等，形成井筒积液问题；合理产能多采用无阻流量单一方法确定，明显偏高；打开程度按全打开设计，没有考虑储层非均质性和以后精细开发问题。

（4）钻井、采气过程中的腐蚀问题基本未涉及，对CO_2含量、分压、腐蚀危害等还没有认识到。

（5）地面集输处理设计仍然很弱，只开展了三相分离器比选。

（6）经济评价基本未涉及。

方案编制后，在三维地震资料的基础上，部署实施了YK1井，部署原因、实钻目的和效果如前所述。

三、雅克拉凝析气田白垩系气藏开发方案（1998年）

1998年以"库车大化稳定供气量$3.0 \times 10^8 m^3$，合计年供气量$3.5 \times 10^8 m^3$，稳定供气20年"为目标，历时一年半，最终形成《雅克拉凝析气田白垩系气藏开发方案》。

方案设计上、下气层作为一套开发层系，在纯气区上、下气层合采，井距为1000~1500m，在过渡带单采上气层，井距适当放大。方案设计年产$5.0 \times 10^8 m^3$，日产气$152 \times 10^4 m^3$，单井日产气$17 \times 10^4 m^3$，稳产期17年，稳产期内，天然气采出程度34.47%。方案实行整体规划、分期实施，在2002年达到年供气$3.5 \times 10^8 m^3$，2005年以后达到年供气$5.0 \times 10^8 m^3$规模，地面工程和外输设施按年产$5 \times 10^8 m^3$规模建设，并留有发展余地（附图3）。

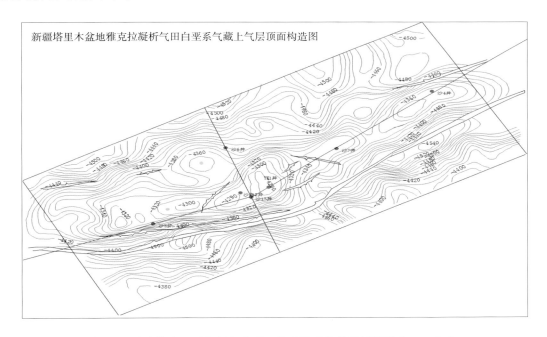

附图3　雅克拉白垩系凝析气藏顶面构造及开发井网部署图（1998年）

1998年依托中国新星石油公司内部和国内研究机构，结合当时钻完井技术、塔河油田大量钻井成功实例和雅克拉气田地质特征，首次进行了全面的方案设计论证，其特点及不足如下：

（1）第一次全面、系统地进行方案设计，在气藏工程、钻完井工程、采气工程、地面工程等方面进行详细、完备的分析研究，并对方案进行经济评价，方案可实施性强。

（2）方案设计以稳定的下游用户规模为基础，方案模拟比选更具有针对性。

（3）井网、井距设计更科学、更合理，线面结合井网沿构造长轴高点线状布井，在主高点上面积布井，并兼顾控制储量区的储量升级。

（4）第一次进行了比较详细、完善的钻完井工程、采气工程设计。但是对CO_2含量、分压、腐蚀危害等还没有认识到，钻完井、采气过程中的腐蚀与防护未得到重点考虑。

（5）地面集输处理以便于管理、处理和就近为原则，同时考虑到水、电和其他生活条件、交通条件，把处理站设计在靠近314国道的705基地，集气站设计在雅克拉，油气分输到处理站集中处理销售。

四、雅克拉-大涝坝凝析气田开发可行性研究（2000年）

2000年中国石化作为"西气东输"工程的参与单位，编制了中国石化集团公司"西气东输"勘探开发总体规划，将雅克拉和大涝坝1号、2号三个凝析气田列入"西气东输"工程的首期投入开发建设输气的工程项目，开展第二次开发可行性论证。

此次论证借鉴了国内外凝析气田开发方案编制的先进经验，采用了多项国内外较新的技术方法，进行了广泛而深入的研究工作，论证并设计了开发方式、规模、稳产年限、采速、井网、工艺及地面设施，评价了其开发经济效益，制定了合理、可行的开发方案。

方案设计雅克拉白垩系凝析气藏上、下气层作为一套开发层系，采用衰竭式开发方式，部署开发井11口，年产气$8.7 \times 10^8 m^3$，采气速度为4.43%，日产气$264 \times 10^4 m^3$，过渡带单井产能为$6.7 \times 10^4 m^3/d$，纯气区开发井单井产能为$31 \times 10^4 m^3/d$，稳产期7.64年，稳产期天然气采出程度31.9%，评价期末天然气采出程度达51%，凝析油采出程度达40.4%（附图4）。

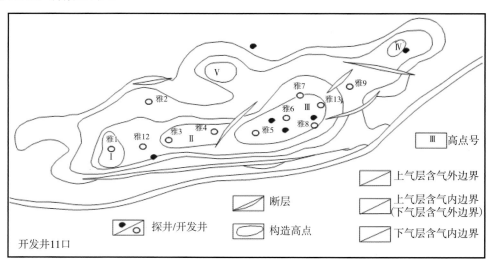

附图4　雅克拉白垩系凝析气藏开发井部署图（2000年）

2000年第二次全面方案设计特点及不足：

（1）产能提高，明显提速，根据西气东输需要，产能提高到$8.7 \times 10^8 m^3/a$。

（2）气藏地质、钻井工程、采油工程等基本沿用上一次方案，气藏工程和地面工程则根据需要做了比较大的修改和完善。

（3）气藏工程中开发层系、开发方式等基本不变，井网部署、单井产能和整体气藏方案根据供气需要做适当调整，开发井由7口增加到11口，单井产能普遍在$30 \times 10^4 m^3/d$左右。

（4）地面工程以西气东输为目标，有较大变动，天然气处理站设计在雅克拉，就近集中处理，凝析油输送到大涝坝站集中处理外销。

五、雅克拉-大涝坝气田开发方案（2004年）

2002~2003年中国石化决定援建库车大化工程，雅克拉天然气出路最终确定，雅-大气田供气方向考虑两头，近期西气东输与库车大化两线供气，后期库车用气，年供气规模$10 \times 10^8 m^3$（日产气$275 \times 10^4 m^3$），稳定供气10年。2003年年初由中国石化西北油田分公司负责，从整体资源动用和合理设计开发次序的角度出发，以坚持高效开发为原则，开展为期一年半的第三次开发方案论证。

方案设计产能$8.68 \times 10^8 m^3/a$，日产气$260 \times 10^4 m^3$，设计4H4V（利用老井2口）井网，井距1200~1400m，采用衰竭式开发。直井上气层合理产能为$14 \times 10^4 m^3/d$，下气层合理产能为$17 \times 10^4 m^3/d$，上、下气层合采合理产能为$20 \times 10^4 m^3/d$，水平井水平段长度为600m，对应产能$51 \times 10^4 m^3$左右。20年预测期末，气、油采出程度分别为56.06%、36.36%（附图5）。

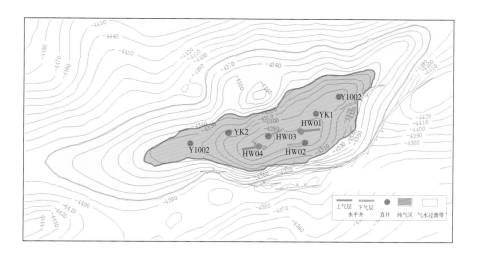

附图5　雅克拉白垩系凝析气藏顶面构造及开发井部署图(2005年)

2004年论证的开发方案是雅克拉最终的实施方案，其特点是：

（1）方案设计总原则是高速、高效开发，比较前几次方案，在开发方式选择、井网井型设计、采速确定以及由此带来的钻井工艺、采气工艺、集输处理工艺和开发管理等方面都做了更为完善、精细的论证优选。

（2）首次确立了水平井在开发中的主导地位，并最终形成了水平井+直井整体开发方案，从气藏工程、钻井工程、采气工程、地面集输以及以后的动态监测、开发管理等方面进行了全方位的设计与技术储备，科学有效地应对了反凝析问题。

（3）在气藏相态有较大变化，存在诸多疑问和争议的情况下，根据16年的气藏试采经验，我们仍然坚持选择衰竭式开发，不但节约了大量投资，以后的开发事实还证明，衰竭式开发采用科学、合理的配套开发技术，有效规避了反凝析给开发效果带来的较大影响，气藏实现了高速、高效开发。

（4）较好地解决了腐蚀问题，从钻井、完井、采油、地面集输等各个环节统一考虑，实现高标准设计与高标准建设。

（5）以一级布站、高压集输处理为代表的集输处理工艺技术获得成功，不但有效节约资源，保证10年的高速、高效运行，同时增加轻烃、液化气收率，社会效益和经济效益十分明显。

总之，2004年编制的方案优化设计是一套非常成功的气田开发方案，为雅克拉产能建设和10年高速、高效开发奠定了坚实的基础。

参考文献

[1] 沈平平，宋新民，曹宏. 现代油藏描述新方法[M]. 北京：石油工业出版社，2003.

[2] 于兴河. 碎屑岩系油气储层沉积学[M]. 北京：石油工业出版社，2008.

[3] 吴胜和，熊琦华. 油气储层地质学[M]. 北京：石油工业出版社，1998.

[4] 裘怿楠. 储层沉积学研究工作流程[J]. 石油勘探与开发，1990，20（1）：86~90.

[5] 邓宏文. 高分辨率层序地层学原理及应用[M]. 北京：地质出版社，2002.

[6] 邓宏文，王洪亮. 沉积物体积分配原理高分辨率层序地层学的理论基础[J]. 地学前缘，2000，7（4）：305~313.

[7] 郑荣才，彭军，彭光明，等. 高分辨率层序分析在油藏开发工程中的应用[J]. 沉积学报，2003，21（4）：654~662.

[8] 张尚锋，洪秀娥，郑荣才，等. 应用高分辨率层序地层学对储层流动单元层次性进行分析[J]. 成都理工学院学报，2002，29（2）：147~151.

[9] 林畅松. 高精度层序地层学和储层预测[J]. 地学前缘，2000，7（3）：111~118.

[10] 张昌民，尹太举，朱永进，等. 浅水三角洲沉积模式[J]. 沉积学报，2010，28（5）：933~944.

[11] 张福顺. 白音查干凹陷扇三角洲与辫状河三角洲沉积[J]. 地球学报，2005，26（6）：553~557.

[12] Miall，A. D. Reconstructing the Architecture and Sequence Stratigraphy of the Preserved Fluvial Record as a Tool for Reservoir Development：A Reality Check [J]. AAPG Bulletin，2006，90（7）：989~1002.

[13] O. Catuneanua，V. Abreu beta. Towards the Standardization of Sequence Stratigraphy[J]. Earth-Science Reviews 92，2009，1~33.

[14] Richard G. Hoy and Kenneth D. Ridgway. Sedimentology and Sequence Stratigraphy of Fan-Delta and River-Delta Deposystems，Pennsylvanian Minturn Formation，Colorado [J]. AAPG Bulletin，2003，87（7），1169~1191.

[15] 汪中浩，章成广. 低渗透砂岩储层测井评价方法[M]. 北京：石油工业出版社，2004.

[16] 雍世和. 测井数据处理与综合解释[M]. 北京：石油大学出版社，2007.

[17] 杨斌，匡立春，孙中春，等. 神经网络在石油测井中的应用[M]. 北京：石油工业

出版社，2005.

[18] 单敬福. 改进人工神经网络原理对储层渗透率的预测——以北部湾盆地涠西南凹陷为例[J]. 石油与天然气地质，2007，28（1）：106~109.

[19] 郭巧占. 基于神经网络的LM算法预测储层声波孔隙度[J]. 石油钻采工艺，2007，29（2）：97~101.

[20] 田冷，等. 基于改进人工神经网络的气水层识别技术[J]. 测井技术，2009，33（5）：449~452.

[21] 吴胜和，金振奎，黄沧钿，等. 储层建模[M]. 北京：石油工业出版社，1999.

[22] 王建，黄毓瑜，金勇，等. 基于测井数据的三维地质模型构建与可视化[J]. 测井技术，2003，27（5）：410~412.

[23] 陈建阳，于兴河，张志杰. 储层地质建模在油藏描述中的应用[J]. 大庆石油地质与开发，2005，24（3）：17~19.

[24] 任殿星，李凡华，李保柱. 多条件约束油藏地质建模技术[J]. 石油勘探与开发，2008，32（2）：205~214.

[25] 崇仁杰，宋春华，等. 应用随机模拟技术建立夹层模型[J]. 石油与天然气地质，2002，23（1）：89~91.

[26] 穆立华，等. 井间砂体定量预测的泛克里格法[J]. 石油勘探与开发，2004，31（4）：73~75.

[27] 李少华，等. 多物源条件下的储层地质建模方法[J]. 地学前缘，2008，15（1）：196~201.

[28] 李毓，等. 储层地质建模策略及其技术方法应用[J]. 石油天然气学报，2009，31（3）：30~35.

[29] 文军红，李宗宇，等. 凝析气藏水体能量的利用与控制[R]. 内部资料，2012.

[30] 李晓平，赵必荣. 气水两相流井产能分析方法研究[J]. 岩性油气藏，2012，10（6）：8~10.

[31] 汪周华，吐依洪江，郭平，等. 凝析气藏水驱机理研究[J]. 西南石油学院学报，2006，28（6）：36~39.

[32] 汪周华，钟兵，伊向艺，等. 低渗气藏考虑非线性渗流特征的稳态产能方程[J]. 天然气工业，2008，28（8）：81~83.

[33] 李宗宇，姚田万，等. 雅克拉精细开发及稳产技术研究[R]. 内部资料，2015.

[34] 孙德龙. 塔里木盆地凝析气田开发[M]. 北京：石油工业出版社，2003.

[35] 李士伦，王鸣华，何江川. 气田及凝析气田开发[M]. 北京：石油工业出版社，2001.

[36] 袁士义，叶继根，孙志道. 凝析气藏高效开发理论与实践[M]. 北京：石油工业出版社，2004.

[37] 何更生. 油层物理[M]. 北京：石油工业出版社，1993.

[38] 葛家理. 油气层渗流力学[M]. 北京：石油工业出版社，1982.

[39] 沈平平，韩冬. 油藏流体的 *PVT* 与相态[M]. 北京：石油工业出版社，2000.

[40] 李晓平. 地下油气渗流力学[M]. 北京：石油工业出版社，2008.

[41] 胡永乐，等. 凝析、低渗气藏流体相态与渗流机理[M]. 北京：科学出版社，2010.

[42] 汤勇. 深层凝析气藏多相流体复杂相态理论及提高气井产能新方法研究[D]. 西南石油大学，2004.

[43] 石德佩. 富含气态凝析水的凝析油气体系相态研究及其应用[J]. 西南石油大学学报，2003，16（3）：37~42.

[44] 石德佩. 高温高压含水凝析气相态特征研究[J]. 天然气工，2006，26（3）：95~97.

[45] 熊钰. 含水气凝析气体系相态及渗流特征[J]. 天然气工业，2006，26（4）：83~85.

[46] 李骞，李相方，昝克，等. 凝析油临界流动饱和度确定新方法[J]. 石油学报，2010，31（4）：26~30.

[47] 石德佩. 注甲醇解除凝析气井反凝析污染机理研究[J]. 新疆石油地质，2007，28（2）：207~209.

[48] 汤勇. 注甲醇段塞解除凝析气井近井地带堵塞实验[J]. 天然气工业，2008，28(12)：89~91.

[49] 钟太贤，等. 循环注气对凝析气藏凝析油的再蒸发作用[J]. 天然气工业，1997，17（6）：34~37.

[50] 高建军，等. 丘东气田反凝析污染评价及解除方法研究[J]. 特种油气藏，2010，17（2）：85~87.

[51] 郭平，等. 低渗富含凝析油凝析气藏气井干气吞吐效果评价[J]. 石油勘探与开发，2010，37（3）：354~357.

[52] 黄全华，李仕伦，孙雷，等. 考虑多孔介质吸附影响的凝析油气渗流[J]. 天然气工业，2001，21（2）：75~78.

[53] 苏畅，郭平，等. 凝析油气微观流动及相渗规律研究[J]. 天然气工业，2002，22（4）：61~64.

[54] 郭平，等. 废弃凝析气藏注污水提高采收率室内评价及现场应用[J]. 天然气工业，2003，23（5）：76~79.

[55] 郭平，等. 凝析气藏水驱机理研究[J]. 西南石油大学学报，2006，28（6）：36~39.

[56] 李保振，等. 注水开发小断块凝析气藏的方法及适应性[J]. 天然气工业，2009，29（1）：92~95.

[57] 周小平，等. 低渗透储层水锁效应的解除[J]. 国外油田工程，2005，21（4）：10~13.

[58] 廖锐全. 水锁效应对低渗透储层的损害及抑制和解除方法[J]. 天然气工业，2002，22（6）：87~89.

[59] 朱国华，等. 砂岩气藏水锁效应实验研究[J]. 天然气勘探与开发，2003，3（1）：29~36.

[60] 周小平. 低渗凝析气井反凝析及水锁伤害机理和解除方法研究[D]. 西南石油大学，2006.

[61] 胥洪俊. 低渗砂岩气藏气水两相特殊渗流机理实验研究[D]. 西南石油大学，2007.

[62] 刘东. 牙哈凝析气井酸化解堵及效果评价[J]. 天然气勘探与开发，2009，32（2）：30~35.

[63] 赵习森，孙雷，等. 大涝坝气田循环注气方案可行性研究[R]. 内部资料，2009.

[64] 李宗宇，何云峰，等. 雅克拉气田稳产及提高采收率技术[R]. 内部资料，2011.

[65] 李士伦，等. 天然气工程[M]. 北京：石油工业出版社，2008.

[66] 陈元千，李璮. 现代油藏工程[M]. 北京：石油工业出版社，2001.

[67] 李传亮. 油藏工程原理[M]. 北京：石油工业出版社，2005.

[68] 黄炳光，等. 气藏工程与动态分析方法[M]. 北京：石油工业出版社，2004.

[69] 塔雷克·艾哈迈德. 油藏工程手册[M]. 北京：石油工业出版社，2002.

[70] 刘世常，等. 计算水驱气藏地质储量和水侵量的简便方法[J]. 新疆石油地质，2008，29（1）：88~90.

[71] 郝煦，郑静，王洪辉，等. 蜀南地区嘉陵江组水侵活跃气藏出水特征研究[J]. 天然气勘探与开发，2010，33（2）：43~46.

[72] 程开河，江同文，王新裕，等. 和田河气田奥陶系底水气藏水侵机理研究[J]. 天然气工业，2007，27（3）：108~110.

[73] 苟文安，杨雪刚，郭睿玲. 高峰场气田石炭系气藏水侵特征分析[J]. 天然气勘探与开发，2004，27（4）：18~23.

[74] 丁卫平，张艾，许莉娜. 富含凝析水组分动态分析技术在雅克拉–大涝坝凝析气田的应用[J]. 石油实验地质，2011，33（1）：85~88.

[75] 代金友，王蕾蕾，李建霆，等. 苏里格西区气水分布特征及产水类型解析[J]. 特种油气藏，2011，18（2）：69~72.

[76] 王蕾蕾，何顺利，代金友. 苏里格气田西区产水类型研究[J]. 天然气勘探与开发，2010，33（4）：41~44.

[77] 李莲明，李治平，车艳. 砂岩气藏地层压力下降对束缚水饱和度的影响[J]. 新疆石油地质，2010，31（6）：626~628.

[78] 郭平，黄伟岗，姜贻伟，等. 致密气藏束缚与可动水研究[J]. 天然气工业，

2006，26(10)：99~101.

[79] 赵习森，李相方，等. 雅克拉-大涝坝深层凝析气藏开发关键技术研究[R]. 内部资料，2009.

[80] 赵习森，李相方，等. 雅克拉-大涝坝气藏动态跟踪及合理配产研究[R]. 内部资料，2010.

[81] 李宗宇，何云峰，等. 凝析气藏水体能量的利用与控制[R]. 内部资料，2012.

[82] J. H. P. Castelijns. Predicting Yield of Revaporized Condensate in Gas Storage [J]. SPE10285，1981.

[83] J. A. Almarry，F. T. A1-Saadoon. Prediction of Liquid Hydrocarbon Recovery from a Gas Condensate Reservoir[J]. SPE13715，1985.

[84] S. B. Hinchman，R. D. Barree. Productivity Loss in Gas Condensate Reservoirs [J]. SPE14203，1985.

[85] R. M. Risan，S. A. Mullah，Z. Hidayat. Condensate Production Optimization in the Arun Gas Field[J]. SPE17703，1988：871~875.

[86] B. Cvetkovic，M. J. Economies，B. Omrcen：Production From Heavy Gas Condensate Reservoirs[J]. SPE20968，1990：471~477.

[87] Z. G. Havlena，J. D. Griffith，R. Pot. Condensate Recovery by Cycling at Declining Pressure[J]. SPE1962，1967.

[88] M. B. Field，J. W. Givens，D. S. Paxman. Kaybob South-Reservoir Simulation of a Gas Cycling Project with Bottom Water Drive[J]. SPE2640，1970：481~492.

[89] W. STALUNGS，JR. Design and Installation of a High-Pressure Gas Cycling System[J]. SPE1381，1286~1290.

[90] 马世煜，周嘉玺，赵平起. 大张坨凝析气藏循环注气开发[J]. 石油学报，1998，19（1）.

[91] 崔立宏，付超，刘涛，等. 大张坨凝析气藏循环注气开发方案研究[J]. 石油勘探与开发，1999，26（5）.

[92] 李玉冠，唐成久，张兴林，等. 柯克亚凝析油气田先导试验区循环注气开发[J]. 新疆石油地质，2000，21（1）.

[93] Lowell R. Smith，Lyman Yarborough. Equilibrium Revaporization of Retrograde Condensate by Dry Gas Injection[J]. SPE1813，1967.

[94] Z. G. Havlena，J. D. Griffith，R. Pot. Condensate Recovery by Cycling at Declining Pressure[J]. SPE1962，1967.

[95] Tarek Ahmed，John Evans，Reggie Kwan. Wellbore Liquid Blockage in Gas-Condensate Reservoirs[J]. SPE51050，1999.

[96] 郭平，杜志敏，苏畅，等. 富含凝析油型凝析气藏衰竭开发采收率研究[J]. 天然

气工业，2004，24(11)：94~96.

[97] 李军，蒋海，胡月华，等. 注气提高采收率注入参数优化研究[J]. 重庆科技学院学报(自然科学版)，2009，01.

[98] 刘东，等. 凝析气藏循环注气气窜判别方法及应用[J].天然气勘探与开发，31（4）.

[99] 邓兴梁，郭平，蒋光迹. 塔里木盆地大涝坝凝析气田循环注气开发设计[J]. 天然气工业，2011，06.

[100] 李宗宇，何云峰，等. 大涝坝凝析气田循环注气项目实施跟踪评价[R]. 内部资料，2013.

[101] 陈平. 钻井与完井工程[M]. 北京：石油工业出版社，2005.

[102] 万仁溥. 现代完井工程[M]. 北京：石油工业出版社，2007.

[103] 杨川东. 采气工程[M]. 北京：石油工业出版社，1997.

[104] 刘雄伟，李建伟，等. 雅克拉–大涝坝凝析气藏储层保护技术研究[R]. 内部资料，2008.

[105] 李闽，孙雷，李士伦. 一个新的气井连续排液模型[J]. 天然气工业，2001.

[106] 常志强，孙雷. 高温高压凝析气井井筒动态分析新方法[J]. 断块油气田，2006.

[107] 吴志均，何顺利. 低气液比携液临界流量的确定方法[J]. 石油勘探与开发，2004.

[108] 何志雄，孙雷，李士伦. 凝析气井井筒动态预测方法[J]. 中国海上油气，1998.

[109] 杨旭东，等. 井下涡流工具排水采气在苏里格气田探索研究[J]. 石油钻采工艺，2013，36（6）：125~127.

[110] 冯翠菊，王春生. 天然气井下涡流工具排液效果影响因素分析[J]. 石油机械，2013，41（1）.

[111] 高传昌，张晋华. 脉冲液体射流泵压力特性的试验研究[J]. 流体机械，2011，40（9）.

[112] 钟志伟. 超声雾化排水采气工艺在DK16井应用效果分析[J]. 石油勘探与开发，2011.

[113] 杜坚. 深井低压底水超声排水采气方法研究[J]. 天然气工业，2004.

[114] 高国良. 新型电潜泵用高效油气分离器的研究与应用[J]. 石油矿场机械，2005，34（6）.

[115] 刘雄伟，李建伟，等. 雅克拉–大涝坝凝析气井排液工艺技术研究[R]. 内部资料，2007.

[116] 刘雄伟，李建伟，等. 深层凝析气井积液监测技术及排液工艺技术研究[R]. 内部资料，2009.

[117] 刘雄伟，陈浩，等. 深层凝析气井非常规排液采气工艺技术研究[R]. 内部资料，2015.

[118] 刘雄伟，陈浩，等．大涝坝气田循环注气工艺跟踪研究[R]．内部资料，2014．

[119] 刘雄伟，黄成，等．深层凝析气井井筒结蜡规律及清防蜡技术研究[R]．内部资料，2009．

[120] 羊东明，李亚光.雅克拉气田集气管线内腐蚀分析及材质选用[J].天然气工业，2012，32(10):74~77．

[121] 王春泉.雅克拉气田集输管材的CO_2腐蚀研究[D].中国石油大学（华东），2009．

[122] 叶帆，高秋英.凝析气田单井集输管道内腐蚀特征及防腐技术[J].天然气工业，2010,30（4）:96~101．

[123] 叶帆，李新勇，刘强，等.雅克拉气田集输管线的腐蚀及其防治[J].腐蚀与防护，2008,29(11):710~712．

[124] 梁根生，颜超，杨刚，等.雅克拉凝析气田单井集输管道抗腐蚀材质优选[J].腐蚀与防护，2011,32（9）:753~755．

[125] 梁根生，颜超，杨刚，等.雅克拉凝析气田单井集输管道腐蚀因素分析及治理对策[J].中外能源，2011,16（4）:65~68．

[126] 甘振维.凝析气田集输管道内腐蚀分析[J].油气储运，2010,29（1）:41~45．

[127] 付秀勇，胡文革.凝析气田集输管线冲刷腐蚀与防护问题[J].腐蚀与防护，2008,29（8）:467~470．

[128] 邝献任.含CO_2集输管线腐蚀及选材技术研究[D].西安石油大学，2011．

[129] 冷亚梅.含CO_2多相流内腐蚀研究[D].中国石油大学（华东），2013．

[130] 付秀勇，徐久龙，李军，等.凝析气田集输管道的冲刷腐蚀与防护[J].石油化工腐蚀与防护，2008,25（2）:20~23．

[131] 羊东明，李亚光，张江江，等.大涝坝气田油管腐蚀原因分析及治理对策[J].石油钻探技术，2011,39（5）:82~85．

[132] 张江江，刘冀宁，高秋英，等.湿相CO_2环境管道内沉积物及对腐蚀影响的定量化研究[J].科技导报，2014,32(32):67~71．

[133] 羊东明，葛鹏莉，等.雅克拉气田集气管道腐蚀治理工程[R]．内部资料，2012．

[134] 羊东明，韩阳，等.雅克拉集气管线部分更新改造工程[R].内部资料，2015．

[135] 文军红，吐依洪江，等.雅克拉集气处理站节能降耗系统分析与评价[R].内部资料，2009．

[136] 文军红，羊东明，等.雅克拉-大涝坝凝析气田采输系统腐蚀监测与防护技术研究[R].内部资料，2008．

[137] 刘雄伟，李明，等.雅克拉气田集输系统抗腐蚀管道材质试验[R].内部资料，2008．

[138] 羊东明，张江江，等.雅克拉-大涝坝气田地面生产系统腐蚀认识及治理措施建议[R].内部资料，2007．

[139] 羊东明，代维，等.雅克拉凝析气田单井油气集输管线13Cr、非金属管材试验方

案[R].内部资料，2008.

[140] 羊东明，葛鹏莉，等.雅克拉气田单井集输管道腐蚀减薄现状评估和治理对策方案[R].内部资料，2011.

[141] 白真权，付安庆，等.雅克拉气田单井管道内腐蚀检测技术运用[R].中国石油天然气集团公司管材研究所，2011.

[142] 曾自强，张育芳.天然气集输工程[M].北京：石油工业出版社，2001.

[143] 李国诚，诸林.油气田轻烃回收技术[M].成都：四川科技出版社，1998.

[144] 蒋洪，刘武.原油集输工程[M].北京：石油工业出版社，2006.

[145] 李士伦.天然气工程[M].北京：石油工业出版社，2000.

[146] 孙祖岭.轻烃装置操作工（上、下册）[M].北京：石油工业出版社，2004.

[147] 张鸿仁，张松.油田气处理[M].北京：石油工业出版社，1995.

[148] 付秀勇，胡志兵，王智.雅克拉凝析气田地面集输与处理工艺技术[J].天然气工业，2007，27(12):136~138.

[149] 付秀勇，许莉娜，叶帆，等.雅克拉凝析气田高压脱水工艺的成功应用[J].天然气工业，2007，27（3）：128~130.

[150] 付秀勇，叶帆，郭江.大涝坝集气处理站分子筛脱水工艺流程改造[J].石油与天然气化工，2007，35（5）：366~369.

[151] 付秀勇.对轻烃回收装置直接换热工艺原理的认识与分析[J].石油与天然气化工，2008，27（1）：18~22.

[152] 付秀勇，吐依洪江，吴昉.轻烃装置冷箱的汞腐蚀机理与影响因素研究[J].石油与天然气化工，2008，27（1）.

[153] 付秀勇，陈朝，等.原油变频超流量节能外输技术的研究与运用[J].油气储运，2011，30（6）:460~464.

[154] 付秀勇，文军红，等.用CH_4平衡法计算装置轻烃收率的新方法[J].石油与天然气化工，2007，36（3）：185 ~ 200.

[155] 李明，付秀勇，叶帆.雅克拉集气处理站脱汞流程工艺改造[J].石油与天然气化工，2010，39（2）：112 ~ 114.

[156] 付秀勇，吐依洪江，吴昉.轻烃装置冷箱的汞腐蚀机理与影响因素研究[J].石油与天然气化工，2009，39（6）：478 ~ 482.

[157] 付秀勇，许莉娜.对液化石油气标准的几点认识与探讨[J].石油与天然气化工，2011，40（2）：160 ~ 164.

[158] 付秀勇.雅克拉集气处理站凝析油水洗脱盐工艺技术改造[J].石油规划设计，2012，23（5）：50 ~ 52.

[159] 李沛明，等.提高天然气LPG回收装置丙烷收率新技术[M].油气加工.1994，4（4）：6 ~ 11.

[160] 李国诚，诸林，等.油气田轻烃回收技术[M].成都：四川科学技术出版社，1998.

[161] 孙晓春.反凝析现象对雅克拉凝析气处理工艺的影响[J].天然气工业，2006，26（6）：134～136.

[162] 金长雪，等.雅克拉集气处理站凝析油稳定工艺优化[J].油气田地面工程，2005，24（1）：21～22.

[163] 正才，等.天然气深冷处理装置分子筛循环换热节能脱水工艺研究[J].石油与天然气化工，2006，35（4）：264~266.

[164] 余一刚.雅克拉油气集输管材及内层涂料选用评价研究[J].油气田地面工程，2004，23（5）：13～14.

[165] 斐付林.雅克拉–大涝坝气田管柱腐蚀机理及对策研究[J].新疆石油学院学报，2004，16（3）：62～66.

参考文献